面向4R的废旧汽车回收管理研究

MIANXIANG 4R DE FEIJIU QICHE HUISHOU GUANLI YANJIU

周福礼　程　双　马盼盼　刘　盼　姚少华　著

中国农业出版社
北　京

FOREWORD

前　言

随着制造技术创新、生产模式变革和管理实践，我国汽车产业快速发展，自2009年起，我国汽车年产销量连续14年蝉联世界第一，截至2023年，我国的汽车保有量达到4.17亿辆，千人汽车保有量由期初的10辆增至180多辆，我国已成为世界汽车制造大国。同时汽车产业带来的环境影响也愈来受到政府、学术和产业界重视，绿色制造技术和可持续管理方法广泛应用于汽车产业链的全过程。在循环经济和生产者责任延伸制理论驱动下，废旧汽车（end-of-life vehicle，ELV）回收成为汽车行业终端环节提升可持续性的有效措施与保障。

针对国内外废旧汽车回收管理现状，结合我国废旧汽车回收行业现状与可持续发展需求，提出面向4R的废旧汽车回收路径，在整车完全拆解后，对废旧汽车零部件进行直接再用（reuse）、恢复再用（recovery）、再制造（remanufacturing）及回收（recycling）活动，研究废旧汽车回收管理理论方法，从不同视角和层级针对废旧汽车回收过程中的管理决策问题，提出解决方案，推动我国废旧汽车回收行业的供应链组建和产业化进程。

本书通过流程调研、指标构建、路径设计和影响因素分析，通过面向4R的废旧汽车回收路径设计与管理问题分析，研究面向4R的废旧汽车回收管理理论方法。全书共13章，第1章导论部分主要明确本书撰写的背景、研究问题与研究思路；第2章从产业多视角维度探究我国汽车行业发展历程及国Ⅵ标准实施的影响，明确汽车行业可持续性发展需求；第3章提出废旧汽车可回收性评估模型，ELV零部件可回收性评估研究是ELV实施多路径回收的基础；第4章提出针对小样本的废旧汽车回收量预测方法与模型；第5章研究废旧汽车回收中心选址方法与模型；第

6章设计面向4R的废旧汽车回收流程和路径评定方法；第7章提出废旧汽车回收合作伙伴选择模型，为废旧汽车回收供应链组建奠定理论基础；第8章研究车间级废旧汽车拆解回收车间的布局与优化；第9章研究ELV拆解车间的拆解调度，实现在资源约束的不确定环境下的最优调度；第10章从回收模式视角，在ELV供应链层级，以ELV供应链效用最大，提出考虑消费环保意识的废旧汽车回收模式研究；第11章针对ELV回收再制造定价问题提出考虑风险规避的废旧汽车回收再制造定价模型，指导企业积极参与回收；第12章从多利益相关者视角剖析我国废旧汽车回收行业发展的驱动与障碍因素；第13章提出推动我国废旧汽车回收产业发展的对策与建议。

通过研究面向4R的废旧汽车回收管理，在对省域级、产业级、回收中心级、企业级、车间级和供应链链层级的废旧汽车回收管理理论研究基础上，提出促进我国废旧汽车回收再利用的管理对策与建议，具体包括：①创新废旧汽车多回收路径，实现资源再生的精细化管理；②大力促进老旧汽车报废更新与主动回收；③完善报废汽车回收拆解网络与布局；④推动回收拆解行业结构优化与规范体系建设；⑤提升回收拆解行业技术水平与创新能力；⑥积极建设废旧汽车回收拆解行业协会，调动全员参与。以期通过多路径回收方式，完善基础设施与ELV回收相关的规范与支撑体系，积极调动利益相关主体的全员参与，通过创新废旧汽车回收理论和管理实践，实现我国汽车产业的高质量、可持续发展。本书作为废旧汽车产业可持续回收管理的管理实践，拓展了废旧产品回收管理的理论研究，有助于提高废旧汽车回收的效率，促进汽车产业循环可持续发展。

本书可作为高等院校物流与供应链管理、汽车服务工程、工业工程及其相关专业学生的教学辅助参考书，也可供汽车及其服务产业从业者阅读参考。期望本书能起到抛砖引玉的作用，促进汽车行业不同领域科学工作者密切注视废旧汽车回收问题，深入对其进行研究。

本书的出版得到教育部人文社会科学研究青年基金项目（22YJC630220）、中国博士后科学基金资助项目（2023M732389）、河南省科技攻关计划（工业领域）项目（222102210005）、河南省哲学社科规划项目（2020CZH012）、河南省科技厅软科学研究计划（192400410016）、河南省科技智库调研课题项目（HNKJZK－2022－07B）和郑州轻工业大学省属高校基本科研业务专项计划（20KYYWF0107、21KYYWF0103）的联合资助，同时，本书受郑州轻工业大学校级青年骨干教师培养对象资助计划资助，在此深表谢意。感谢经济与管理学院、河南省高等学校人文社科重点研究基地“产业与创新研究中心”、郑州市社会科学研究基地“黄河流域商贸物流研究中心”等机构的大力支持。感谢华南理工大学自动化科学与工程学院、中集智能科技有限公司（中集智能研究院）的大力支持。感谢郑州轻工业大学课题组的陈天赋、海盼盼、司东戈、张晨晨等研究生，他们做了大量文献整理和材料收集的辅助工作。

本书的撰写，是在汽车工业、循环经济、废旧汽车回收等相关领域前辈学者的研究基础上完成的，作者在撰写过程中参阅了国内外经典文献、著作、研究报告及报刊上刊登的有关材料，在此一并向所有原作者表示感谢。因编者水平有限，书中难免有错误和疏漏之处，敬请广大读者和同行批评指正，以便修正、完善我们的研究。意见和建议请发至fl. zhou@email. zzuli. edu. cn。

周福礼

2022年11月30日于郑州轻工业大学

CONTENTS 目　录

第1章　导　　论

1.1　行业背景

汽车行业作为国民经济的支柱产业，其高质量可持续发展是实现整个国民经济可持续、健康发展的重要因素之一（李晶，2012；Hu，Wen，2017）。随着合资模式和自主品牌整车企业的发展，自2009年，我国已连续14年蝉联全球第一产销大国，庞大的汽车保有量使得汽车行业的环境效应和可持续发展策略受到学术界和企业界的广泛关注（Fuli Zhou 等，2018）。随着我国的居民收入不断提高，汽车开始大规模进入普通消费者的家庭，汽车销量在大幅增长。2022年，中国汽车销量已经达到了2 686.4万辆。据统计，发达国家的汽车报废率（报废/拥有）平均约为6%。虽然我国现在的汽车报废率还远远没有达到这个水平，但根据2017年《机动车强制报废标准》，载客汽车以及载货汽车的使用寿命一般为12～15年，所以在2007年之前进入使用的车辆开始进入报废期，未来10年将以每年20%左右的速度增长。为降低汽车行业对环境的消极影响，绿色可持续管理实践被汽车供应链的各个环节所重视（Hou 等，2018a）。

根据商务部的最新统计，2021年的汽车报废量约为238.6万辆。对我国来说，废旧汽车的报废率整体偏低，远远低于汽车工业发达国家6%～8%的水平。显而易见，报废汽车里含有大量的宝贵资源。报废汽车的资源主要包括黑色金属、有色金属、贵金属（催化剂）、电子设备、玻璃、汽车塑料等，其中，废钢等黑色金属约占70%，铜、铝等有色金属约占10%，其他材料约占20%。其中，废钢、有色金属回收率达90%以上，玻璃、塑料回收率达50%以上。由此可见，报废汽车回收价值相当巨大。一般而言，钢的回收期是8～30年。随着社会和经济的发展，越来越多的钢材已经进入了淘汰的阶段，我国积累的废钢量也在逐渐增加，同时，社会上回收的废钢也在迅速增加。据废钢协会统计，2021年，我国废钢资源总量2.7亿吨，增加1 000多万吨，增长约4%。由此可以看出，中国废钢铁的利用程度一直在提高，铁矿石的资源开发利用程度有很大的下降。因此，发展可再生资源产业，对保护我国的自然资源起到了很大的作用。

废旧汽车回收，作为汽车供应链末端的绿色实践，能够提升资源利用效率，促进可再生资源的有效利用（Shijiang Xiao等，2018；F. Zhou，X. Wang，Ming K. Lim等，2018）。我国"十三五"规划中强调循环发展引领计划，不断推行制造、产业的循环式发展模式。汽车产业作为主要循环利用产业之一，也成为循环经济的重要支撑点。

（1）汽车产业健康发展，促进我国汽车保有量稳步增长

目前我国国内汽车保有量呈迅猛增长的趋势（图1.1），根据调研发现汽车的正常使用寿命为8～15年，那么将汽车的平均使用寿命看作10年。当汽车使用到达一定年限濒临报废时，各部分的组成零件都已老化，即使继续维修与修理，也无法保证车辆的正常行驶与其他功能，并且汽车在行驶过程中排放出的尾气中包含大量的有害气体，此时继续使用不但对自己的人身安全不利，而且对交通安全、环境保护都有着严重的影响。根据有关部门的测定，汽车排放的污染气体中，80%的气体来源于这种老化的汽车。因此像这种存在巨大安全隐患及污染来源的汽车就应该及时报废。然而这种汽车一般体积较大，且总质量的70%都是属于可再生资源的金属。但其他如橡胶、

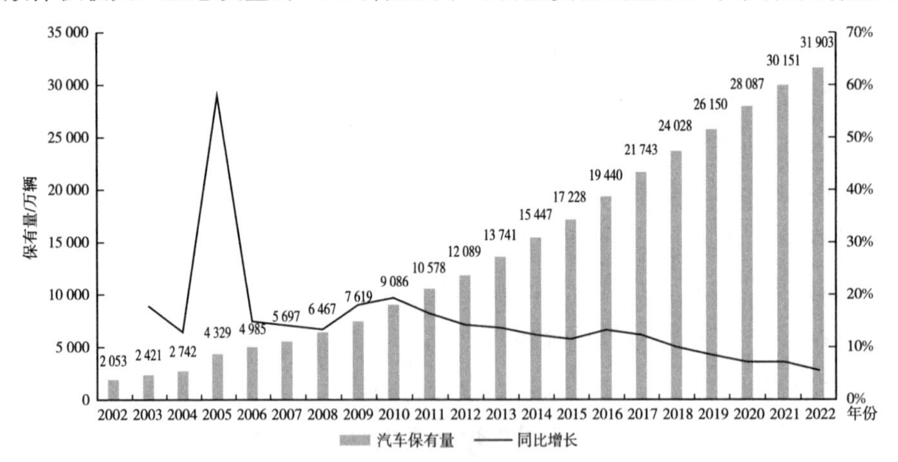

图1.1　我国汽车保有量及走势

（数据来源：国家统计局、中国产业信息网整理）

玻璃等杂物却被随意丢弃，这些物品被自然降解的时间尤为漫长，若没有专门的回收中心回收，任由被随意丢弃，不加回收循环处理，会对自然环境形成极大的污染，也会对人们的生存环境有所破坏。报废汽车经过专业的回收中心拆解处理过后，一辆报废汽车上的金属等零部件绝大部分都可以被回收利用，而塑料和玻璃等经过处理后也可达到一半以上的利用率，由此可知，对报废汽车进行专门的科技化回收处理，可获得的直接经济效益数目相当可观。

（2）迅速发展的汽车行业，驱动废旧汽车回收产业的发展策略研究

合资模式和自主品牌整车企业的发展，促进我国汽车行业的兴起，改革开放以来，需要修理和报废的汽车与日俱增，给资源浪费和环境污染带来严峻挑战，且作为人口大国，随着居民消费购买力的增加，汽车消费市场具有强劲潜力（F. Zhou，X. Wang，Ming K. Lim 等，2018）。

根据国际通用的年废旧汽车数量占汽车保有量的 6%～8%以及上述数据可知我国的废旧汽车回收利用率极低，远远达不到国际的比例（图 1.2）。

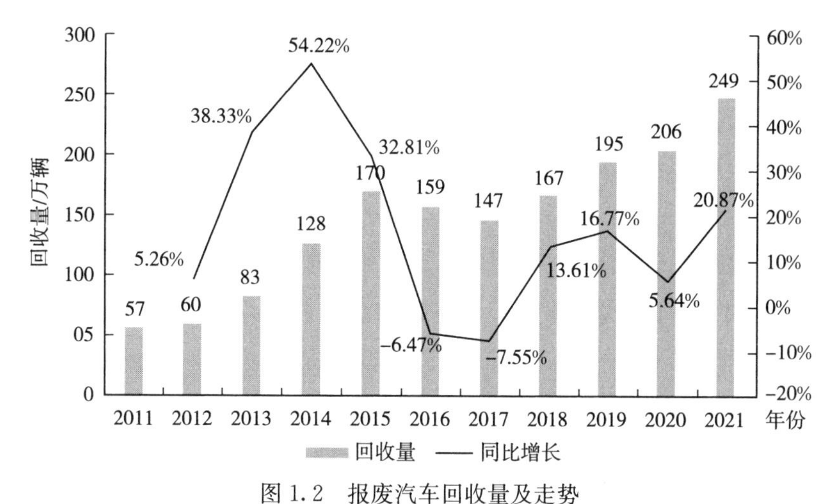

图 1.2 报废汽车回收量及走势

（数据来源：国家统计局、中华人民共和国商务部市场体系建设司整理）

造成此种现象的原因主要有以下几点：第一，关于废旧汽车回收方面的法律和政府措施不全面，大量报废汽车或临近报废的汽车被不法分子贩入贫困地区继续使用或者流入非法途径；第二，缺乏对区域内废旧汽车回收量的预测研究，未能辅助当地进行废旧汽车产业的前期产业布局和优化；第三，废旧汽车回收过程中的物流网络不全面，物流节点布局选址不合理；第四，面对潜在的庞大汽车保有量和报废量，如何系统性地制定科学、多途径的回收路径，提升废旧汽车回收产业的效率，促进实现汽车供应链的可持续性，是当前各地区面临的主要难题。

（3）可持续发展要求对汽车行业发展对策研究提出新挑战

高质量可持续发展意识，不仅体现在经济建设中，更体现在我国的装备制造业（Tian，Chen，2014）。汽车供应链的前端，由于利益相关者主要集中在零部件供应商、主机厂，且具备规范的标准，如 ISO 9000、ISO 14000 和 TS 16949，通过面向可持续的设计、轻量化、绿色采购及绿色工艺，容易实现可持续的管理实践（Ogushi，Kandlikar，2006；仝俊华，2017）；而对于处于供应链末端的废旧汽车回收，由于其涉及多利益主体，且二手市场不规范，使得难以实践可持续的绿色管理活动。因此，供应链的可持续发展要求为汽车行业带来了新挑战（Xia，Tang，2011）。

（4）循环经济发展新模式和技术革新为废旧汽车回收提供新契机

在面临资源紧缺和环境严峻的紧迫环境下，我国处于工业化、城镇化加速发展阶段，“减量化、再利用、资源再生化”的循环经济发展模式为汽车行业高质量的可持续发展提供借鉴。循环经济模式指导下，通过废旧汽车回收，构成闭环汽车供应链，如何将废旧汽车产品与汽车供应链前端利益主体进行交互重构，实现关键部件的恢复、再利用及资源的可再生，为废旧汽车回收的路径创新提供了新契机。

为加快报废汽车回收拆解企业升级改造步伐，降低汽车行业的环境影响，提高大气污染防治能力，从经济、政策多方面对整车企业和资源再生企业进行了大力支持。在当前我国废旧汽车行业发展不均衡、拆解技术不完善、可再生资源利用率低的环境下，如何高效地实施废旧汽车回收，提升回收效率和价值，是促进我国汽车行业高质量可持续发展亟待解决的问题。

1.2 汽车产业的可持续性发展需求

汽车产品属于耐用复杂装配产品的典型代表，其产业链涉及供应链环节全过程。汽车工业作为我国国民经济的支柱产业之一，对整个经济增长的拉动作用日益明显。

1.2.1 汽车产品的全生命周期活动

汽车整车结构复杂，配置多样，是所有零部件的组合。其生产制造是一个庞大且复杂的系统，在技术工艺上具有复杂性和连续性的特点。汽车的制造技术主要包括冲压、焊装、涂装和总装四大工艺。自主品牌汽车整车企业以总装为主，三大工艺为辅组织生产制造活动。汽车产品全生命周期是指产品从原材料、产品设计、生产制造、物流配送、销售、使用售后至报废的全过程。传统的汽车产品生命周期过程包含“资源—产品—污染排放”的单向经济活动，具有高投入、高排放、高消耗等特征，图 1.3 为功能视角下国内汽车产品的形成过程及正向过程。

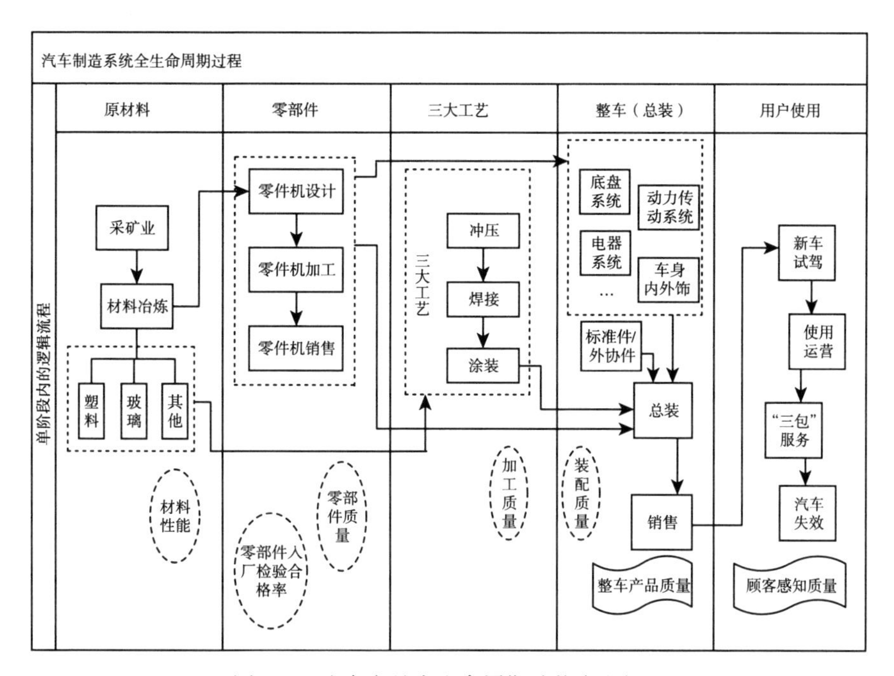

图 1.3 汽车产品全生命周期功能定义视图

传统汽车产品供应链注重轻量化材料、零部件加工、总装制造（冲压、焊接、涂装与总装四大工艺）、销售与使用等活动，重点关注在各生产活动的质量性能与成本经济性问题。随着我国汽车产销与保有量的激增，驱动汽车后市场服务的兴起，同时，有限资源消耗和环境承载能力，敦促行业开始进行逆向回收和绿色可持续管理活动，并在传统汽车产品生命周期基础上往后延伸。绿色技术作为国内外装备制造业先进制造模式之一，同时作为可持续管理的主要内涵，已受到业界的广泛关注与应用（Langinier，Ray Chaudhuri，2018；Fujii，Managi，2019；Khan 等，2019）。为实现汽车产品供应链范围的可持续性，绿色制造技术和可持续管理被汽车行业所关注，并应用于产品全生命周期，如图 1.4 所示。

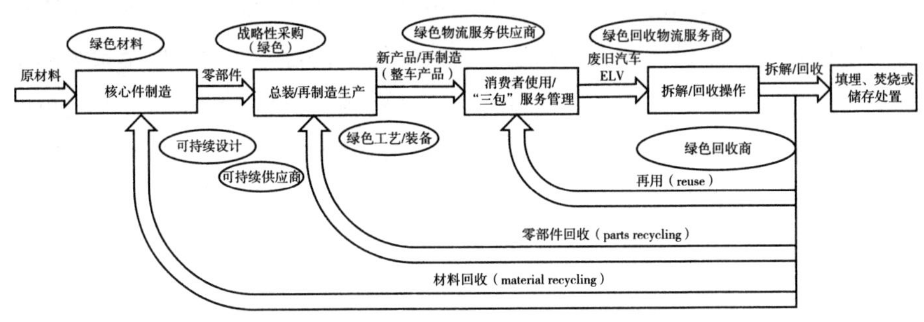

图 1.4　汽车供应链的全生命周期管理活动

(1) 面向可拆卸与可回收的设计方法

废旧汽车回收，不仅要考虑原材料的回收，更关心的是如何利用废旧汽车中的冗余零部件，以及材料和能量的回收。具体来说，废旧汽车回收依据回收对象，有四个层次：产品级、部件级、零件级、材料级，而有效的回收方式，则需看废旧汽车是否能够满足重用条件。拆解操作作为废旧汽车回收的前提，是指从整车产品系统中拆下总成、零件、部件或其他集合体的过程，同时保证不因为拆解操作而导致零部件的损伤。

要想实现废旧汽车产品的有效回收，必须在合理拆解操作前提下进行。不同于装配制造的标准化操作，由于废旧汽车个体异质性特点显著，柔性化的高效拆解技术和工艺对于提升拆解效率十分有效，然而实际生产中缺乏针对不同型号整车的标准化拆解工艺设计，导致拆解车间效率低下；当前废旧汽车回收工厂的拆解多集中在破坏性拆解，并粗放进行材料回收（Tian，Chen，2014）。因此，必须关注面向可拆解与可回收性的产品设计方法，尽量减少所用材料的种类，使用易于回收再利用的材料；同时，产品的结构设计需采用易于拆卸的连接形式，有利于废旧汽车回收前的完全拆解（Zheng 等，2016）。

(2) 绿色材料选择

绿色材料指在满足功能需求的前提下，尽可能选择环境兼容性好、可降解、环境污染小的材料（Zhang 等，2017；Hussain 等，2019）。绿色材料选择是整车产品可持续供应链管理的主要内容，也是实现绿色设计的关键因素之一。对整车及其零部件产品来说，绿色材料选择是一个复杂的系统工程，当前汽车轻量化作为发展趋势之一，不仅在选择材料过程中考虑轻量化和绿色性能，同时还要兼顾其质量、功能、经济性和适用性等要素。因此，汽车材料的选择过程必须遵循：①尽可能选择可回收材料与可再生材料，提高资源的循环利用率；②尽可能选择低能耗、污染小、环境友好的材料；③尽可能选择环境兼容性好的材料，杜绝使用有毒、有害材料（Jamshaid，Mishra，2016；Zhang 等，2017）。

(3) 绿色制造方法

绿色制造（green manufacturing，GM）是一种综合考虑环境影响和资源效率的现代化制造模式，通过采用先进技术，使得产品从设计、制造、包装、运输至使用报废的全过程，降低环境影响，提高资源利用率（Xie 等，2019；Li 等，2020），主要包括绿色工艺、绿色包装和绿色处理。绿色工艺指产品在生产加工过程中尽可能节约能源、减少废弃物产生、提高资源利用率，实现清洁化生产。绿色工艺受加工技术和工艺水平影响，尽量采取物料和能源消耗少、环境影响小、废弃物少的加工工艺方案，例如，可以采取快速成型制造、准干式切削、生产废物再利用等工艺技术（Khan 等，2019）。绿色包装指能可再利用、可降解、可循环的适度包装，在满足包装功能属性的同时，尽可能有较好的环境友好性。绿色处理主要指废旧产品的拆解、回收与再利用。可见，绿色制造方法对于产品与行业可持续性发展具有重要影响（Li 等，2020）。

除了绿色制造技术能够促进汽车行业可持续性实现，绿色/可持续供应链管理活动（green/sustainable supply chain management，GSCM/SSCM）也有助于提升汽车供应链的绿色可持续性，且广泛存在于整车装备制造的全生命周期活动中，主要包括可持续供应商、绿色物流服务商的参与，及绿色回收物流和废旧汽车回收等管理实践（Ming-Lang Tseng 等，2013；Tian，Chen，2014；Mahdi Sabaghi 等，2015；Govindan，Muduli 等，2016a；

Yuan-Hsu Lin，Ming-Lang Tseng，2016）。在整车装备制造过程、使用过程中都会产生废弃物（如制造资源未被利用部分、浪费部分、回收产物等），且由于不同加工工艺、人员操作水平和制造能力会导致资源利用率、能效能耗粗放，因此，在循环经济理念下，绿色制造和可持续管理被认为是提升汽车行业持续性的主要手段。

1.2.2 汽车产品全生命周期的可持续性需求分析

汽车产业的可持续性不仅需要产品满足传统功能中的基本需求，同时需要增强产品在全生命周期不同阶段，产业与经济、环境和社会属性的协同发展，旨在通过全生命周期可持续管理活动实现资源循环利用，从而节约产品成本、减少废弃物产生和环境影响，达到产品和产业的可持续发展。汽车产品全生命周期的可持续性主要体现在设计阶段、制造阶段、包装运输阶段、使用维护阶段和回收再利用阶段（冯春花，2014；Schoeggl 等，2017）。

(1) 设计阶段可持续性分析

设计阶段可持续性可以通过面向可持续的产品设计实现，即在设计阶段考虑汽车产品后端全生命周期的资源流、能源流和废物流，在保证产品功能和经济性前提下，达到经济、环境和社会效益的最大化（Ceschin，Gaziulusoy，2016）。同时产品设计与材料选择过程时，需关注材料的性能和使用条件，并关注其对环境和社会的不良影响。汽车产品的材料回收作为当前主要的回收路径之一，零部件的材料相容性（即能够用同一手段进行循环再利用的特性）决定了材料的回收方式，若在同一部件或组件中，能够通过相似方式进行再循环将有助于产品的环境友好性。

同时，汽车产品作为复杂装配产品，产品设计阶段的可持续性主要体现在结构设计。整车通过组件或部件进行连接装配组成，而部件由零件通过连接组成，不同的连接方式和连接关系显著影响整机产品的拆卸、再制造与回收，进而影响产品的回收可持续性。因此，零件的连接方式不仅要满足功能需求，同时需考虑整机产品服役之后的可拆解性。

(2) 制造阶段可持续性分析

汽车制造主要包括核心件生产和整车装配制造，零部件制造涉及多种加工工艺，除了车、铣、钻、磨等机加工工艺，还涉及去除材料加工，此时会造成废弃物的产生；成型工艺如冲压、锻造、热处理等，则不涉及材料的去除，但会造成能源的消耗，且会产生废气、废液等（Helleno 等，2017）。因此，在汽车产品制造阶段，在满足加工需求前提下应选择对环境影响小的清洁工艺，是制造阶段可持续性的首要选择。产品制造过程的可持续性需求如图 1.5 所示。

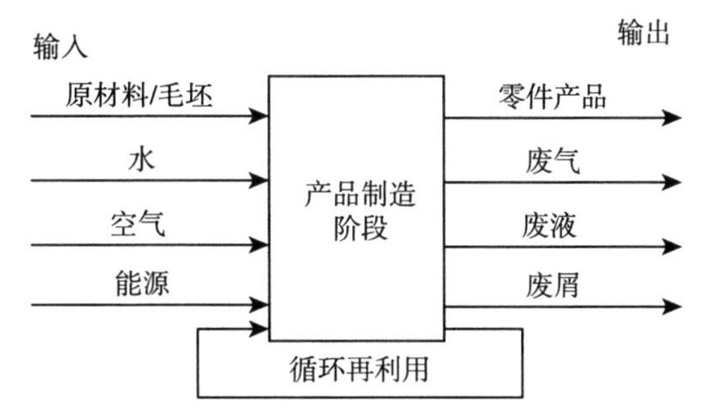

图 1.5 产品制造过程的可持续需求与图示

在产品生产与装配制造过程中，不仅加工工艺对可持续性具有重要影响，切削液和润滑油的使用和废弃也必须遵循相关的环境规定。切削液主要帮助加工过程中刀具冷却，能够改进加工质量，增加刀具寿命，保护腐蚀，加工过程中使用切削液时必须保证尽可能做到对人体和环境危害的最小化。润滑油能够减小机加工过程中部件间的摩擦，但同时也产生一定的有害油雾，废弃润滑油对水资源和土壤造成不良影响，因此，应尽可能降低制造过程中润滑油的环境影响（Ford，Despeisse，2016）。

（3）包装运输阶段可持续性分析

产品包装材料对环境和产品可持续性也有重要影响，若包装材料无法循环利用，不仅会增加包装成本，还会造成不良环境问题；更严重的是，若包装材料含有有害物质或重金属，则会导致固体垃圾的产生，增加环境承受能力。因此，产品包装必须选择可循环利用、可降解的包装材料和包装方式（Rabnawaz 等，2017；Hao 等，2019）。

在零部件和整车运输配送过程中，同样也有可持续性需求，不同的运输工具、运输方式、运输路线可能会造成不同的运输成本与能源消耗，因此，可以通过清洁运输工具的使用和优化技术合理规划安排运输路线，降低运输成本、运输过程的资源消耗和碳排放。

（4）使用维护阶段可持续性分析

汽车排放作为城市污染排放的主要构成，对社会环境影响严重。汽车尾气作为社会污染物的主要排放构成，世界各国具有严格的燃油车排放标准，用以限定CO、颗粒物等有害物质的排放。我国在1983年颁布了第一批机动车尾气排放标准，并在1993年相继颁布《轻型汽车排放标准》和《轻型汽车排气物测量方法》，为我国燃油车排放标准的实施奠定了基础，至此到2001年7月1日，国Ⅰ标准才在全国范围内全面实施。随着经济发展和可持续环保要求，近20年，我国燃油车排放标准发展阶段如图1.6，经历过国Ⅰ至国Ⅴ，于2016年完成《轻型汽车污染物排放限值及测量方法（中国第六阶段）》，即轻型车“国Ⅵ标准”。

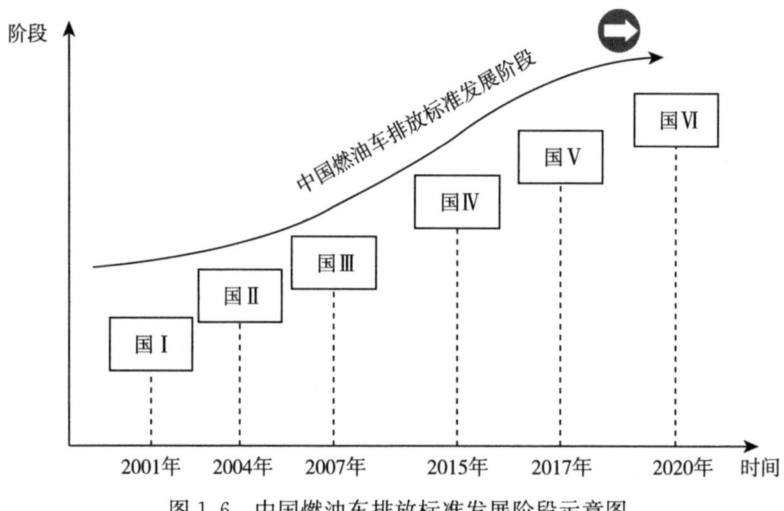

图1.6　中国燃油车排放标准发展阶段示意图

不仅国家政策对燃油车进行排放标准规范要求，同时，汽车消费者的消费习惯也会造成能源浪费，不合适的驾车习惯、不当的使用方法、使用过程中能耗高、使用环境恶劣可能会增加环境负荷或增加使用者健康风险。因此，可以通过新能源技术、政策改革和规范的使用习惯提升汽车使用阶段的环境友好性与可持续性。

（5）回收再利用阶段可持续性分析

汽车产品在服役结束后，达到报废程度，无法继续以汽车产品进行服务，如果不进行任何回收措施，可能会产生大量的固体废弃物，增加环境负荷，通过拆解和回收活动，可以对质量冗余部件进行恢复、再利用，提升资源利用率，降低环境影响（Che等，2011；Bulach等，2018）。

对废旧汽车回收行业，常用的回收路径主要包括再制造和再利用。再制造作为绿色制造领域的重要分支，已广泛应用在机床、电子产品等行业。与新产品制造和翻新产品加工不同的是，再制造是指利用先进制造技术和工艺，以废弃零部件为毛坯，通过再制造加工、性能升级生产新产品的过程。回收活动是指不满足再制造的零部件，可以对材料和能源进行循环回收，材料回收包括同级回收和降级回收。回收的材料经过一定的处理后制造成性能相同的原材料，比如钢材等金属材料（Mathieux，Brissaud，2010；F. Zhou，X. Wang，Ming K. Lim等，2018）。

本课题的研究焦点主要集中在汽车后市场中的废旧汽车回收管理领域，在汽车产业可持续发展需求驱动下，研究汽车全生命周期的终端环节，即废旧汽车的回收管理。汽车产品的可持续性主要通过经济、环境、社会方面效益所体现，即不仅整车企业和汽车产业需关注产品质量与经济性，同时还要兼顾环境友好性与社会影响等方面。

1.3　废旧汽车回收管理的理论驱动

废旧汽车回收管理选题不仅基于汽车产业可持续发展需求而提出，同时也是循环经济和生产者责任延伸制（extended producer responsibility，EPR）等理论导向的结果。

1.3.1　循环经济理论

循环经济（circular economy，CE）是美国经济学家波尔丁在20世纪60年代提出生态经济时谈到的，起初用于地球资源系统，即为了延长独立系统内的资源循环，尽可能地减少废弃物的排除（Stahel，2016；孙亚飞，2016）。循环经济指利用自然资源和科学技术进行发展经济时，在原材料投入、企业工厂生产制造、物流运输与交易、消费者使用及废弃全过程，由依靠消耗大量自然资源为代价发展经济的传统方式转变为通过生态型资源回收再利用，进而促进经济长期增长的可持续发展模式（Julian等，2017）。

减少废弃物质的排放，提高资源利用效率、实现资源回收再利用，从而达到推动企业、社会经济发展与资源节约、环境兼容的良性可持续发展模式，是循环经济理论的核心。与传统的“资源—加工生产—产品—废弃物”

的正向产品过程相比，循环经济理念更加关注全过程中可再利用的资源，并通过“资源—产品—再生资源”的闭环操作实现经济产业的节约型增长。

通过倡导减量化、再利用、再制造和再循环降低资源成本，提高资源利用率，减少环境污染，并通过循环再利用创造更多岗位。循环经济理论对汽车产业的可持续循环方式提供了指导，可以在对整车产品有效拆解基础上进行回收操作，促进汽车产业循环可持续发展（F. Zhou 等，2016）。

1.3.2 生产者责任延伸制理论

生产者责任延伸制思想最早是在瑞典 1975 年《废弃物循环使用和管理议案》中提出的，主要要求产品制造商在制造产品前应对产品使用后的废弃回收具有一定了解，并能够从资源节约和环境保护视角提出有效的废弃产品处理方法（孙亚飞，2016；F. Zhou，X. Wang，Ming K. Lim 等，2018）。瑞典环境经济学家此后提出的生产者责任延伸制概念，指把生产者的责任延伸及渗透在产品的全生命周期过程，不仅在产品生产制造环节中承担责任，也要在产品回收、循环再利用和废弃过程中承担一定责任，其中明确指出生产者需在以下五方面承担责任：信息披露责任、所有权责任、经济责任、环境损害责任、物质责任等（Huang 等，2019）。生产者责任延伸制填补了产品责任体系中消费后产品责任的空白，确定了废物回收处理、处置、再循环利用方面的责任主体，生产者责任延伸制已在欧美、日本等制造工业强国得到大范围实践（Saari 等，2019）。

不同国家在实施生产者责任延伸制理论时，基本以托马斯教授提出的概念为基础，在结合本国国情和产业特征基础上对其进行修改与完善。生产者责任延伸制强调了生产者在产品回收、废弃处理的主体地位与主导作用；由于生产者对产品原料、加工过程等具有掌控权，其对于产品结构、功能及环境影响程度具有深刻了解，因此，以生产者为切入点，能够更好地保障产品供应链全程的信息流动，减少环境污染。生产者责任延伸制强调的不仅是产品生产者的责任，同时也是启示产品供应链全过程的利益相关者，诸如供应商、销售商、消费者、回收商和政府公众等（Gui 等，2018）。此外，生产者责任延伸制主要关注产品消费后市场的回收、循环、再利用和报废阶段，以体现“延伸”内涵，在消费前期的产品责任问题，有独立的

《产品质量法》等相关准则与规范。我国国务院办公厅在2016年印发《关于生产者责任延伸制度推行方案的通知》，在前期部分电器电子产品领域探索实行生产者责任延伸制度效果良好的背景下，提出进一步拓展和推广生产者责任延伸制，并印发《中共中央 国务院关于印发〈生态文明体制改革总体方案〉的通知》要求，重点在电器电子产品和汽车产品（Cao等，2016；孙亚飞，2016）。

废旧汽车回收产业涉及报废汽车拆解、回收、修复、废弃件掩埋等环节，生产责任延伸制有利于整车企业关注汽车产品的全生命周期可持续管理活动，这一制度的激励与实施有利于推动提高废旧汽车回收产业的发展，拓展市场对翻新产品、再制造产品和回收活动的需求。

1.4 废旧汽车回收现状评述

(1) 国内废旧汽车回收管理现状

根据我国制定的标准规定，对于达到报废标准的汽车，发动机、变速器、前桥、后桥、方向机、车架六大件必须在公安机关的监督下，完全解体之后按材料回收，禁止再次利用售出，其他零部件可以在允许使用的情况下继续出售，但是必须要标明该零件为报废汽车回用件。

我国现在的废旧汽车回收，由各级政府机构认定的回收企业来回收。根据《报废机动车回收管理办法》，我国对报废机动车回收企业实行资质认定制度。任何公司和个人若没有获得资质证书，不能去做报废机动车的回收工作。同时国家也支持汽车生产企业做好报废机动车的回收工作。机动车生产者必须按照国家的相关规定去承担责任。与中国的汽车保有量和土地面积相比，中国的废旧汽车相关回收企业较少。据中国回收协会数据显示，2016年，我国具备拆解资质的企业为635家，回收网点总数为2 465家。2019年6月实施新的《报废汽轮机及动车回收管理办法》前，我国报废汽车的“五总成”（发动机、变速器、前后轴、车架、转向器）严禁作为零部件在此出售，而正规的回收企业只能把报废的车辆压成钢锭卖给炼钢厂，很难盈利。

目前，随着我国汽车保有量激增，在循环经济理念驱动下，如何有效进行废旧汽车回收，规范废旧汽车回收管理行业，是汽车工业转型升级、高质量发展需解决的问题。

（2）国外废旧汽车回收管理现状

欧美工业发达国家历经100多年，汽车已成为居民消费的必需品，以英、德、意、法等欧洲和美国、日本等汽车强国为例，其千人汽车保有量保持在500辆以上，其产业活动涵盖研发、设计、生产制造延展至汽车后市场的全生命周期（Genovese等，2017；Roy等，2018），在循环经济理念驱动下，废旧汽车回收管理已形成规模化产业，这对我国汽车工业的产业延伸与转型升级提供了一定的借鉴。

美国对汽车废品回收没有特别规定，根据环保法规和生产者责任延伸制指导汽车报废处理，主要法律法规包括2006年修订的未来报废汽车回收路线图、资源保护和回收法、清洁水法和清洁空气法。美国环境保护的相关法律法规严格限制了汽车垃圾的处理，通过严格执法，有效解决了汽车垃圾问题。

德国的《废旧车辆处理法规》《循环经济与废弃物法》是德国旧车处理的主要依据。《废旧车辆处理法规》是废旧汽车回收的专门法律，明确了车主、汽车生产企业和回收拆解企业的具体责任和义务。1996年生效的《循环经济与废弃物法》规定，未通过TUEV检查或维修费用超过车辆本身价值的车辆必须报废。2002年生效的《废旧车辆处理法规》是根据欧盟《报废汽车指令》（2000/53/EC）修订的，该指令要求将旧车回收纳入法律管理体系（Mazzanti，Zoboli，2006）。

早在1991年的时候，德国就颁布了一些这样的法律法规，关于报废车辆的处理问题，在经过长时间的协商和考虑后，政府在1996年2月制定法律法规将报废车辆独立回收，并且制定了有关报废的车辆拆解单位资质的法律法规，并于1998年4月开始实施。伴随着欧盟报废法规的升级，管理更加严格，对再利用的要求也越来越高，回收效率也要越来越高。因此，德国汽车制造商和汽车废弃物处理单位合作开发压碎设备以及研究残渣的分离技术（如大众SICON工艺），在提高压碎残渣的回收利用率方面已经有了很大的改进。例如，经过粉碎的颗粒可以当作还原剂进入焚烧炉；经过粉碎的纤维和粉末可作为水处理脱水剂，当作金属冶炼的原料。

2002年，日本制定了专门的报废车辆回收法，并在2005年实施。该法律法规明确规定了汽车生产厂家、进口商和车主的义务，规定了汽车生产厂家回收旧车的责任，并规定汽车消费者在购买新车时要缴纳废旧汽车回收费。这笔钱被放进专项资金，用来补贴汽车制造厂家的回收和报废费用。

在意大利，菲亚特在报废汽车回收方面做了很多努力，被当作意大利的典范。意大利约170万辆报废汽车中，大部分用的是与美国类似的回收利用方式，如意大利的菲亚特运用还原和再生的方法，将回收的报废车辆的零部件进行加工，这种回收方式不但适用于汽车的常规金属零件，也可以用于其他非金属零部件，比如车内装饰零件及车身强度由于老化而性能和强度下降，因此，这些零部件可以被加工成性能要求较低的零件。例如，报废汽车的塑料材料可以用来制作风管材料，也可以用来制作地板材料。目前，德国大力推广菲亚特的技术，尽力让国内许多的其他汽车企业也能达到这种水平。

英国每年大约有250万辆汽车报废。以前，在回收报废汽车时，报废汽车的废旧零部件是可以作为二手材料进行出售的，报废汽车的回收企业需要向车主支付每辆车51英镑的处理费用；但是因为二手材料市场价格的降低，车主得向报废回收企业支付一笔处理费用，所以每年造成约30万辆报废车辆被非法报废，很大程度影响了社会环境。面对这些问题，从2003年起，英国就开始实施新的法律法规，明确规定了处理费用需要由汽车制造厂家支付，每辆车的处理费用约为300英镑，所以制造商开始研发新的处理技术来降低处理的费用，这需要考虑汽车的很多因素，在汽车设计和制造的早期阶段就要开始考虑回收利用。另外，英国同时也利用废旧汽车的轮胎发电，取得了很好的效果。早在1995年，英国就建造了一座以废旧汽车轮胎为原料的发电厂。这座电厂不但污染比煤电厂和石油电厂更低，而且成本也更加低廉。在发电的同时，全国24%的废旧汽车轮胎也都解决了。参考这一变废为宝的举措，英国政府在后期陆续建造了四个这样的废旧轮胎发电站。

法国是一个汽车工业大国，汽车保有量已经达到4 000万辆，这就相当于每两个人拥有一辆汽车，并且法国每年需要进行报废汽车的数量也很大，因此政府相当重视报废汽车的回收利用。法国制定了一套报废汽车回收政策、法律法规，给报废汽车回收利用提供了强有力的保证。在法国，报废汽车的回收利用在受到相关法律法规指导的同时，还受到市场的独立监管。法国汽车的使用时间短，更新换代的速度很快，报废汽车的价值巨大。在正常情况下，报废汽车在转运中心回收的价格很高，至于价值不高的报废汽车，采取无偿回收的方式，这就导致了法国报废汽车的非法报废现象。法国废旧汽车回收单位非常重视废旧汽车零部件的再利用。主要原因是法国的废旧汽车回收单位要对自己单位的盈亏负责。所以为了提升零部件的再利用率，回收单位必须加强与汽车生产厂家的合作，才可以促进环保、易回收汽车的生产。

（3）我国废旧汽车回收现状评述

从图 1.2 可以看出，我国废旧汽车行业已开始进入快速发展时期，尤其对于中东部经济发达和汽车工业省份，废旧汽车回收量日益增长。当前对于废旧汽车的回收研究主要涉及拆解技术、回收政策及具体回收活动的研究三方面（Chen，Zhang，2009；韩明，2017；许飞，2017）。

对于拆解技术的研究，主要集中在拆解流程、粉碎工艺和拆解装备开发三方面（张绍丽，2017；Mohan，Amit，2018），但由于技术手段限制，且缺乏对废旧汽车关键零部件的可回收性评估，导致国内及我国的废旧汽车拆解效率低下，尤其由于发动机拆解的不完全，导致未能发挥循环经济的回收效用。对于回收政策的研究，国内外学者在借鉴北美、欧洲和日韩等汽车工业强国经验基础上，从回收主体、责任明确、回收活动的经济性考量等视角，对我国废旧汽车行业的发展提供政策建议。为此，形成了诸如“主机厂责任制”“拓展责任制（extended responsibility principle）”等意见（吴怡，刘宁，2009；Wang，Chen，2013；Tang 等，2018a；孙嘉楠，肖忠东，2018）。但由于废旧汽车回收行业的不规范，且涉及主机厂、零部件企业、资源可再生企业、汽车消费者和社会公众等多利益主体，同时，不规范化的二手车市场更加需要废旧汽车回收的规范治理。对于回收活动的研究，主要围绕废旧汽车回收过程中的闭环供应链环节进行展开，包括逆向物流供应商、回收网络设计、回收模式、回收主体均衡博弈等（Go 等，2011a；Tian，Chen，2014；李晴，2017；庞凯，吴晓曼，2017），但缺乏对区域回收路径的系统化研究与设计，导致废旧汽车行业发展的不规范与异质化现象严重。

针对上述国内外废旧汽车回收行业的研究现状，以及我国汽车行业发展需求，申请者提出面向 4R 的废旧汽车回收管理，在分析我国汽车行业发展前景和可持续发展需求分析基础上，提出面向 4R 的废旧汽车回收管理课题。通过系统化设计废旧汽车的回收路径，结合科学的综合评估模型，识别能够进行再用、恢复、再制造和回收的关键部件，通过研究废旧汽车回收管理过程中涉及的管理决策问题，进而促进我国汽车行业的高质量可持续发展。

1.5 研究问题、目标与意义

1.5.1 研究问题

针对我国废旧汽车回收产业的发展现状，以及汽车行业发展需求，申请人提出面向 4R 的废旧汽车回收路径，通过研究废旧汽车回收管理过程所设计的管理决策问题，系统化设计废旧汽车的回收路径，结合科学的综合评估模型，识别能够进行再用、恢复、再制造和回收的关键部件，通过对废旧汽车回收管理过程中的关键问题研究，从多利益相关者视角分析影响我国废旧汽车产业发展的驱动性因素，通过对产业级、企业级和供应链级的废旧汽车回收管理问题研究，并提出多层次结构化策略，进而促进我国汽车行业的高质量可持续发展。本课题主要的研究问题包括：

(1) 现状调研

汽车供应链可持续性需求与废旧汽车回收管理的现状如何?

(2) 废旧汽车可回收性评估

如何对废旧汽车的可回收性进行有效评估，识别其有效的可回收部件?

(3) 废旧汽车回收量预测

如何有效实现区域或省域废旧汽车回收量的预测，有效指导产业局部?

(4) 废旧汽车回收中心选址

如何对废旧汽车回收中心进行选址?

(5) 4R 回收路径设计

如何设计面向 4R 的废旧汽车回收流程及路径实现? 其作为面向 4R 的废旧汽车回收管理的理论基础是本课题研究的理论基石。

(6) 废旧汽车回收合作伙伴选择

如何在多属性约束下选择合适的废旧汽车回收合作伙伴，为废旧汽车回收供应链组建提供对象基础。

(7) 废旧汽车回收拆解车间布局与优化

如何对废旧汽车拆解车间进行布局与优化，提升拆解车间运作效率？

(8) 废旧汽车拆解车间的调度优化

如何通过拆解调度的鲁棒优化，实现不确定环境下拆解效率的提升？

(9) 废旧汽车回收模式研究

如何在考虑再制造成本同时，研究考虑消费者环保意识的回收模式？

(10) 废旧汽车回收再制造定价

如何研究 ELV 回收供应链参与者为风险规避者情境下，回收再制造的定价问题？

(11) 废旧汽车回收渠道研究

如何在考虑政府补贴和企业责任情景下，研究面向 ELV 回收供应链绩效最大的线上线下双渠道供应链协调？

(12) 废旧汽车回收策略

如何从多利益相关者视角，通过多层次结构模型，研究废旧汽车回收管理对策？结合上述问题研究，提出我国废旧汽车回收管理的对策与建议。

1.5.2 研究目标

本课题旨在研究“面向 4R 的废旧汽车回收管理”，通过汽车全供应链可持续性发展需求分析和现状调研，明确我国废旧汽车回收管理现状。为提升回收效率，设计面向 4R 的废旧汽车回收流程，并从可回收性评估、回收量预测、回收中心选址、回收路径设计、回收车间布局优化、拆解调度、回收模式、回收定价和回收渠道等视角研究废旧汽车回收管理理论，从多利益相关者视角，提出我国废旧汽车回收管理的多层次结构策略，并为我国废旧汽车回收行业的健康发展提供相应管理对策与建议。

1.5.3 研究意义

(1) 理论意义

我国是一个人口众多、资源相对贫乏和生态环境脆弱的发展中国家，在循环经济理念指导下，建设资源集约型社会，以尽可能少的资源消耗满足日益增长的物质和文化需求，实现社会、产业的经济高质量可持续发展，成为当前的战略性需求。在分析汽车行业可持续管理活动实践基础上，本课题重点关注汽车供应链的终端，即废旧汽车回收阶段，以期通过废旧汽车回收管理实现经济、社会和环境的集约化发展。针对当前废旧汽车粗放回收的现状，本课题创新性提出“面向4R的废旧汽车回收路径及策略研究”，通过系统化设计废旧汽车的回收路径，研究多路径下的废旧汽车回收管理理论与对策建议，提升我国废旧汽车回收管理效率。通过本课题研究，以期改变当前废旧汽车回收粗放型管理，并从消费者个体、整车企业、资源再生组织、政府等多利益相关者视角提出推动我国废旧汽车回收管理的多层次结构策略，进而促进我国汽车行业的高质量可持续发展。

（2）实践意义

废旧汽车回收再利用具有一定的经济效益、社会效益和环境效益。实践证明，整车产品的钢铁、有色金属等90%以上可以回收再利用，玻璃、塑料等材料的回收可再利用率也达50%以上；而对于汽车中的一些稀有贵重金属（铂），更具有高的回收价值（田广东等，2016；Anthony，Cheung，2017）。欧美汽车工业强国的废旧汽车回收管理已具有一定产业化规模，德国90%以上零部件可以得到再用或回收处理。此外，废旧汽车回收，能够有效回收有色金属资源，实现资源的良性循环；美国自20世纪90年代便出台废旧汽车轮胎再利用的相关法律，即要求联邦政府铺设的沥青公路，须含有5%的旧轮胎橡胶颗粒，促进了废旧轮胎的再利用。此外，废旧汽车回收管理对环境保护及资源的循环利用具有显著积极影响，产生一定的环境效益。汽车尾气作为全球变暖等环境恶化主要因素之一，通过废旧汽车回收，将对大气污染同比降低85%，水污染同比减少76%，同时废旧汽车回收再利用降低了固体废弃物的不良影响（贝绍轶等，2016）。可见，废旧汽车回收管理对经济、社会和环境都具有一定的促进作用。

1.6 研究思路

本研究综合运用供应链管理、系统工程、可持续性管理、博弈论、工业工程和评价决策等相关领域的理论方法，结合文献分析、实地调研、指标构建和建模分析等研究手段，通过文献回顾、现状调研、流程分析、理论研究、路径设计及发展策略建议等手段，研究面向 4R 的废旧汽车回收管理及对策，通过废旧汽车回收管理理论研究和多路径设计，提升废旧汽车回收管理效率，实现我国汽车行业的高质量可持续发展。本研究的总体思路框架如图 1.7 所示。

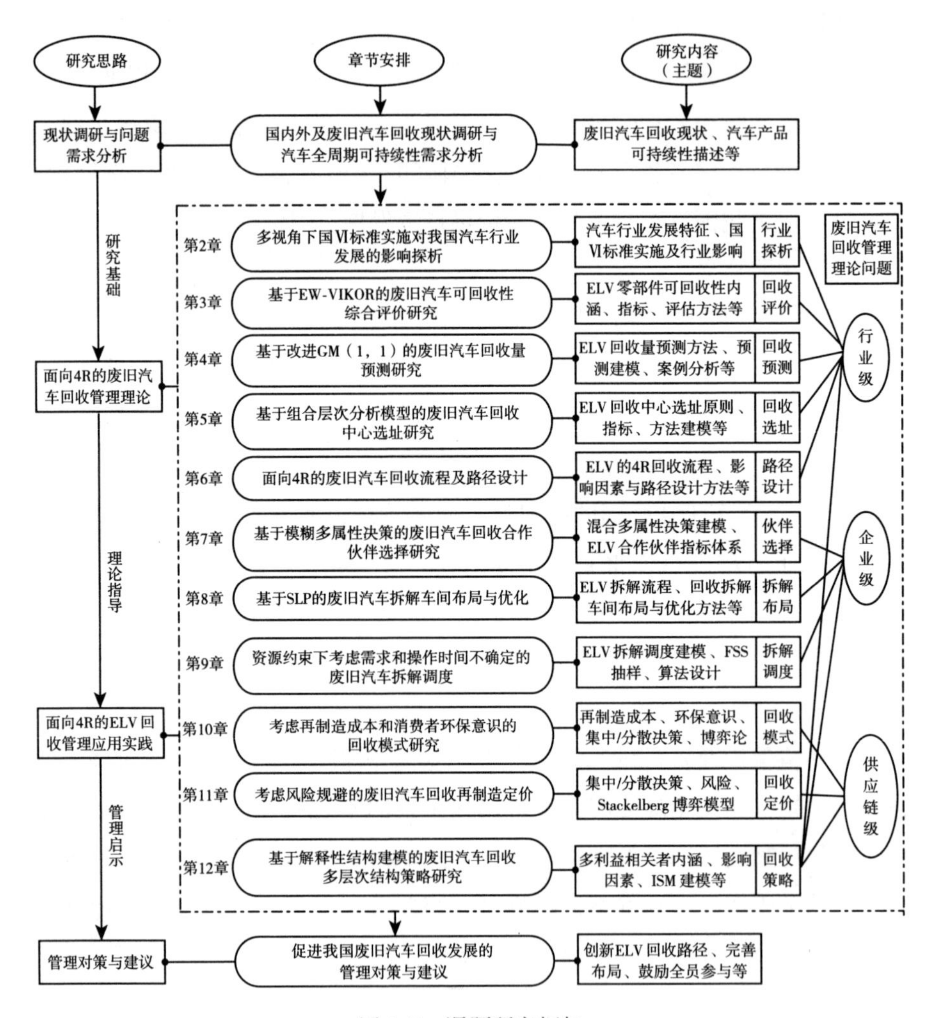

图 1.7　课题研究框架

以研究问题为导向，为达到预期研究目标，以整体和部分相统一方法指导下，通过废旧汽车回收管理理论研究与应用实践相结合，按照“现状调研、理论分析、对策建议”的研究思路，形成本课题的主体研究内容。具体包括以下几方面。

（1）废旧汽车回收管理现状与汽车供应链的可持续性发展需求分析

分析课题研究背景，介绍汽车产品全生命周期活动及可持续性描述与需求，明确废旧汽车回收管理的迫切需要；并介绍了国内外废旧汽车回收现状和废旧汽车行业发展现状，引出本课题的研究创新视角，并提出本课题的研究思路与主要研究内容。

（2）我国汽车行业可持续发展历程及国Ⅵ标准对汽车行业的影响探析

从行业政策视角入手，分析我国汽车行业可持续性发展需求，同时对最新实施的国Ⅵ标准进行梳理总结，研究国Ⅵ 标准实施对我国汽车行业各方利益相关者的潜在影响，从政策视角凸显我国汽车行业可持续性需求的紧迫性。

（3）废旧汽车可回收性评估研究

废旧汽车回收管理的对象是针对可回收的废旧汽车零部件，因此有效的废旧汽车可回收性评价是首要解决的问题。介绍了影响废旧汽车可回收性的评价指标，并利用多准则决策建模方法研究可回收性评估模型，并选取典型废旧汽车零部件进行算例验证与分析。

（4）废旧汽车回收量预测研究

废旧汽车回收量的确定，能够有效指导我国废旧汽车行业的布局和规划。本部分首先介绍了常用的预测方法，如时间序列预测、线性回归、神经网络等方法，结合我国废旧汽车回收行业的发展特征，构建基于灰色模型的废旧汽车回收量预测建模，为提高预测精度，提出残差修正模型改进传统GM（1，1）预测模型，并利用河南省废旧汽车回收数据，对区域未来废旧汽车回收量进行预测。

（5）废旧汽车回收中心选址研究

废旧汽车回收操作通过废旧汽车回收中心实现，废旧汽车回收中心的科学选址能够有效降低我国废旧汽车回收物流成本，有利于区域内的废旧汽车回收行业布局。本部分重点研究废旧汽车回收中心选址问题，介绍了影响废旧汽车回收中心选址的影响因素，构建废旧汽车回收中心的指标体系，研究选址模型，并进行了废旧汽车回收中心选址的实例研究。

（6）面向4R的废旧汽车回收流程及路径设计研究

为提升废旧汽车回收管理效率，实现废旧零部件的精准回收，对我国废旧汽车回收流程进行实地调研，在不同阶段回收活动的质量经济性分析基础上，提出面向 4R 的回收流程，另外，提出影响废旧汽车回收路径的指标因素，进行废旧汽车零部件的多途径回收路径设计实例分析。

(7) 废旧汽车回收合作伙伴选择研究

废旧汽车回收作为汽车工业可持续发展需求下的新兴产业，合适的废旧汽车回收合作伙伴对于废旧汽车回收联盟的组建和行业可持续发展具有重要作用。因此，研究废旧汽车回收合作伙伴选择决策模型，构建影响合作伙伴选择的指标体系，针对经济、技术和区位等多方面因素，以及决策信息的模糊不确定性，提出模糊多属性决策模型用于解决废旧汽车回收合作伙伴选择。

(8) 废旧汽车回收拆解车间布局与优化研究

不同于整车装配制造车间，废旧汽车的拆解操作由于缺乏标准化流程，造成车间布局不合理。为提升废旧汽车回收拆解效率，调研当前废旧汽车拆解现状，并介绍了废旧汽车拆解的要求、方式及拆解流程，分析废旧汽车回收拆解车间设计的基本要求和总体平面布置研究过程，进行废旧汽车拆解车间布局优化的案例分析。

(9) 废旧汽车回收车间的拆解调度研究

拆解作为废旧汽车回收的首要活动，承担为回收再制造车间提供原料的职能，由于拆解车间是面向终端消费者，拆解调度中的废旧汽车回收采购面临高度不确定性。为提升不确定环境下回收车间的拆解效率，提出资源约束下考虑需求和拆解时间不确定的废旧汽车拆解调度模型，并基于构建的调度模型设计启发式算法，指导废旧汽车回收拆解过程中的采购决策与调度，同时，通过算例分析验证本课题中构建模型与设计算法的有效性和普适性。

(10) 废旧汽车回收模式研究

由于废旧汽车回收管理过程中回收模式的多样性，制造商/再制造商、零售商、第三方资源再生企业等均可以作为废旧汽车的回收商，为了分析不同回收模式下回收再制造产品定价问题，构建考虑再制造成本和消费环保意识的回收供应链效用函数，并对集中决策、制造商回收、零售商回收和第三方回收模式下，求解其最优零售价格、批发价格和回收价格，利用算例仿真其影响规律，帮助面向 4R 废旧汽车回收管理过程中的回收模式选择问题。

(11) 废旧汽车回收再制造定价研究

当前废旧汽车回收再利用水平较低，废旧汽车回收还未形成大规模产业化，由于废旧汽车冗余质量不确定，以及汽车产品的复杂装配特征，导致废旧汽车回收商考虑风险因素而产生犹豫的境况，使得废旧汽车回收供应链参与者多为风险规避者，为从废旧汽车回收供应链分析盈利机制，研究了考虑风险规避的废旧汽车回收再制造定价问题，提出面向废旧汽车回收供应链利润最大的博弈模型，指导废旧汽车回收再制造的产品定价。

(12) 废旧汽车线上线下回收渠道的供应链协调研究

为了指导废旧汽车回收管理过程中的回收渠道选择，在考虑政府补贴和企业社会责任情景下，分析线上线下双渠道废旧汽车回收供应链协调，通过双渠道回收定价，利用博弈模型，分析制造商与零售商的价格参数，实现双渠道供应链协调，指导废旧汽车回收渠道选择和双渠道供应链协调。

(13) 废旧汽车回收的多层次结构策略研究

从政府（governments）、主机厂（auto-factories）、再生能源企业机构（renewable resources industrial organizations）、消费者（包括废旧汽车拥有者和二手车消费者）和社会公众（social publics）等多利益相关者（multi-stakeholders）视角，构建影响废旧汽车回收的多维度影响因素，引入解释结构建模（interpretive structural modelling）方法，构建影响我国废旧汽车回收的多层次结构模型；从多视角下，重点分析影响废旧汽车行业的制约性因素，并依据此提出相应的发展策略。

(14) 促进我国废旧汽车回收利用的管理对策与建议研究

基于上述废旧汽车回收管理理论研究成果，针对我国废旧汽车回收行业发展现状和可持续发展需求，提出面向4R的废旧汽车回收管理，并对废旧汽车行业的产业实践进行调研总结，最后，提出了我国废旧汽车回收再利用的若干管理对策与建议。

第2章　多视角下国Ⅵ标准实施对我国汽车行业发展的影响探析

本章重点分析我国实施国Ⅵ标准大背景下汽车产业发展面临的问题，从多利益相关者视角，研究国Ⅵ标准对我国汽车产业、汽车供应链、品牌车型等主体的多重影响，明确创新废旧汽车回收管理的紧迫性和必要性，为本书废旧汽车回收管理理论与实践的创新研究奠定环境基础。

2.1　引言

我国自2009年以来连续14年蝉联世界第一汽车产销大国。随着我国汽车的生产能力、核心技术等方面的进步，以及汽车行业的发展和居民消费水平的提升，国内市场的汽车保有量呈井喷趋势（Zhou Fuli，2018）。在生态可持续协同经济发展的战略背景下，汽车排放作为城市污染排放的主要构成（钟志华等，2018），如何通过技术革新、新能源与环境规制改善汽车排放，受到学术界和产业界的广泛关注（Elalem，El-Bourawi，2010；F. Zhou，X. Wang，Ming K. Lim等，2018）。新能源汽车作为汽车行业发展趋势，改善了汽车工业的环境效应，同时，环境规制及政策也提升了汽车工业的环保可持续性（赵福全等，2018）。曹霞从多利益相关者视角，通过演化博弈分析政府规制对新能源汽车产业的影响（曹霞等，2018）。2016年12月，为了贯彻《中华人民共和国环境保护法》和《中华人民共和国大气污染防治法》，防治污染，保护和改善生态环境，保障人体健康，原环保部和原质检总局联合发布了《轻型汽车污染物排放限值及测量方法（中国第六阶段）》（简称国Ⅵ）的标准，按有关法律规定，该标准具有强制执行的效力。该标准自发布之日起生效，即自发布之日起，可依据该标准进行新车型式检验。自2020年7月1日起，全国范围实施轻型汽车国Ⅵ排放标准，禁止生产国

Ⅴ排放标准轻型汽车，进口轻型汽车应符合国Ⅵ排放标准。这无疑极大地推动了汽车产业的加速转型（高晓冬等，2015）。

2021 年，是举国上下贯彻落实“十四五”规划的开局之年，我国进入新的发展阶段，面临新的机遇与挑战，但是从总体上看，中国环境污染形势依然严峻，重污染天气频发、臭氧、VOCs（挥发性有机物）等新型污染呈高发态势，水污染、土壤污染以及农村环境污染等问题突出，污染治理任重道远。打好污染防治攻坚战，是“十四五”时期经济社会发展的主要目标；也呼唤环保产业的快速、持续和健康发展。从政治、经济、社会和技术（简称 PEST）四方面分析国Ⅵ标准实施的背景，如图 2.1 所示。

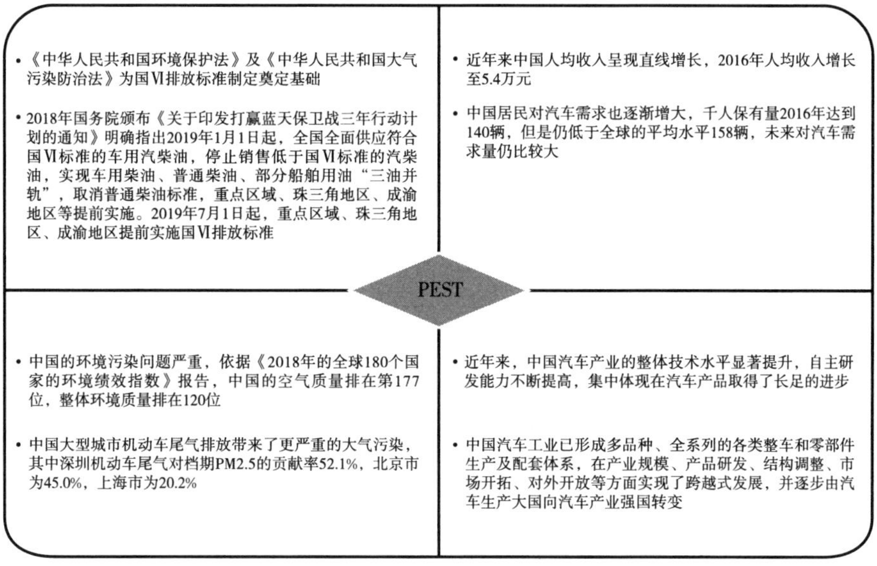

- 《中华人民共和国环境保护法》及《中华人民共和国大气污染防治法》为国Ⅵ排放标准制定奠定基础
- 2018年国务院颁布《关于印发打赢蓝天保卫战三年行动计划的通知》明确指出2019年1月1日起，全国全面供应符合国Ⅵ标准的车用汽柴油，停止销售低于国Ⅵ标准的汽柴油，实现车用柴油、普通柴油、部分船舶用油“三油并轨”，取消普通柴油标准，重点区域、珠三角地区、成渝地区等提前实施。2019年7月1日起，重点区域、珠三角地区、成渝地区提前实施国Ⅵ排放标准

- 近年来中国人均收入呈现直线增长，2016年人均收入增长至5.4万元
- 中国居民对汽车需求也逐渐增大，千人保有量2016年达到140辆，但是仍低于全球的平均水平158辆，未来对汽车需求量仍比较大

PEST

- 中国的环境污染问题严重，依据《2018年的全球180个国家的环境绩效指数》报告，中国的空气质量排在第177位，整体环境质量排在120位
- 中国大型城市机动车尾气排放带来了更严重的大气污染，其中深圳机动车尾气对档期PM2.5的贡献率52.1%，北京市为45.0%，上海市为20.2%

- 近年来，中国汽车产业的整体技术水平显著提升，自主研发能力不断提高，集中体现在汽车产品取得了长足的进步
- 中国汽车工业已形成多品种、全系列的各类整车和零部件生产及配套体系，在产业规模、产品研发、结构调整、市场开拓、对外开放等方面实现了跨越式发展，并逐步由汽车生产大国向汽车产业强国转变

图 2.1　PEST 视角的国Ⅵ实施必要性分析

汽车产业作为我国的经济支柱产业，机动车尾气排放对大气的污染依旧突出，近几年来，我国许多地区出现了大范围的雾霾天气，其根本原因是污染排放的增加。作为大气污染物及 PM2.5 的一大制造者，机动车尾气排放被认为是构成雾霾的重要来源之一。如何降低排放污染，是汽车工业面临的严峻挑战。为了更好地贯彻落实“十三五”规划，中国汽车产业制定实施更严格的排放标准势在必行（Nakamichi 等，2016）。2021 年 7 月 1 日，重型柴油车实施国Ⅵ排放标准，标志着我国汽车标准全面进入国Ⅵ时代。中国在

2014 年提出“向污染宣战”，打好大气、水、土壤污染防治“三大战役”。不难看出大气污染防治一直都是环境部的重心工作，国Ⅵ排放标准的制定和实施为大气污染防治工作的一环，随着汽车排放标准的日益严格，中国大气污染问题将会进一步得到改善。

为探究国Ⅵ标准对汽车供应链相关主体带来的影响，本文从国Ⅵ标准实施的必要性入手，在研究国Ⅵ标准内涵与特征的基础上深入分析国Ⅵ标准与国Ⅳ、国Ⅴ的主要变化，从多利益相关者视角，探究国Ⅵ标准实施对我国汽车行业相关主体的具体影响，并为政府和汽车企业如何应对国Ⅵ标准提供相应对策和指导建议。

2.2 国Ⅵ标准实践、特征与发展内涵

2.2.1 中国燃油车排放标准发展阶段

近年来，随着机动车经济的飞速发展，机动车的生产和使用量急剧增长，机动车排气对环境的污染日益严重，许多大城市的空气污染已经由燃煤型污染转向燃煤和机动车混合型污染，机动车排气污染对环境和人们身体健康的危害已相当严重。汽车尾气作为社会污染物的主要排放构成，世界各国具有严格的燃油车排放标准，用以限定 CO、颗粒物等有害物质的排放（李坚强，2018）。相比国外发达国家，我国汽车工业起步较晚，因此，我国在 1983 年颁布了第一批机动车尾气排放标准，并在 1993 年相继颁布《轻型汽车排放标准》和《轻型汽车排气物测量方法》，为我国燃油车排放标准的实施奠定了基础，至此到 2001 年 7 月 1 日，国Ⅰ标准才在全国范围全面实施（郭燕青，何地，2017）。

随着经济发展和可持续环保要求的提出，近 20 年，我国燃油车排放标准发展阶段如图 2.2 所示。具体来说，2000 年国Ⅰ标准的实施标志着我国汽车的排放标准逐渐向发达国家靠拢；时隔 5 年即 2005 年 7 月 1 日，中国汽车正式进入了国Ⅱ时代；到了 2008 年国Ⅲ排放标准正式实施，国Ⅲ标准的实施，柴油机供油系统由“机械控制”逐渐转向“电子控制”，同时由于国Ⅲ标准实施正值我国汽车市场的快速增长期，因此在我国国Ⅲ标准的车型保有量较大，截至 2017 年国Ⅲ车型保有量仍占比 22%左右；3 年之后，即

2011年7月1日开始逐渐推行国Ⅳ标准，但因与国Ⅲ标准时间相隔不大，因此直到2014年才在全国普及国Ⅳ标准；2017年国Ⅴ标准开始实施，环保水平相当于欧Ⅴ标准，较比国Ⅳ标准，氮氧化物排放降低25%。随即在2019年7月部分区域开始提前实施国Ⅵ标准，2021年1月1日轻型汽车全国全面实施国Ⅵa标准，预计在2023年全面实施国Ⅵb标准。

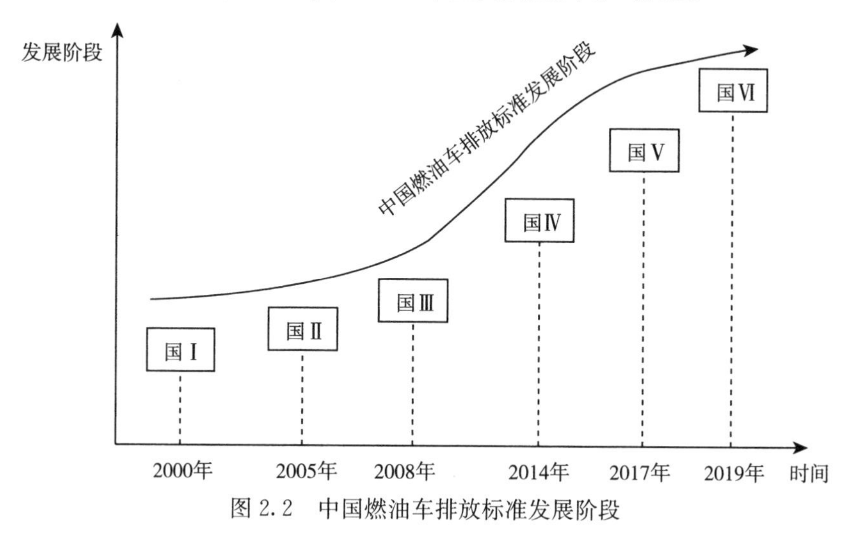

图2.2　中国燃油车排放标准发展阶段

实际上，在国Ⅳ标准实施期间，国家就已经启动了国Ⅵ排放标准文件的编制工作，经历过国Ⅰ至国Ⅴ，历经2年（图2.3），于2016年完成《轻型汽车污染物排放限值及测量方法（中国第六阶段）》，即轻型车“国Ⅵ标准”文件。

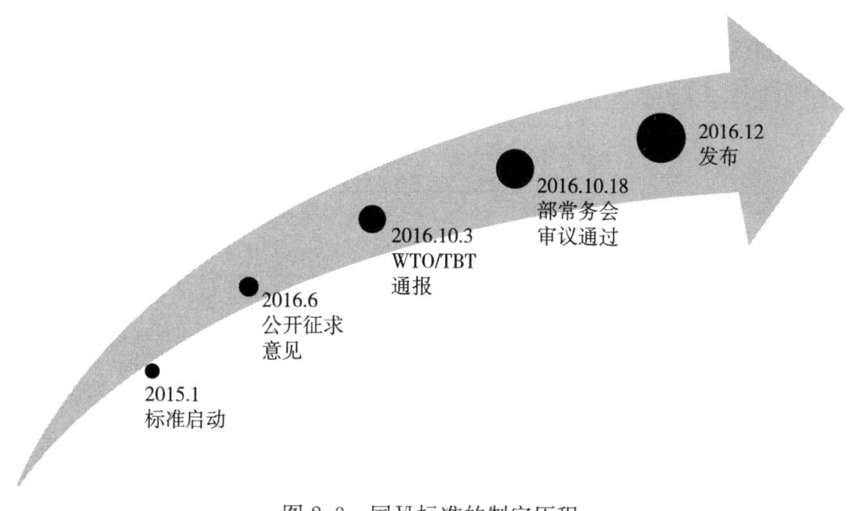

图2.3　国Ⅵ标准的制定历程

通过图 2.3 可知，我国国Ⅵ标准的发布经历五个关键阶段，国Ⅵ排放标准的实施包括两个关键节点：①自 2020 年 7 月起，全国范围实施轻型汽车的国Ⅵa 阶段标准；②自 2023 年 7 月起，全国范围实施严格的国Ⅵb 阶段排放要求。

2.2.2 国Ⅵ标准特点

新的国Ⅵ标准被称为“史上最严格的排放标准”，比欧Ⅵ还严格一倍，对各项污染物排放限值要求更加严格。还新增了测试使用范围：混合动力电动汽车（插电式和非插电式）。对其标准的制定融合了全球各国的排放标准，最终形成了中国国Ⅵ排放标准技术文件（图 2.4）。具体来说，新制定的国Ⅵ标准综合考虑了当前全球机动车排放的最新标准，融合美国排放标准，延续欧盟制定的排放标准，创新形成符合我国当前汽车产业水平的国Ⅵ标准。

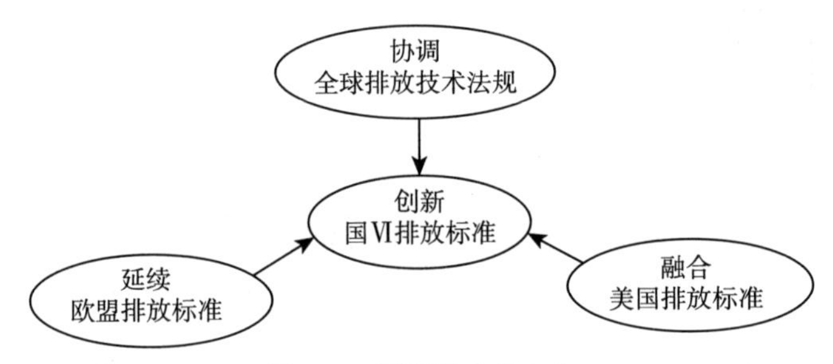

图 2.4　国Ⅵ标准的定位

从排放限值角度来看，国Ⅵ排放限值较国Ⅴ标准门槛大约提升了 50%，较欧Ⅵ标准也加严了排放限值。对各种污染物排放限定，国Ⅵ标准与国Ⅴ标准对比如表 2.1 所示。

表 2.1　国Ⅵ标准排放限值对比国Ⅴ标准排放限值

标准	CO/（克/千米）	THC/（克/千米）	NMHC/（克/千米）	NO_x/（克/千米）	N_2O/（克/千米）	PM/（克/千米）	PN/（个/千米）
国Ⅴ标准	1.000 0	0.100 0	0.068 0	0.060 0	无此项	0.004 5	6×10^{11}
国Ⅵa 标准	0.700 0	0.100 0	0.068 0	0.060 0	0.020 0	0.004 5	6×10^{11}
国Ⅵb 标准	0.500 0	0.050 0	0.035 0	0.035 0	0.020 0	0.003 0	6×10^{11}
Ⅵa 与国Ⅴ比较	↓30.00%	无变化	无变化	无变化	新增	无变化	无变化
Ⅵb 与国Ⅴ比较	↓50.00%	↓50.00%	↓48.53%	↓41.67%	新增	↓33.33%	无变化

注：THC 表示碳氢化合物，NMHC 表示非甲烷总烃，PM 表示细颗粒物，PN 表示直径超过 23nm 的粒子数量。

通过表 2.1 可知，国Ⅵ标准相比国Ⅴ有较大变化，对各类污染物的管控更为严格（Otani，Shu，2017）。同时相比欧Ⅵ标准，国Ⅵ标准变化主要表现在：①Ⅵ型试验增加对柴油车以及 NO_x 的控制要求；②增加了对加油过程污染排放试验要求；③加严各项污染物排放限值；④增加了炭罐有效容积和初始工作能力的试验要求；⑤增加了催化器载体体积、贵金属总含量及贵金属比例的试验要求；⑥增加了对型式检验样车的确认要求。

2.2.3　国Ⅵ标准的发展内涵

通过中国燃油车排放标准发展阶段回顾，及国Ⅵ标准与国Ⅴ、欧Ⅵ标准的对比分析，从功能、限制、要求程度等方面总结国Ⅵ标准的内涵，如表 2.2 所示。

表 2.2　国Ⅵ标准发展内涵

主要差异科目	内涵说明
测试循环不同	全面考核冷启动、加减速及高速负荷状态下排放
新增实际行驶排放	首次将排放测试转移至实际道路，避免排放作弊
测试程序要求不同	避免实验室测试数据与实际使用不一致
增加排放保质期	车辆 3 年或 6 万千米内因故障排放超标，车企承担费用
限值要求更加严格	加严 40%～50%，且对汽柴油车限值要求相同
新增测试适用范围	增加了混合动力电动汽车的试验要求
加强蒸发排放控制	要求车辆安装 ORVR 油气在线回收装置
提升车辆排放实时监控	引入美国车载诊断系统，及时发现排放故障
提高低温试验要求	CO 和碳氮化合物限值加严 1/3，新增氮氧化合物控制
新增测量要求	增加了汽油排放颗粒物测量要求

从表 2.2 中可知，相比上一代标准，国Ⅵ标准在测量项、限值和环保方面有不同程度的提高，具体来说，新增了排放保质期、测试使用范围、测量要求等项目，提高了对蒸发排放、限值要求和低温试验要求等方面的标准。

2.3　多利益相关者视角下国Ⅵ标准的影响分析

为探析国Ⅵ标准对我国汽车行业的影响，从传统排放标准、燃料类别、品牌和供应链主体四个维度具体分析新标准带来的变化。

2.3.1 对传统车型排放标准的影响

结合中国汽车保有量，截至2017年，中国国Ⅲ标准的汽车保有量约占21.2%，国Ⅳ标准的汽车保有量约占47.5%，国Ⅴ标准的汽车保有量约占22.0%。

依据国Ⅴ实施各区域针对国Ⅲ和国Ⅳ出台的相关政策（表2.3和表2.4），国Ⅵ实施之后或将全面淘汰国Ⅲ车型，针对国Ⅳ车型进行限行，国Ⅴ车型则不能正常上牌。

表2.3 国Ⅴ实施后各地针对不符合国Ⅴ标准车型的相关政策

车型	措施	实施时间	区域	具体内容
国Ⅳ车	不能上牌	2017年7月	全国	所有生产、进口、销售、注册和转入登记的重型柴油车、重型两用燃料车、重型单一气体燃料车，须符合国Ⅴ排放标准要求
国Ⅲ车	限行	2015年	上海	规定车龄5年以上的国Ⅲ车在中环内实施全天24小时限行
		2018年7月	深圳	对国Ⅲ货车实施单双号限行
		2017年9月	北京	六环内限行国Ⅲ车
		2017年10月	郑州	四环内限行国Ⅲ车
		2018年2月	天津	外环内限行没加DPF的国Ⅲ车
	取消补贴	2018年6月	杭州	2017年4月1日（含）后登记在本市的国Ⅲ柴油车将取消补贴

表2.4 部分地区对国Ⅲ标准车型的报废政策

代表区域	政策内容
南京	国Ⅲ柴油车淘汰补贴4 000～40 000元/车，申请补贴的截止时间是2020年12月31日
山东	近80万国Ⅲ级老旧柴油货车将淘汰
杭州	国Ⅲ柴油车淘汰补助最高补4万元
北京	根据国Ⅲ车年限划分补贴标准，最高10万元

在推行国Ⅵ排放标准的同时，不同区域对传统国Ⅲ、国Ⅳ车也采取了相应的限制政策，总的来看，将逐步报废并淘汰国Ⅲ车，差异性限制国Ⅳ车，

这是当前我国汽车产业后市场发展需求的驱动，促进了废旧汽车回收产业的管理与实践。

2.3.2　对不同燃料车型的影响

国Ⅵ标准的逐步实施不仅加速了传统排放标准车型的淘汰与后市场发展，也对混合动力、新能源等新型燃料汽车产业带来影响。从汽车燃料类型视角，梳理国Ⅵ标准实施对燃油车、混合动力汽车和纯电动车型的具体影响。

（1）国Ⅵ实施对燃油车影响

2017年7月1日中国正式全面实施国Ⅴ排放标准，仅仅相隔不到3年的时间，就推出了国Ⅵ排放标准，多数企业尚未做好应对措施，未制定出相应的产品策略。当国Ⅵ标准推出之后，市场上符合国Ⅵ标准的车型数量或许不能满足市场的需求，致使市场上燃油车的销量下滑。

另外，结合当前汽车销量，拟提前实施国Ⅵ区域的市场份额占据当前市场总份额的半数以上（图2.5），实施国Ⅵ标准之后，主体区域市场的燃油车销量受到冲击，影响燃油车市场的整体销量。

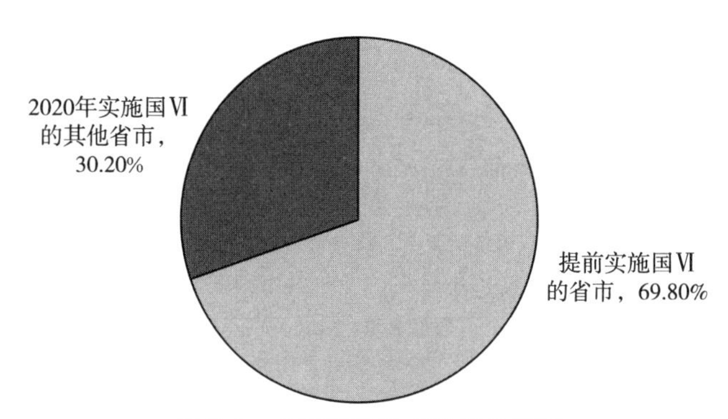

图2.5　中国燃油车市场销量份额
（数据来源：威尔森）

可知，国Ⅵ标准的实施必将影响燃油车市场销量，在经济高质量可持续理念驱动下，汽车产业发达的东部沿海区域或可率先提前实施国Ⅵ标准。

（2）国Ⅵ实施对插电式混合动力车影响

据汽车之家线索量数据分析，从2018年开始，消费者对插电式混合动力车型的关注不断提升，其份额不断向纯电动阵营侵蚀。而在分析有购车计划的用户数据中，对选购插电式混合动力车型的比例达到 65.2%，远超纯电动。由此可见，当前中国新能源汽车市场中，消费者更偏好购买插电式混合动力汽车，其销量增速较纯电动汽车有明显的优势，如图 2.6（a）所示。但是国Ⅵ标准对插电式混合动力汽车增加了新的八项监测要求：①对能量存储系统的监测；②对热管理系统的监测；③对制动再生系统的监测；④对插电式电池系统环境应力筛选试验（environment stress screen，ESS）的监测；⑤对发电机的监测；⑥对驱动电机的监测；⑦对插电式部分部件的监测；⑧对其他输入或输出模块的监测。

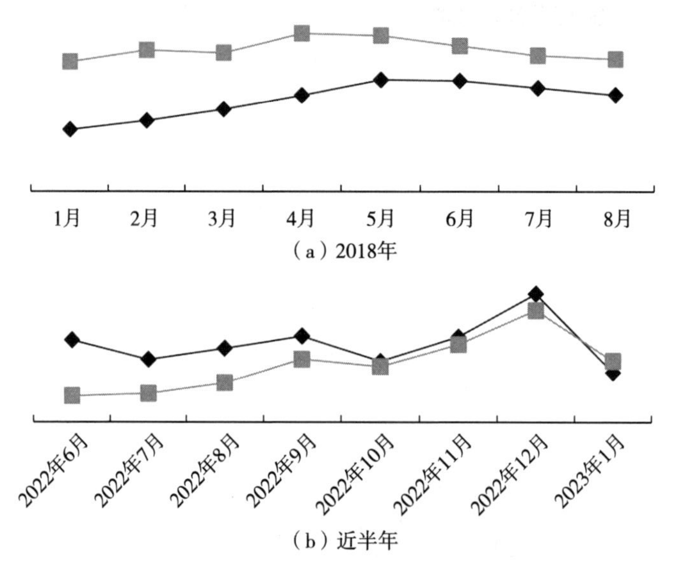

图 2.6　2018 年及近半年新能源汽车类型销量累计增速趋势

（数据来源：乘联会）

在我国纯电动汽车政策利好的情况下，国Ⅵ标准实施后对插电式混合动力汽车产品的技术要求有所提高，或将引起企业将产品布局倾向于纯电动汽车，导致插电式混合动力汽车的产销量均有所下滑。统计最新我国新能源类型销量发展情况，如图 2.6（b）所示，前期预期良好，且两种车型整体保持稳步增加态势。

（3）国Ⅵ实施对纯电动车的影响

鉴于上述分析，在国Ⅵ实施后不利于燃油车和插电式混合动力汽车的发展之后，因中国纯电动汽车的利好政策（表 2.5）及自主品牌和合资品牌未来对纯电动汽车品牌的投入和规划（图 2.7），国Ⅵ实施后将有利于纯电动汽车的销量增长。

表 2.5　中国利好纯电动汽车的政策

政策	内　容
购置补贴	1. 全国层面：纯电动汽车续航里程大于 400 千米以上的补贴提升了 6 000 元 2. 区域层面：北京市取消了对插电式混合动力汽车的补贴，部分区域对插电式混合动力的补贴也由 2017 年国家的 50%变为国家的 30%
双积分	纯电动汽车的积分为 0.12R+0.8，插电式混合动力的积分为 2。只要纯电动汽车的续航里程超过 100 千米，那么所得积分就会高于 2 分

注：R 为续航里程。

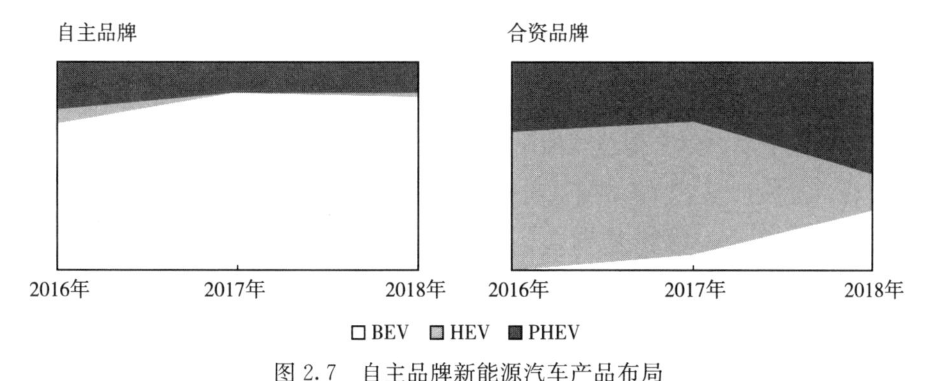

图 2.7　自主品牌新能源汽车产品布局

注：BEV 表纯电动汽车，HEV 表示混合动力汽车，PHEV 表示插电式混合动力汽车。

2.3.3　对不同品牌车型的影响

国Ⅵ标准的实施，对自主品牌整车企业与合资企业也将产生差异化影响。从品牌视角，梳理国Ⅵ标准实施对自主品牌、合资品牌及进口车型带来的影响。

（1）国Ⅵ实施对自主品牌的影响

基于波特五力模型分析国Ⅵ标准的实施对自主品牌带来的影响，如图 2.8 所示。自主车企因技术能力较弱、造车新势力的崛起、自主新能源汽车的发展、研发成本的提高，销量将受到很大程度的冲击。

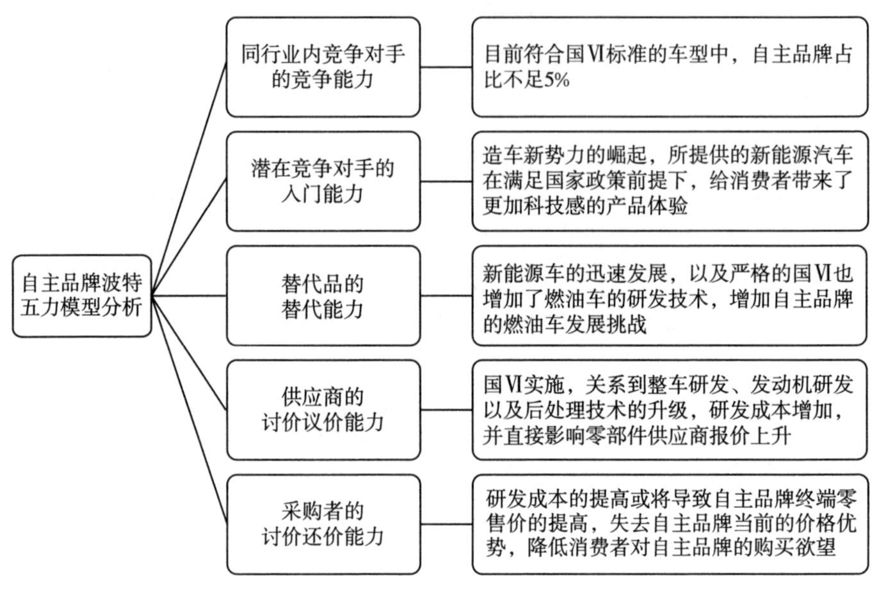

图2.8　自主品牌波特五力模型分析

（2）国Ⅵ实施对合资品牌的影响

合资品牌是我国汽车行业起步晚、技术不成熟背景下的有效促进我国汽车工业发展的国家战略（董扬等，2018）。作为中国汽车市场的主要研发力量，目前中国燃油车市场份额，合资品牌占据50%以上（图2.9）。较自主品牌，合资品牌在产品技术研发和提升上都有明显的优势；较进口品牌，合资品牌更符合中国的发展环境和市场需求，因此国Ⅵ实施后依旧对合资品牌的发展起到有力的推动作用。

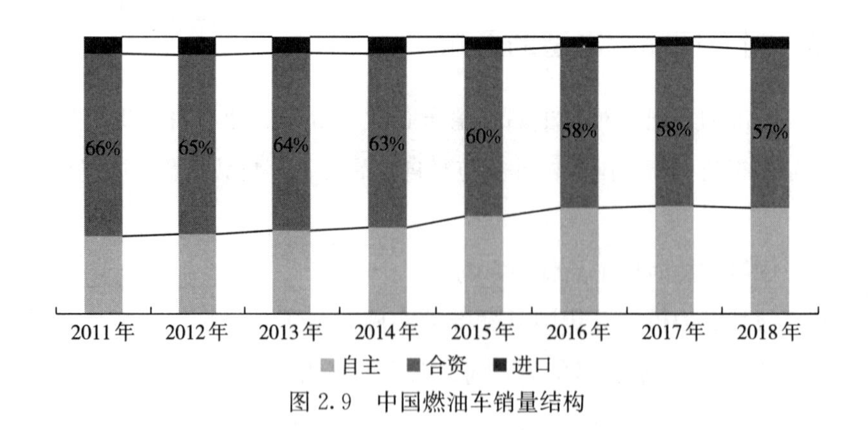

图2.9　中国燃油车销量结构

(3) 国Ⅵ实施对进口品牌的影响

目前，进口汽车市场销量在中国整体市场平稳情况下保持缓慢下降（图2.10），进口汽车目前多数符合欧Ⅵ的排放标准，较中国的国Ⅵ排放标准，欧Ⅵ标准尚不能符合国Ⅵ排放标准要求，因此在中国实施国Ⅵ之后，不利于进口汽车在中国的销售。

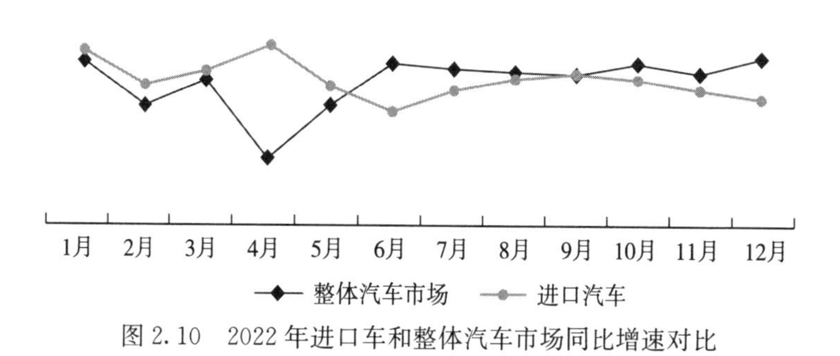

图2.10　2022年进口车和整体汽车市场同比增速对比

2.3.4　对汽车供应链主体的影响

国Ⅵ标准的实施，不仅对整车企业具有显著影响，也对汽车相关行业存在影响，从汽车供应链视角梳理国Ⅵ标准实施对整车企业、经销商和消费者的影响。

(1) 国Ⅵ实施对车企的影响

国Ⅵ标准实施后，车企势必要推出符合国Ⅵ标准的车型，因此需要投入一定的资源进行产品的提升。整车企业的成本增量构成如图2.11所示，因此国Ⅵ标准实施后加大了企业的产品研发成本，据原环保部发布，由国Ⅴ升

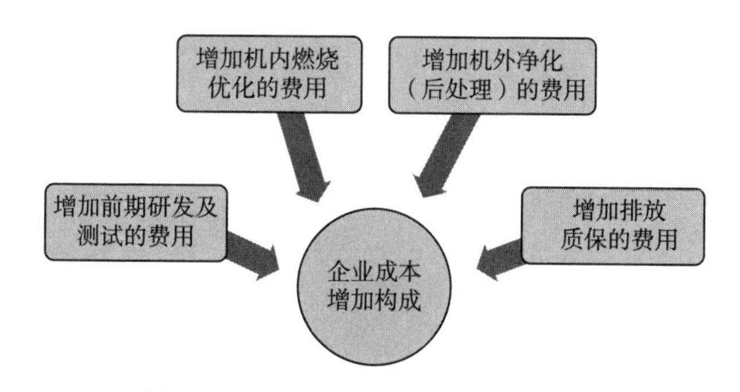

图2.11　国Ⅵ标准下车企成本增量构成

级到国Ⅵ，轻型汽油车单车升级成本约需1 200元，轻型柴油车单车升级成本约500元。

（2）国Ⅵ实施对经销商的影响

国Ⅵ推出之后，国Ⅴ的车型上牌将受到影响，因此经销商要尽快将国Ⅴ的车型进行清库；另外在国Ⅵ车型尚未全面推广之前，经销商或将出现短期的产品空白期。

（3）国Ⅵ实施对消费者的影响

针对目前尚未购车的消费者，国Ⅵ标准的实施或将推迟购买计划，待国Ⅵ车型上市后再进行购买；或者在新能源政策利好的情况下，转向购买新能源汽车。针对已经购买汽车的消费者，若是国Ⅴ车型或将降低汽车的残值率，针对国Ⅴ以下的车型或将面临限行甚至淘汰的情况。

2.4 政府与车企应对国Ⅵ标准实施的对策建议

（1）各区域政府应结合当地汽车行业发展情况，积极制定国Ⅵ标准实施计划

2016年12月原环保部和原国家质检总局联合发表国Ⅵ标准，预示着国Ⅵ标准的计划完成。各地区政府需积极规划区域发展战略，结合区域车企的技术发展水平，综合考虑当地汽车市场需求、汽车消费情况，制定区域国Ⅵ标准的进度计划，推动新标准顺利实施；同时需要对油品升级进行规划，在推动国Ⅵ标准计划实施同时，规划符合国Ⅵ标准的燃油升级。

（2）整车及发动机企业应加大研发投入，依靠技术提升，推动产品的升级换代

为推进国Ⅵ标准实施，整车及发动机零部件企业需制定相应战略规划，加大研发投入，依靠技术改进，推动产品的升级换代，满足国Ⅵ的排放标准；同时，布局新的营销策略，去除终端市场国Ⅴ车型库存，积极开发各细分市场的国Ⅵ车型；由于国Ⅵ标准主要针对燃油汽车和混合动力汽车，整车企业也需结合国家发展战略，拓展新能源汽车投入，布局纯电动汽车发展规划。

（3）创新废旧汽车回收管理模式，推动汽车供应链高质量可持续发展

随着我国汽车保有量的激增，不仅要强化汽车产品和运营过程中的绿色可持续性，还需重视废旧汽车的绿色回收。发达国家对废旧汽车的回收拆解与再利用非常重视。为了推动废旧汽车绿色拆解与再利用产业的发展，美国、日本、德国等国家已经制定并实施了相应的政策法规。而我国每年应当报废车辆中，有近 80%的报废汽车已经达到了使用年限却没有报废，真正进入正规回收渠道的大约只有 20%。应当报废却没有报废的汽车中，有一半进入非法拆解渠道，另一半依然在道路上继续行驶。由此可见，废旧汽车进入正规回收渠道拆解的形势任务比较严峻。在国Ⅵ标准实施进程中，随着国Ⅳ、国Ⅴ汽车的报废，政府、企业和可再生资源行业需联合学术界，积极研发废旧汽车产品的拆解技术、创新废旧汽车回收管理模式，在废旧汽车有效完全性拆解的基础上创新多途径回收模式，通过废旧汽车回收管理及其产业化，提高汽车供应链的可持续性。

2.5　本章小结

为推动汽车产业可持续发展，促进汽车的环境友好消费，中国燃油车排放标准第六阶段，已成为新时期的必然趋势。本文从国Ⅵ标准实施的必要性入手，在研究国Ⅵ标准与国Ⅴ、欧Ⅵ标准差异的基础上分析国Ⅵ标准的实施对传统标准、现有车型、品牌车企及汽车供应链主体的具体影响，并为政府和汽车企业如何应对新国Ⅵ标准的实施提供对策建议。但是，我国整车企业如何权衡燃油车升级国Ⅵ标准的投入与新能源产品布局的投入，寻求最佳利益平衡点，仍需要进一步探求，从而为车企提供更具商业价值的生产策略意见。

第 3 章　基于 EW-VIKOR 的废旧汽车可回收性综合评价研究

汽车产品是复杂装配产品，废旧汽车回收管理活动的前提是有效的可回收性评估。本章重点对拆解后的零部件进行可回收性评估，通过构建影响废旧汽车零部件可回收的指标体系，基于多属性决策建模理论与方法，实现对废旧汽车零部件可回收性的评估，为后续废旧汽车回收管理奠定基础。

3.1　引言

我国已连续 14 年蝉联世界第一产销大国，随着经济增长和人民消费需求增加，我国的汽车保有量处于持续增长阶段，庞大数量的汽车保有量，带动了报废拆解的汽车数量也在不断提升，导致退役报废汽车的数量在不断增加（Go 等，2011a）。面对日益增长的汽车保有量和报废量，为促进汽车工业经济高质量发展，促进汽车回收行业的发展，解决废旧汽车引发的社会公害问题，在循环经济理念指导下，废旧汽车回收作为提升汽车产业循环可持续性的有效手段，开始受到学术界和产业界的关注（Simic，2016；Wong 等，2018a）。废旧产品的回收不仅考虑最常见的材料回收，也要考虑在产品级、部件级、零件级、材料级、能源级等多个层次进行再生利用，产品级的回收管理是最经济的，指以产品通过再用或进入二手市场形式展开。部件级和零部件级的回收管理，主要针对完全拆解后的零部件，可以将冗余部件进行翻新、检测、清洗等操作，通过进入零配件、备件市场进行循环再利用。材料和能源回收经济价值作为次于前两层级的回收方式，是废旧汽车产业采取回收最为常见的一种，主要通过破碎、材料分离、材料回收等环节，将不同类别材料进行回收，并为产品供应链前端的原材料企业进行供应（Genovese 等，2017；Fang 等，2018）。

废旧产品（End-of-life Product，EOL）可回收性指在规定条件及时间内，综合考虑技术、经济和环境等因素，通过拆解回收技术，恢复、提高原产品功能或实现新的应用途径价值的能力（刘赟等，2011a）。随着拆解技术和回收技术的发展，废旧产品的可回收性也不断变化。废旧汽车中可再使用、再制造和再利用的零部件，是数量巨大的再生资源。如果这部分资源不能有效地被再生使用，将是资源的巨大浪费。废旧汽车部件回收效果，不仅影响废旧汽车回收生产的延续，也为再制造提供了基本保证。

可回收性决定了对废旧产品实施回收实践的可能性与经济性，ELV可回收性评估是废旧汽车回收管理的前提，有效的废旧汽车零部件可回收性评估能够帮助整车企业或再生资源组织，决定了是否值得进行后期的回收操作和管理。在循环经济理念和绿色可持续需求驱动下，国内外对废旧产品可回收性、可再制造性评估进行了尝试，并通过量化评价，帮助回收企业或可再生资源组织，识别潜在研究对象。陈志伟从可拆解性、回收效率两方面构建废旧产品可回收性的评价指标体系，并提出回收价值的量化方法（陈志伟，徐鸿翔，2003）。Naohiko提出一种融合考虑材料退化程度的废旧产品可回收性评估方法，综合考虑拆解后EOLP单元的杂质可去除性、聚合物相容性与市场前景等因素，创新性提出产品可回收性通过ELOP单元的可回收性来表征，并提出ELOP单元的材料退化概率分布建模，通过单元可回收性评估废旧产品可回收性（Naohiko，Hideki，2006）。李丽等从经济、质量和绿色维度提出了废旧零部件可回收性与可再制造的质量评价指标体系，并利用物元可拓理论，实现废旧零部件可再制造性的评价（李丽等，2017）。潘尚峰等从技术性、环境性、经济性、资源性和服役性等五大维度，构建废旧基础部件可再制造的评价指标体系，并利用BP神经网络实现机床基础部件的可回收性评价（潘尚峰等，2016）。Li（2018）在考虑废旧产品经济和环境因素基础上，通过时间序列预测建模，量化废旧产品的回收成本动态变化，并提出一种考虑动态回收成本的EOLP可回收性评估方法。伍俊舟等从技术、经济、环境和资源维度，构建机电产品可再制造性的影响指标体系，针对决策信息的模糊不确定性提出模糊物元理论对机电产品可再制造性进行评估（伍俊舟等，2016）。

综上，当前国内外研究多关注产品的可再制造性评估，再制造属于回收方式的一种，需要先进制造技术和管理方法的支撑，而对于诸如汽车等复杂耐用装配产品来说，并非所有零部件适合可再制造，同时其具有极大的潜在回收价值，因此，对于废旧产品的可回收性识别是本章关注的重点。在文献综述基础上，可以发现，当前对于可回收性的管理实践主要集中在定性的影响因素研究和经济性讨论方面，且多集中在机电产品基础部件的应用领域。为此，本章在构建废旧汽车零部件可回收性的指标体系基础上，利用多属性决策建模方法与理论，提出废旧汽车可回收性综合评价研究方法，指导汽车回收商或再生资源组织在回收管理活动前的生产实践决策。

3.2 指标体系构建

废旧汽车在完成服役后进入退役阶段，虽然整车产品进入退役阶段，表明整车不满足使用需求，但并不表示整车的所有零部件或组件系统都达到失效状态，汽车零部件的再利用可以节约大量资源，具有显著的经济效益。因此，需对废旧汽车的部件、组件、系统进行价值挖掘，明确废旧汽车零部件的可回收性价值（Fuli Zhou，Panpan Ma，2019b），首先需构建影响废旧汽车零部件可回收性的指标体系。

3.2.1 指标体系构建的原则

废旧汽车可回收性涉及经济、技术、环境等，构建废旧汽车可回收性评价指标体系必须满足以下几方面原则。

（1）系统性

评价指标体系必须满足系统性原则，由于废旧产品可回收性作为产品性能的一方面，ELV可回收性评价指标体系应容易与ELV其他评价指标体系相结合，便于对废旧汽车产品其他性能评价。

（2）综合性

评价指标体系应尽可能反映废旧汽车回收的综合影响，从经济、技术、质量和绿色可持续方面进行全方位评价，同时，利用多学科知识进行指标描述，以保证评价的综合性和可信性。

(3) 科学性

指标体系的科学性直接影响到 ELV 可回收性评价过程的科学性。由于指标体系的复杂综合性，在进行指标体系构建时必须符合科学性原则，即具体的指标应力求能够客观、真实反映废旧汽车产品可回收性的特征。

(4) 独立性

废旧汽车可回收性指标体系的构建过程应满足独立性特征，尽量避免有重复含义或相近表述的变量重复出现，尽可能做到简洁明了，重点选择具有代表性的指标进行描述。

(5) 定性与定量相结合

废旧汽车可回收性评价是涉及多属性的决策问题，构建 ELV 可回收性指标体系是一个复杂的过程，各个企业的定性指标和定量指标都存在优缺点，需要进行综合评价，将定性与定量两者结合，确保指标体系的合理与科学。

3.2.2 废旧汽车零部件可回收性指标体系

报废汽车的循环再利用和资源转化，即通过一定的技术方法挖掘 ELV 部件的循环价值，获取一定的经济、资源和环境效益。因此，废旧汽车可回收性评估必须从经济可行性、技术可行性、质量可行性与绿色可行性等多方面来进行综合评估与甄别。

在文献筛查与回顾的基础上，结合本课题研究内容，从经济、技术、质量和绿色可行性四个维度构建 ELV 零部件可回收性评价指标体系，具体指标信息如表 3.1 所示。

表 3.1　ELV 零部件可回收性评价指标统计

维度	符号	指标及含义	文献来源
经济可行性 D_1	回收成本 C_1	拆解回收的总成本，包括拆解、处理和回收等活动	(刘清涛等，2012)；(伍俊舟等，2016)；(Berzi 等，2016)；(李丽等，2017)
	回收效益 C_2	回收产生收益与价值	(蒋小利等，2013)；(伍俊舟等，2016)；

（续）

维度	符号	指标及含义	文献来源
技术可行性 D_2	回收技术 C_3	回收过程中的技术水平及其可行性	（Phillis 等，2005）；（蒋小利等，2013）；（Lienemann 等，2016）
	加工效率 C_4	ELV回收作业效率与循环利用率	（Johnson，Wang，1998）；（伍俊舟等，2016）；（Phillis 等，2005）
质量可行性 D_3	回收效用 C_5	ELV部件恢复/回收为再生资源的质量可行性	（刘清涛等，2012）；（Berzi 等，2016）；（李丽等，2017）；（Lienemann 等，2016）
绿色可行性 D_4	旧件利用率 C_6	回收的规模及回收率情况	（Kroll，Hanft，1998）；（李丽等，2017）
	能量/能源消耗 C_7	拆解回收车间中消耗的能源与能量	（Kroll，Hanft，1998）；（蒋小利等，2013）；（伍俊舟等，2016）；（李丽等，2017）；（Hiroshige 等，2001）
	污染排放 C_8	回收活动中产生的固体、液体、气体废弃物与污染	（M Andersson 等，2017a）；（伍俊舟等，2016）；（李丽等，2017）；（Cholake 等，2018）；

3.3 EW-VIKOR评价模型

模糊VIKOR（F-VIKOR）是在VIKOR基础上处理包含不确定性模糊信息和语言变量的多准则排序方法。多准则妥协解排序方法（VIKOR，vlse kriterijumska optimizacija I kompromisno resenje）是首次由Opricovic教授提出有效的多准则决策方法，能够有效解决由多个准则指标决定的评价对象排序问题。由于复杂评价准则的多样性、异质性及相矛盾特性，资源限制下综合考虑对象主体进行排序。多准则妥协解排序方法是在 L_p-Metrix基础上发展而来，如公式（3-1）所示。

$$L_{p,i}=\left\{\sum_{j=1}^{n}\left[\frac{w_j(f_j^*-f_{ij})}{f_j^*-f_j^-}\right]^p\right\}^{1/p}=\left\{\sum_{j=1}^{n}\left[w_j\frac{d_j(\max,i)}{d_j(\max,\min)}\right]^p\right\}^{1/p}$$

$$p\in[1,+\infty),i=1,2,\cdots,m \tag{3-1}$$

其中，通过 L_{1i}（S_i）和 $L_{\infty i}$（R_i）进行方案排序。

3.3.1 混合评价指标的量化

废旧汽车可回收性指标包括回收成本等定量指标，也包括回收技术等定性指标，对于易量化指标而言，有确定型决策信息作为依据，对于难以量化的定性指标而言，必须借助语言变量或模糊集理论进行量化，本文采取区间型模糊数对定性指标进行量化（周福礼等，2018）。

（1）确定型指标归一化处理

对于多属性决策问题，不同的指标可以分为效益型BT指标（越大越优型）和成本型CT指标（越小越优型），为统一量纲和归一化处理，确定型指标按照公式（3－2）进行无标度化处理。

$$r_{ij}=\begin{cases}\dfrac{u_{ij}}{\max_j u_{ij}},1\leqslant i\leqslant m,1\leqslant j\leqslant n,u_{ij}\in BT\\ \dfrac{\min_j u_{ij}}{u_{ij}},1\leqslant i\leqslant m,1\leqslant j\leqslant n,u_{ij}\in CT\end{cases} \tag{3-2}$$

其中u_{ij}为废旧汽车零部件隶属确定型指标的评价信息值，m为评价对象个数，n为指标体系的总指标个数。

（2）区间型模糊指标的归一化处理

针对不确定型指标的量化，采取区间型模糊数进行处理，即通过上限和下限控制实现模糊不确定指标的量化，区间型模糊数评价值记为$[u_{ij}^{L},\ u_{ij}^{U}]$，按式（3－3）和式（3－4）进行处理得到规范化后区间模糊数$[r_{ij}^{L},\ r_{ij}^{U}]$。

$$r_{ij}^{L}=\frac{u_{ij}^{L}}{\max_j u_{ij}^{U}},r_{ij}^{U}=\frac{u_{ij}^{U}}{\max_j u_{ij}^{U}},1\leqslant i\leqslant m,1\leqslant j\leqslant n,[u_{ij}^{L},u_{ij}^{U}]\in BT \tag{3-3}$$

$$r_{ij}^{L}=\frac{\min_j u_{ij}^{L}}{u_{ij}^{U}},r_{ij}^{U}=\frac{\min_j u_{ij}^{U}}{u_{ij}^{L}},1\leqslant i\leqslant m,1\leqslant j\leqslant n,[u_{ij}^{L},u_{ij}^{U}]\in CT \tag{3-4}$$

3.3.2 基于EW的指标权重计算

信息熵确定指标权重w_j。对去模糊化后的矩阵进行归一化处理，并计算各决策属性的信息熵值，过程如式（3－5）至式（3－7）所示。

决策矩阵的归一化： $$p_{ij}=\frac{x_{ij}}{\sum_{i=1}^{m}x_{ij}} \tag{3-5}$$

指标的熵值计算： $$e_j=-k\sum_{i=1}^{m}p_{ij}\ln p_{ij}=-\frac{1}{\ln m}\sum_{i=1}^{m}p_{ij}\ln p_{ij} \tag{3-6}$$

指标的客观权重： $$w_j=\frac{1-e_j}{\sum_{j=1}^{n}(1-e_j)} \tag{3-7}$$

3.3.3 基于 EW-VIKOR 多属性建模的可回收性评价

依据构建的评价指标体系，获取废旧汽车零部件隶属可回收性指标的评价矩阵，并通过熵权法计算指标权重，结合 VIKOR 实施步骤，得到废旧汽车零部件综合效用值，实现对评价对象可回收性评价，具体操作步骤如下（Fuli Zhou 等，2018）。

（1）决策者权重计算

各决策者权重 λ_t，设决策者 D_t 的信任函数为 B_t（δ），决策者权重计算如式（3－8）和式（3－9）。

$$B_t(\delta)=-1\Big/\left(\sum_{i=1}^{n}\sum_{j=1}^{m}\delta_{ij}^{t}\right)\ln\left(\sum_{i=1}^{n}\sum_{j=1}^{m}\delta_{ij}^{t}\right) \tag{3-8}$$

$$\lambda_t=B_t(\delta)\Big/\sum_{t=1}^{p}B_t(\delta) \tag{3-9}$$

（2）各指标权重计算

指标权重为 $\omega=(\omega_1, \omega_2, \cdots, \omega_m)$，其中 $\omega_j\geqslant 0, j=1,2,\cdots,m$，$\sum_{j=1}^{m}\omega_j=1$。各评价准则的均值定义如下，数值型评价值归入 I_1，区间型数值归入 I_2。

$$\overline{\gamma_j}=(r_{1j}\oplus r_{2j}\oplus\cdots\oplus r_{ij}\oplus\cdots\oplus r_{nj})/n=\begin{cases}\frac{1}{n}\sum_{i=1}^{n}r_{ij}, r_{ij}\in I_1\\ \left[\frac{1}{n}\sum_{i=1}^{n}r_{ij}^{L}, \frac{1}{n}\sum_{i=1}^{n}r_{ij}^{U}\right], r_{ij}\in I_2\end{cases} \tag{3-10}$$

评价指标 C_j 的熵值求解如式（3－11）和式（3－12）。

$$e_j = -\frac{1}{\ln(n)}\sum_{i=1}^{n}\left[\frac{d(r_{ij},\overline{\gamma_j})}{\sum_{i=1}^{n}d(r_{ij},\overline{\gamma_j})}\ln\left(\frac{d(r_{ij},\overline{\gamma_j})}{\sum_{i=1}^{n}d(r_{ij},\overline{\gamma_j})}\right)\right] \quad (3-11)$$

$$\omega_j = \frac{1-e_j}{\sum_{q=1}^{m}(1-e_q)}, j = 1,2,\cdots,n \quad (3-12)$$

（3）利用 VIKOR 实施步骤对评价对象的可回收性进行排序

假设评价对象基于指标的评价值为 f_{ij}，最优评价值 f_j^* 和最差评价值 f_j^- 计算如式（3-13）和式（3-14）所示。

$$f_j^* = (f_1^*, f_2^*, \cdots, f_j^*, \cdots, f_m^*) = (\max r_{i1}, \max r_{i2}, \cdots, \max r_{ij}, \cdots, \max r_{im}) \quad (3-13)$$

$$f_j^- = (f_1^-, f_2^-, \cdots, f_j^-, \cdots, f_m^-) = (\min r_{i1}, \min r_{i2}, \cdots, \min r_{ij}, \cdots, \min r_{im}) \quad (3-14)$$

计算备选方案的最大群体效用 S_i、最小个体遗憾 R_i 和综合效用值 Q_i，分别如式（3-15）、式（3-16）和式（3-17）所示。

$$S_i = \sum_{j=1}^{m}\omega_j \frac{d(f_j^*, r_{ij})}{d(f_j^*, f_j^-)} \quad (3-15)$$

$$R_i = \max_j\left[\omega_j \frac{d(f_j^*, r_{ij})}{d(f_j^*, f_j^-)}\right] \quad (3-16)$$

$$Q_i = v\frac{(S_i - S^*)}{(S^- - S^*)} + (1-v)\frac{(R_i - R^*)}{(R^- - R^*)} \quad (3-17)$$

其中，$S^* = \min_i S_i, S^- = \max_i S_i, R^* = \min_i R_i, R^- = \max_i R_i; v \in (0,1)$ 为决策机制系数，$(1-v)$ 为个体遗憾系数。

（4）确定折中方案的满意解

由 S_i、R_i 和 Q_i 三个排序列表对备选方案进行排序，数值越小表示方案越优。按照 Q_i 值递增得到的排序为 $A^{(1)}$，$A^{(2)}$，…，$A^{(n)}$。若 $A^{(1)}$ 为最优方案且满足如下两个条件：

①$Q(A^{(2)}) - Q(A^{(1)}) \geq DQ$，其中 $A^{(2)}$ 为根据 Q_i 值排在第二位的方案，且 $DQ = 1/(n-1)$。

②方案 $A^{(1)}$ 依据 S_i、R_i 排序仍为最优方案。则 $A^{(1)}$ 在决策过程中是稳定的最优方案。

若以上两个方案不能同时成立，则得到妥协解方案，分为两种情况：

①若条件②不满足，则妥协解方案为 $A^{(1)}$、$A^{(2)}$。

②若条件①不满足，则妥协解方案为 $A^{(1)}$，$A^{(2)}$，…，$A^{(J)}$，其中 $A^{(J)}$ 是由 $Q(A^{(2)})-Q(A^{(1)})<DQ$ 确定最大化 J 值。

3.4 算例研究

为验证本章提出的多属性决策模型对废旧汽车可回收性评估，选取某拆解车间的五个备选废旧零部件为研究对象，进行实例验证。

3.4.1 背景与数据

以郑州某再生资源企业的拆解车间为调研对象，该车间主要对废旧汽车进行拆解、破碎与回收，以完全拆解后的废旧汽车零部件 A_1、A_2、A_3、A_4 和 A_5 为研究对象，邀请废旧汽车回收、再生资源、拆解等领域的三名专家，对评价对象的可回收性进行数据收集，借鉴前文构建的废旧汽车可回收性评价指标体系，收集评价对象隶属于构建指标体系的特征值，如表 3.1 所示（决策专家 D_1 提供）。

表 3.1 评价对象的决策信息（决策者 D_1）

指标	决策者 D_1 的评价信息				
	A_1	A_2	A_3	A_4	A_5
C_1	98	150	16	75	43
C_2	0.85	0.92	0.83	0.85	0.72
C_3	H	VH	H	VL	L
C_4	VL	H	VH	VH	H
C_5	M	VL	L	M	VH
C_6	64.23%	89.21%	57.60%	70.47%	67.45%
C_7	H	H	M	H	VL
C_8	VH	L	VL	VH	M

注：语言变量 VL（很低/差）、L（低/差）、M（中）、H（高/优）、VH（很高/很优）为表征评价对象隶属于定性指标的模糊程度，语言变量与区间模糊数的映射关系遵循五刻度，取值范围为[0，1]，以文献中映射方式量化。

①将搜集到的数值型和区间型数据利用式（3-2）至式（3-4）进行处

理，转化为相同的量纲。

②三个决策小组的主观评价值确定各个权重。将语言变量转化为区间模糊数，用式（3－8）和式（3－9）得出决策者的权重分别为 $\lambda_1=0.341$、$\lambda_2=0.315$、$\lambda_3=0.344$。

③废旧汽车可回收性评价矩阵生成。通过加权集成决策专家的评价信息，如表 3.2 所示。

表 3.2　评价对象的决策信息

指标	A_1	A_2	A_3	A_4	A_5
C_1	93	145	21	73	45
C_2	0.86	0.91	0.81	0.87	0.69
C_3	[0.57，0.73]	[0.78，0.95]	[0.58，0.81]	[0.12，0.21]	[0.18，0.34]
C_4	[0.08，0.21]	[0.65，0.78]	[0.76，0.91]	[0.82，0.98]	[0.56，0.70]
C_5	[0.32，0.55]	[0.07，0.23]	[0.15，0.39]	[0.41，0.57]	[0.78，0.85]
C_6	0.63	0.86	0.58	0.73	0.69
C_7	[0.60，0.78]	[0.72，0.81]	[0.37，0.61]	[0.56，0.82]	[0.02，0.19]
C_8	[0.82，0.98]	[0.21，0.34]	[0.03，0.18]	[0.82，0.96]	[0.38，0.59]

3.4.2　结果分析

在计算过程中，效用权重 $v=0.5$，即假定最小化个体遗憾值和最大化群体效用权重相等，均为 0.5，通过式（3－15）至式（3－17），计算各废旧汽车零部件对象可回收性的最大群体效用 S_i、最小个体遗憾 R_i 和综合效用值 Q_i，如表 3.3 所示。

表 3.3　ELV 评价对象的 S、R、Q 值及可回收性排序结果

评价值	A_1		A_2		A_3		A_4		A_5	
	取值	排序	取值	排序	取值	排序	取值	排序	取值	排序
S	0.358	3	0.328	2	0.524	4	0.209	1	0.976	5
R	0.623	3	0.018	2	0.696	4	0.013	1	0.711	5
Q	0.526	3	0.081	2	0.686	4	0	1	1	5

由 Q_i 值增加的方式进行排序，得到废旧汽车零部件可回收性排序结果

为 $A_4 > A_2 > A_1 > A_3 > A_5$，且排序结果满足 VIKOR 实施步骤的两个条件。

可见，通过本章所建多属性决策模型，能够对废旧汽车零部件对象的可回收性进行综合评估，并给出科学的回收排序，有利于整车企业或再生资源组织在进行回收生产时，有序地对拆解后部件安排回收活动，并保证在有限回收生产资源约束下，最大限度地实现废旧汽车回收活动与安排，提升回收效率。

3.5 本章小结

废旧汽车回收是对资源高级利用的过程，也是资源合理化配置的过程，废旧汽车可回收性评价指标体系，既有利于理解废旧汽车回收因素，也能为废旧汽车可回收性标准的制定奠定技术基础，并为整车企业和再生资源组织的废旧汽车回收标准化管理提供参考。

本章针对废旧汽车可回收性涉及经济、技术、环境多方面的管理现状，在研究影响废旧汽车可回收性指标体系基础上，利用多属性决策建模实现对废旧汽车可回收性评估。针对指标体系混合不确定特征，用区间模糊数表征模糊的定性指标，提出基于 EW-VIKOR 的多属性决策模型，对废旧汽车可回收性进行综合评估，为后续废旧汽车回收管理的理论研究奠定对象基础。

第4章　基于改进GM（1，1）的废旧汽车回收量预测研究

针对废旧汽车回收管理目前未形成产业化的现状，有效的废旧汽车回收量预测能够帮助我国对废旧汽车回收产业进行布局。结合我国废旧汽车回收样本有限的现状，本章提出基于灰色理论的废旧汽车回收量预测模型，实现我国未来废旧汽车回收量的预测，为废旧汽车回收管理理论和我国回收产业发展奠定基础。

4.1　引言

近年来，随着居民生活水平的显著提升，我国城乡居民对出行方便有了更高需求，家用汽车市场迅速扩大。自2009年起，我国已成为蝉联世界第一的汽车产销大国，面对突增的汽车保有量，汽车报废规模也逐渐增大，如何实现汽车供应链的可持续发展是当前面临的一项紧迫难题（Fuli Zhou等，2019）。废旧汽车回收再利用为提升可持续性和资源利用率提供了有效手段，并受到学术界和行业界的关注（Fuli Zhou，Panpan Ma，2019）。

就我国目前废旧汽车回收行业发展现状来看，废旧汽车回收利用率与发达国家相比持较低水平而且该行业的发展并不规范。据调查，目前我国通过正规渠道报废的汽车为保有量的0.5%～1%，而发达国家的平均水平为4%～8%。同时，根据中国物资再生协会的统计数据，我国目前有84%的报废汽车流入黑市，分拆出的零部件直接回流到不正规的“地下”市场，或转卖到三、四线城市或者农村市场，经过简单非法拼装后上路，严重危害道路安全和居民生命财产安全，并造成大量环境污染。目前对于废旧汽车回收方面的研究，主要集中在经济性、回收渠道与路径、回收政策等方面（Zhao，Chen，2011；Wong等，2018b；龚本刚等，2019a），而在回收量

预测方面的研究较少。尹君等借助数学模型对不同回收组织模式展开比较分析，为汽车闭环供应链零部件回收组织模式的合理选择提供了理论支持（尹君，谢家平，2014）。梁碧云等通过对报废汽车逆向物流在各种运作模式下的成本效益分析来选择最佳的运作模式（梁碧云等，2013）。为促进废旧汽车回收利用和资源再生，丁涛提出了三种典型的拆解处理工艺（丁涛，曾庆禄，2014）。汽车回收是循环经济的重要组成部分，为解决我国汽车回收业存在的许多问题，龚英提出我国汽车回收业应朝着规模化、制度化、技术化等方向发展（龚英，2006）。

准确的回收量预测对废旧汽车回收产业布局与规划至关重要，本文解决我国废旧汽车回收量的预测问题。预测方法主要包括时间序列预测、回归分析、神经网络、灰色系统及数据驱动的机器学习等智能方法（Green，Armstrong，2017；Hao 等，2017；党耀国等，2017；Hofmann 等，2018）。灰色模型的预测由于在有限样本量的优势下，被广泛应用于各行业的销量预测等问题（Zheng-Xin Wang 等，2018）。

灰色模型预测的主要特点是模型使用的不是原始的数据序列，而是生成的数据序列。其核心体系是灰色模型（grey model，GM），即对原始数据做累加生成或者其他方法生成得到近似的指数规律再进行建模的方法。灰色预测模型对于不同问题采用不同模型，GM（1，1）模型主要解决生成序列是有指数变化规律的问题，只能描述单调的变化过程。

在 GM（1，1）模型优化算法及应用的研究中，为提高 GM（1，1）模型的精度，李丽等提出了求解准光滑数列的最佳背景值系数序列和平移量的优化算法（李丽，李西灿，2019）。在此基础上，王保贤等在人力资源需求预测研究中构建了灰色 BP 神经网络模型，分析得出灰色预测模型与 BP 神经网络的组合模型对电力公司的人力资源需求预测具有较小的误差和优良的仿真效果（王保贤，刘毅，2018）。张鹏为使非线性组合预测模型结果更优，针对时间序列数据的噪音性提出了 PSO 优化 ARIMA-GM-SVR 的集成模型（张鹏，2019）。这些优化模型所得结果精度较高，但不论是结合 ARIMA 模型还是 BP 神经网络模型，对于数据量都有很高的数量要求。综上，由于我国废旧汽车回收行业处于起步阶段且发展不规范，样本量十分有限，鉴于灰色预测方法的特征和优越性，因此，选用灰色建模方法，实现对下一期废旧汽车回收量的预测。

4.2　GM（1，1）预测模型

1982 年华中理工大学邓聚龙教授提出了灰色系统理论并加以发展。若一个系统的动态变化较为随机，层次及结构关系模糊，指标数据不完备或不确定，那么称该系统为灰色系统。对灰色系统进行相关预测的模型为灰色模型。目前该理论在我国的经济、社会及科学技术等领域已成为必不可少的预测、决策、系统分析及建模方法之一。尤其是该理论对于数据要求并不需要高度精确甚至对于数据的量也不过多。因此，利用灰色系统理论来分析废旧汽车这一尚在发展中的行业数据再合适不过。灰色模型是从灰色系统中抽象出来的模型，其利用较少的或不确切具有原始的灰色系统特征的数据做生成变换后建立起来的微分方程模型为灰色模型。

4.2.1　GM（1，1）实施步骤

灰色模型 GM（1，1）由建模的可行性分析、利用微分方程建立模型及精度检验三个部分组成，下面就 GM（1，1）的各步骤进行具体介绍。

(1) 级比检验

定义 1　设原始序列为 $x^{(0)}=(x^{(0)}(1),x^{(0)}(2),\cdots x^{(0)}(n))$，定义级比的计算公式为

$$\lambda(k)=\frac{x^{(0)}(k-1)}{x^{(0)}(k)},\quad k=2,3,\cdots,n \tag{4-1}$$

若级比满足 $\lambda(k)\in(e^{-\frac{2}{n+1}},\ e^{\frac{2}{n+1}})$，则序列 $x^{(1)}$ 可做 GM（1，1）建模。否则，需要对数列 $x^{(0)}$ 取常数 c 做平移变换，使其落入可溶覆盖区间。

(2) 累加生成算子

累加生成算子是数据由灰变白的一种数学手段，它可以将无序混乱的数据变成有序递增的一系列数据，方便进行灰色预测。

定义 2　设数列 $x^{(0)}=(x^{(0)}(1),x^{(0)}(2),\cdots,x^{(0)}(n))$，则累加生成算子公式为

$$x^{(1)}(k)=\sum_{i=1}^{k}x^{(0)}(i) \tag{4-2}$$

其中 $k=1$，2，…，n，于是 $x^{(1)}=(x^{(1)}(1),x^{(1)}(2),\cdots,x^{(1)}(n))$，称所得到的数列为 $x^{(0)}$ 的1次累加生成数列。类似的有 $x^{(r)}(k)=\sum_{i=1}^{k}x^{(r-1)}(i)$，$k=1,2,\cdots,n,r\geqslant 1$，称为 $x^{(0)}$ 的 r 次累加生成数列。

(3) GM (1, 1) 建模

设原始数据 $x^{(0)}=(x^{(0)}(1),x^{(0)}(2),\cdots,x^{(0)}(n))$ 落在可溶覆盖区间，则该数据可往下进行建模，一次累加数据变换可将原始数据列变为 $x^{(1)}=(x^{(1)}(1),x^{(1)}(2),\cdots,x^{(1)}(n))$。

定义GM（1，1）模型的原始形式为：

$$x^{(0)}(k)+\partial x^{(1)}(k)=b \tag{4-3}$$

令 $z^{(1)}(k)$ 为数列 $x^{(1)}$ 的邻值生成数列：

$$z^{(1)}(k)=\partial x^{(1)}(k)-(1-\partial)x^{(1)}(k-1) \tag{4-4}$$

由此得到的数列称为邻值生成数。特别地，当 $\alpha=0.5$ 时，则称该数列为均值生成数。于是定义GM（1，1）灰微分方程模型为：

$$x^{(0)}(k)+\partial z^{(1)}(k)=b \tag{4-5}$$

将 $k=1$，2，3，…，n 代入式（4-5）并引入矩阵向量记号，有：

$$u=\begin{pmatrix}a\\b\end{pmatrix},Y=\begin{pmatrix}x^{(0)}(2)\\x^{(0)}(3)\\\vdots\\x^{(0)}(n)\end{pmatrix},B=\begin{pmatrix}-z^{(1)}(2),1\\-z^{(1)}(3),1\\\vdots\\-z^{(1)}(n),1\end{pmatrix} \tag{4-6}$$

于是灰色模型可表示为 $Y=Bu$，然后就变成求参数 a、b 的值，可用最小二乘法求它们的估计值：

$$u=\begin{pmatrix}a\\b\end{pmatrix}=(B^{\mathrm{T}}B)^{-1}B^{\mathrm{T}}Y \tag{4-7}$$

白化方程：

$$\frac{\mathrm{d}x^{(1)}}{\mathrm{d}t}+ax^{(1)}=b \tag{4-8}$$

白化方程的解（也称时间响应函数）为：

$$\hat{x}^{(1)}(t)=\left(x^{(1)}(0)-\frac{b}{a}\right)\mathrm{e}^{-at}+\frac{b}{a} \tag{4-9}$$

故灰色微分方程为：

$$d(k)+\partial z^{(1)}(k)=b \text{ 或 } x^{(0)}(k)+\partial z^{(1)}(k)=b \tag{4-10}$$

时间响应序列为如下方程式：

$$\hat{x}^{(1)}(k+1)=\left(x^{(1)}(0)-\frac{b}{a}\right)e^{-at}+\frac{b}{a} \tag{4-11}$$

若取 $x^{(1)}(0)=x^{(0)}(1)$，那么可以得到时间响应序列表达式：

$$\hat{x}^{(1)}(k+1)=\left(x^{(0)}(1)-\frac{b}{a}\right)\ell^{-at}+\frac{b}{a} \tag{4-12}$$

取 $k=1，2，\cdots，n-1$。

再做累减还原可得表达式：

$$\hat{x}^{(0)}(k+1)=\hat{x}^{(1)}(k+1)-\hat{x}^{(1)}(k)=\left(x^{(0)}(1)-\frac{b}{a}\right)(1-\ell^{a})\ell^{-ak},$$

$$k=1,2,\cdots,n-1 \tag{4-13}$$

即为预测方程。

(4) 模型检验

按照灰色预测模型计算得出时间响应序列 $\hat{x}^{(1)}(i)$ 并将其累减还原成模拟序列 $\hat{x}^{(0)}(i)$，之后利用以下公式计算原始序列 $x^{(0)}(i)$ 与模拟序列 $\hat{x}^{(0)}(i)$ 的误差。

①残差检验。

残差公式：
$$\varepsilon^{0}(k)=x^{(0)}(k)-\hat{x}^{(0)}(k) \tag{4-14}$$

残差序列：
$$\varepsilon^{0}=(\varepsilon^{0}(1),\varepsilon^{0}(2),\cdots,\varepsilon^{0}(n)) \tag{4-15}$$

②误差检验。

相对误差：
$$\gamma(k)=\frac{q(k)}{x^{(0)}(k)}\times 100\%=\frac{x^{(0)}(k)-\hat{x}^{(0)}(k)}{x^{(0)}(k)} \tag{4-16}$$

相对误差序列：
$$\gamma=\left(\left|\frac{\varepsilon^{0}(1)}{x^{0}(1)}\right|,\left|\frac{\varepsilon^{0}(2)}{x^{0}(2)}\right|,\cdots,\left|\frac{\varepsilon^{0}(n)}{x^{0}(n)}\right|\right) \tag{4-17}$$

平均相对误差：
$$\gamma(avg)=\frac{1}{n}\sum_{k=1}^{n}|\gamma(k)| \tag{4-18}$$

③精度检验。

平均相对精度：
$$1-\gamma(avg) \tag{4-19}$$

k 点拟合精度：
$$1-\gamma(k) \tag{4-20}$$

给定 ∂，当 $\partial>\gamma(avg)$ 且 $\gamma(n)<\partial$ 成立时，称该模型残差合格。

④关联度检验。

假设λ为$x^{(0)}(i)$与$\hat{x}^{(0)}(i)$的绝对关联度，若对于给定的$\lambda_0>0$，有$\lambda>\lambda_0$，则称此模型关联度合格。

⑤均方差比值（后验差比）与小误差概率。

方差：$$\bar{x}=\frac{1}{n}\sum_{k=1}^{n}x^0(k),S_1^2=\frac{1}{n}\Big(\sum_{k=1}^{n}x^0(k)-\bar{x}\Big)^2 \qquad (4-21)$$

残值方差：$$\bar{\varepsilon}=\frac{1}{n}\sum_{k=1}^{n}\varepsilon^0(k),S_2^2=\frac{1}{n}\Big(\sum_{k=1}^{n}\varepsilon^0(k)-\bar{\varepsilon}\Big)^2 \qquad (4-22)$$

均方差比值：$$C=\frac{S_2}{S_1} \qquad (4-23)$$

小误差概率：$$p=p(|\varepsilon^0(k)-\varepsilon^0|<0.6745S_1) \qquad (4-24)$$

均方差比值为对于给定的$C_0>0$，当$C<C_0$时，则称模型为均方差比合格模型。再定义为小误差概率，对于给定的$p_0>0$，当$p>p_0$时，称该模型为小误差概率合格模型。

灰色模型的准确性与实用性主要由其精度表示，因此客观、有效的精度判定对于建模十分重要。根据模型的相对误差、关联度、均方差比值、小误差概率结果制定的灰色模型精度准则见表4.1。

表4.1　精度等级参照

等级	指标精度			
	相对误差 α	关联度	均方差比值	小误差概率
一级	0.01	0.90	0.35	0.95
二级	0.05	0.80	0.50	0.80
三级	0.10	0.70	0.65	0.70
四级	0.20	0.60	0.80	0.60

4.2.2　参数估计

根据灰色预测模型的方法原理可知，灰微分方程中的参数起着重要作用，$d(k)+\partial z^{(1)}(k)=b$或$x^{(0)}(k)+\partial z^{(1)}(k)=b$，$-\partial$主要控制灰色系统的发展态势的大小，其反映了灰色系统的发展趋势。当$-\partial<0.3$时，GM（1，1）模型可用于中长期预测；当$0.3<-\partial<0.5$时，GM（1，1）模型可用于短期预测，在中长期预测中慎用。当$0.5<-\partial<1$时，应采用GM（1，1）模

型的改进模型，包括GM（1，1）的残差修正模型。当$-\partial>1$时，不宜采用GM（1，1）模型，可考虑其他预测方法。同时在该方程中b的大小反映了数据变化的关系，被称为灰色作用量。

4.3　改进GM（1，1）模型

当GM（1，1）模型所得拟合结果均方差比与小误差概率不合格时，则可建立GM（1，1）的残差修正模型来提高原GM（1，1）模型的预测精度，从而达到理想状态。记GM（1，1）的拟合值与实际观测值比较所得的误差称为残差$\varepsilon^{0}(k)=x^{(0)}(k)-\hat{x}^{(0)}(k)$，取$k=k_0$，$k_0+1$，…，$n$，则可建模的残差数据为：

$$\varepsilon^{(0)}=(\varepsilon^{(0)}(k_0),\varepsilon^{(0)}(k_0+1),\cdots,\varepsilon^{(0)}(n)) \tag{4-25}$$

对残差数列加绝对值，可以得到下式：

$$\varepsilon^{(0)}=(|\varepsilon^{(0)}(k_0)|,|\varepsilon^{(0)}(k_0+1)|,\cdots,|\varepsilon^{(0)}(n)|) \tag{4-26}$$

接着对$\varepsilon^{(0)}$进行GM（1，1）建模，得时间响应函数：

$$\hat{\varepsilon}^{(1)}(k+1)=\left[\varepsilon^{(1)}(1)-\frac{b'}{a'}\right]\varepsilon^{-a'k}+\frac{b'}{a'},k=k_0,k_0+1,\cdots,n \tag{4-27}$$

确定参数的方法同上述GM（1，1）模型确定参数的步骤。确定参数后代入时间响应函数得$\hat{\varepsilon}^{(1)}$，然后进行累减还原。用$\hat{\varepsilon}^{(0)}$修正$\hat{x}^{(0)}$得到灰色残差修正GM（1，1）模型：

$$\hat{x}_{\varepsilon}^{(0)}(k+1)=\hat{x}^{(0)}(k+1)\pm\hat{\varepsilon}^{(0)}(k+1) \tag{4-28}$$

且残差修正值的符号要与$\varepsilon^{(0)}$中的正负号保持一致。

4.4　实证研究

4.4.1　数据预处理

设原数据$x^{(0)}=(x^{(0)}(1),x^{(0)}(2),x^{(0)}(3),x^{(0)}(4))=(187.4,179.8,174.1,199.1)$，它们分别是2015—2018年中国的废旧汽车回收统计量。为建立GM（1，1）模型首先对初始数据进行级比检验，根据级比公式可得出级比生成数列，可表示为如下数据列：

$$\lambda=(\lambda(2),\lambda(3),\lambda(4))=(1.042\,3,1.032\,7,0.874\,4) \quad (4-29)$$

且经验证所有级比生成算子 $\lambda(k)\in[0.874\,4,1.042\,3]$ 均落在可溶覆盖区间 $\lambda(k)\in(\mathrm{e}^{-\frac{2}{n+1}},\mathrm{e}^{\frac{2}{n+1}})$ 内，故可用 $x^{(0)}$ 建模。

现开始建立 GM（1，1）模型，对初始数进行一次累加得到累加生成算子为

$$x^{(1)}=(x^{(1)}(1),x^{(1)}(2),x^{(1)}(3),x^{(1)}(4))=(187.4,367.2,541.3,740.4) \quad (4-30)$$

写出灰微分方程模型的基本形式 $x^{(0)}(k)=-az^{(1)}(k)+u,k=2,3,4$，将累加序列代入该模型可得：

$$\begin{pmatrix}x^{(0)}(2)\\x^{(0)}(3)\\x^{(0)}(4)\end{pmatrix}=\begin{pmatrix}-\frac{1}{2}[x^{(1)}(2)+x^{(1)}(1)],1\\-\frac{1}{2}[x^{(1)}(3)+x^{(1)}(2)],1\\-\frac{1}{2}[x^{(1)}(4)+x^{(1)}(3)],1\end{pmatrix}\begin{pmatrix}a\\u\end{pmatrix}\text{，其中令 }\boldsymbol{Y}=\begin{pmatrix}x^{(0)}(2)\\x^{(0)}(3)\\x^{(0)}(4)\end{pmatrix},$$

$$\boldsymbol{B}=\begin{pmatrix}-\frac{1}{2}[x^{(1)}(2)+x^{(1)}(1)],1\\-\frac{1}{2}[x^{(1)}(3)+x^{(1)}(2)],1\\-\frac{1}{2}[x^{(1)}(4)+x^{(1)}(3)],1\end{pmatrix} \quad (4-31)$$

于是 GM（1，1）模型可表示为 $\boldsymbol{Y}=\boldsymbol{B}u$，通过参数估计求出 a、b 的值：

$$\boldsymbol{Y}=\begin{pmatrix}a\\u\end{pmatrix}B\Rightarrow\boldsymbol{B}^{\mathrm{T}}\boldsymbol{Y}=\boldsymbol{B}^{\mathrm{T}}\boldsymbol{B}\begin{pmatrix}a\\u\end{pmatrix}\Rightarrow(\boldsymbol{B}^{\mathrm{T}}\boldsymbol{B})^{-1}\boldsymbol{B}^{\mathrm{T}}\boldsymbol{Y}=\begin{pmatrix}a\\u\end{pmatrix}\Rightarrow\begin{pmatrix}\hat{a}\\\hat{u}\end{pmatrix}=\begin{pmatrix}-0.065\,4\\165.064\,9\end{pmatrix} \quad (4-32)$$

再将参数代入如下方程：

$$\frac{\mathrm{d}x^{(1)}}{\mathrm{d}t}+ax^{(1)}=u \quad (4-33)$$

$$\frac{\mathrm{d}x^{(1)}}{\mathrm{d}t}-0.065\,4x^{(1)}=165.064\,9 \quad (4-34)$$

根据时间响应函数求解可以得到代入参数后的新时间响应序列，表示为

$$\hat{x}^{(1)}(k+1)=\left(x^{(0)}(1)-\frac{u}{a}\right)\ell^{-ak}+\frac{u}{a}=(2\,711.028\,1)\ell^{0.065\,4k}-2\,523.928\,1 \quad (4-35)$$

取 $k=1$，2，3。

如果取第一年数据为$\hat{x}^{(1)}(1)=\hat{x}^{(0)}(1)=x^{(0)}(1)=187.4$，那么近4年的时间响应序列表示为：

$$\hat{x}^{(1)}=(187.4,370.3275,565.9386,774.7702) \quad (4-36)$$

经累减还原可得近4年回收量的拟合值为：

$$\hat{x}^{(0)}(k)=\hat{x}^{(1)}(k)-\hat{x}^{(1)}(k-1) \quad (4-37)$$

$$\hat{x}^{(0)}=(187.4,182.9275,195.6111,208.8316) \quad (4-38)$$

取$k=2$，3，4。

若要用该数据进行预测则必须对拟合值进行精度检验，根据上文建模方法中的精度检验公式可得该模型精度。参照表4.1，发现该模型精确度一般，小误差概率与均方差比值均不符合要求，因此要对其进行残差修正后方可进行下一期废旧汽车回收量的预测。

4.4.2　改进GM（1，1）模型估计结果

由于残差修正模型的建模过程与GM（1，1）模型的建模过程一样，故在此不进行赘述，直接代入数据进行计算。记残差序列为：

$$\varepsilon^{(0)}(k)=x^{(1)}(k)-\hat{x}^{(1)}(k) \quad (4-39)$$

$$\varepsilon^{(0)}=(\varepsilon^{(0)}(k_0),\varepsilon^{(0)}(k_0+1),\cdots,\varepsilon^{(0)}(n)) \quad (4-40)$$

取残差序列k_0到n作为原始序列$\varepsilon^{(0)}(k)$，其中$\varepsilon^{(0)}(k)$均取绝对值。对$\varepsilon^{(0)}$进行GM（1，1）建模则可以得到经过残差修正后的GM（1，1）预测模型：

$$\hat{\varepsilon}^{(1)}(k+1)=\left[\varepsilon^{(0)}(k_0)-\frac{b'}{a'}\right]e^{-a'(k-k_0)}+\frac{b'}{a'} \quad (4-41)$$

重复上述步骤确定参数。再对$\hat{\varepsilon}^{(1)}$进行累减还原得到残差修正拟合值$\hat{\varepsilon}^{(0)}$，用$\hat{\varepsilon}^{(0)}$修正$\hat{x}^{(0)}$得到灰色残差修正GM（1，1）模型：

$$\hat{x}_g^{(0)}(k+1)=\hat{x}^{(0)}(k+1)\pm\hat{\varepsilon}^{(0)}(k+1) \quad (4-42)$$

取$k=1$，2，…，n，经残差修正后的拟合值见表4.2。

GM（1，1）改进前的精度为94%，经残差修正后的GM（1，1）模型的精度为98%，可见GM（1，1）模型经残差修正后的精确度明显提升。因此，可以利用残差修正后的预测模型预测下一期的废旧汽车回收量。于是根据残差修正的时间响应序列做累减还原可得下一期废旧汽车回收量的预测值为220.7735。

表4.2 实际观测值与残差修正值的相对误差

年份	实际观测值	残差修正值	修正后残差	相对误差	精度
2015	187.4	187.4	0	0	98%
2016	179.8	179.8	0	0	
2017	174.1	167.213 9	6.886 1	0.039 6	
2018	199.1	205.503 2	−6.403 2	0.032 2	

注：①实际观测数据来自中国再生资源回收利用协会。
②均方差比值 $C=0.5$，小误差概率 $P=1$。

4.4.3 模型对比

为验证GM（1，1）模型的有效性和优越性，通过与非线性二次回归预测模型进行对比分析。回归分析预测法是数据分析方法中的经典方法之一，在对多种影响因素进行全面分析时，如果确实存在一个因素比其他因素的影响力更大、更明显，那么就可以将该因素视为自变量，进行一元回归分析，如果存在多个因素对因变量的影响较大，则可进行多元回归分析。通过观察2015—2018年报废汽车回收量原始数据散点图发现该数据呈抛物线形状，发现可以用一元非线性回归二次曲线来进行数据拟合。该模型的基本思想是当自变量与因变量呈非线性关系时找到一条二次曲线，使该曲线到各点间的距离之和最小，然后再用这条曲线预测下一个因变量的值。

下面介绍一下非线性回归二次曲线模型的建模过程。设非线性回归二次曲线模型为：

二次曲线：
$$y_i=\beta_1+\beta_2 x_i+\beta_3 x_i^2+\varepsilon \tag{4-43}$$

矩阵形式：
$$\boldsymbol{Y}=\boldsymbol{XB}+\varepsilon \tag{4-44}$$

设观察值与模型估计值的残差为 $\boldsymbol{E}$，那么参数估计公式如下：

$$\boldsymbol{E}=\boldsymbol{Y}-\hat{\boldsymbol{Y}} \tag{4-45}$$

$$\hat{\boldsymbol{Y}}=\boldsymbol{XB} \tag{4-46}$$

$$\boldsymbol{E}^{\mathrm{T}}\boldsymbol{E}=(\boldsymbol{Y}-\hat{\boldsymbol{Y}})^{\mathrm{T}}(\boldsymbol{Y}-\hat{\boldsymbol{Y}})=\min \tag{4-47}$$

由极值原理：

$$\frac{\partial \boldsymbol{E}^{\mathrm{T}}\boldsymbol{E}}{\partial \boldsymbol{B}}=\frac{\partial(\boldsymbol{Y}-\boldsymbol{XB})^{\mathrm{T}}(\boldsymbol{Y}-\boldsymbol{XB})}{\partial \boldsymbol{B}}=\frac{\partial(\boldsymbol{Y}^{\mathrm{T}}\boldsymbol{Y}-2\boldsymbol{Y}^{\mathrm{T}}\boldsymbol{XB}+\boldsymbol{B}^{\mathrm{T}}\boldsymbol{X}^{\mathrm{T}}\boldsymbol{XB})}{\partial \boldsymbol{B}}$$

$$=-2(\boldsymbol{Y}^{\mathrm{T}}\boldsymbol{X})^{\mathrm{T}}+2(\boldsymbol{X}^{\mathrm{T}}\boldsymbol{X})\boldsymbol{B}=0 \tag{4-48}$$

整理得回归系数矩阵 $\boldsymbol{B}$ 的估计值为：

$$\hat{\boldsymbol{B}}=(\boldsymbol{X}^{\mathrm{T}}\boldsymbol{X})^{-1}(\boldsymbol{X}^{\mathrm{T}}\boldsymbol{Y}) \tag{4-49}$$

将 $\hat{\boldsymbol{B}}$ 代入 R 检验公式得到相关系数 R，根据 R 的值判断其与 1 的接近程度，如果 R 特别接近于 1 那么可确定近四年的回收量数据呈非线性回归二次曲线关系，我们可以利用该非线性回归二次曲线模型来预测 2019 年的报废汽车回收量。

最后确定用该模型来预测废旧汽车回收量的精确性，对其进行模型检验。

二次曲线回归模型的估计标准误差检验公式：

$$S=\sqrt{\frac{\sum(y_i-\hat{y}_i)^2}{n-3}} \tag{4-50}$$

将近四年报废汽车回收量数据代入回归分析公式 $y_i=\beta_1+\beta_2 x_i+\beta_3 x_i^2+\varepsilon_i$（其中 x 为时间变量），设时间序列为 $x_i=(1,\ i,\ i^2)$，$i=1,\ 2,\ 3,\ 4$。参数矩阵和回收量实际值矩阵为：

$$\boldsymbol{B}=\begin{pmatrix}\beta_1\\ \beta_2\\ \beta_3\end{pmatrix},\boldsymbol{Y}=\begin{pmatrix}187.4\\ 179.8\\ 174.1\\ 199.1\end{pmatrix} \tag{4-51}$$

根据最小二乘法进行参数估计：

$$\hat{\boldsymbol{B}}=(\boldsymbol{X}^{\mathrm{T}}\boldsymbol{X})^{-1}(\boldsymbol{X}^{\mathrm{T}}\boldsymbol{Y})=\begin{pmatrix}218.5\\ -37.81\\ 8.15\end{pmatrix} \tag{4-52}$$

因此，将参数估计值和时间序列代入非线性规划二次曲线模型 $\hat{y}_i=\hat{\beta}_1+\hat{\beta}_2 x_i+\hat{\beta}_3 x_i^2$，可得近四年报废汽车回收量的拟合值，见表 4.3。

表 4.3　实际观测值与拟合值相对误差

年份	实际观测值	拟合值	相对误差	R	S
2015	187.4	188.84	−0.007 6	0.999 5	6.439 9
2016	179.8	175.48	0.024		
2017	174.1	178.42	−0.024 8		
2018	199.1	197.66	0.007 2		

由表4.4可知，非线性回归二次曲线模型对初始数据的拟合精度较高，令 $x=5$ 可得2019年废旧汽车回收量的预测值为233.2。

按改进后的GM（1，1）模型所得的近四年报废汽车回收量的拟合值与非线性回归二次曲线模型所得模拟结果进行图形比对，如图4.1所示。

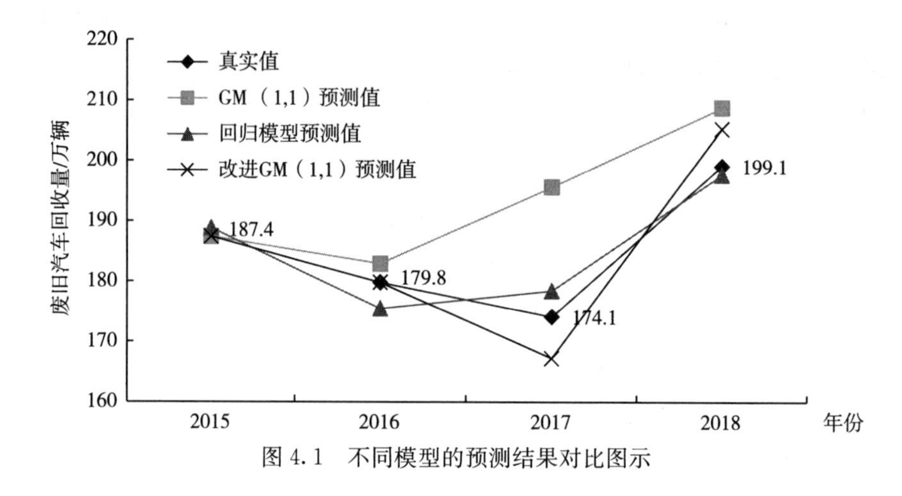

图4.1　不同模型的预测结果对比图示

此外，改进GM（1，1）模型与非线性二次回归模型预测结果与真实值的相对误差对比结果如表4.4所示。

表4.4　预测对比结果

年份	实际观测值	模拟预测值		相对误差	
		GM（1，1）残值修正	二次曲线回归模型	GM（1，1）残值修正	二次曲线回归模型
2015	187.4	187.4	188.84	0	−0.007 6
2016	179.8	179.8	175.48	0	0.024
2017	174.1	167.213 9	178.42	0.039 6	−0.024 8
2018	199.1	205.503 2	197.66	0.032 2	0.007 2

综合以上两种预测模型的计算结果和精度分析，经残差修正的GM（1，1）模型的平均相对误差为0.090 4，非线性回归二次曲线模型的平均相对误差为−0.000 3。再结合表4.4的相对误差的对比分析发现，经残差修正的GM（1，1）模型只有后两项呈正向偏离，偏离程度不超过4%；而二次曲线回归呈正负交叉偏离且偏离程度比经残差修正的GM（1，1）模型更低，偏离程度不超过3%。

由于报废汽车回收量数据只收集了近四年的数据，所以此次预测便是短期预测，GM（1，1）模型在短期预测中比之于二次曲线回归模型确有更高的优势。虽然非线性回归二次曲线模型在拟合度上比 GM（1，1）模型的偏差更小，但由于数据较少引用该模型进行拟合存在巧合因素，且从近年报废汽车回收量数据变化的微观程度来看，该数据变化无规律，因此用有规律的二次曲线模型来拟合无规律的数据，虽然拟合度高但对预测值的确定却不够精确。

4.5　本章小结

为废旧汽车产业科学布局，促进汽车产业可持续发展，本章提出改进 GM（1，1）模型实现废旧汽车回收量的预测。通过对比实验，可知利用改进 GM（1，1）模型预测下一期废旧汽车回收量具有更大优势，所得数据更为精确。

但由于废旧汽车回收行业处于起步阶段，行业意识不强和相关政策法规不完善，导致行业发展缓慢，同时由于地区经济发展差异导致行业发展极度不平衡，未来随着样本量的增加，如何利用机器学习等智能化预测手段来实现废旧汽车回收量的精准预测，是需要进一步深入研究的课题。从行业视角来看，理论上推测出的数据对其只有理论意义上的参考价值，通过该预测数据可以考虑对废旧汽车回收的建厂设置和利用率的提高上进行政策改进，废旧汽车资源的回收再利用还是要靠该行业中的各个企业和个人在实践中大力推进和支持。

第5章　基于组合层次分析模型的废旧汽车回收中心选址研究

废旧汽车回收中心，作为产品服役后待回收活动的集散中心，是ELV多路径回收操作的前端流程，科学合理地选址，能够有效提升废旧汽车回收管理效率，推动废旧汽车回收产业发展。本章重点研究废旧汽车回收中心选址的基本原则、影响因素及选址建模，为未来我国废旧汽车回收中心选址和产业布局提供借鉴。

5.1　引言

20世纪90年代末，国外学者提出将产品生命周期中产生的各种各样的边角余料进行回收再利用，并通常伴随物流活动的过程统称为回收（Sultan，Mativenga，2019）。回收物流涵盖了边角料与废弃物的回收物流，以及消费者将废弃物丢弃，废弃物重新到废品站恢复使用价值、重新回到市场这些过程中伴随着的所有物流活动。学术界认为产品在产品生命周期甚至废旧回收等阶段都不能产生危害环境的因素，若能在产品概念设计环节就能考虑好所有会遇到的问题，那么就能避免产生无法缓解的危害元素。同时产业界认为基于保护环境前提设计出的产品，应该在原料的开采、产品的组装制造、产品的使用、产品的废旧回收等流程对环境的影响做预测，并采取相应的行动来最大限度地减少对环境的破坏。欧美国家的废旧汽车回收行业已经形成规模化的模式，严格落实生产者责任延伸制度，要求生产者提供所生产车型的拆解手册，并在各自的官方网站进行公开，以指导拆解企业进行报废汽车的拆解，目前整个行业发展得都比较成熟，汽车拆解流程与废旧汽车零件再利用都较为先进，在整个行业都已经形成一个从汽车设计、投入生产、进入销售、回收利用的良性循环体系，对社会经济与环境效益都是非常有利的（R. C. Savaskan 等，2004）。

在我国，回收企业将废旧车辆预处理后，在车间进行拆解回收利用，最终实现资源的节约利用。然而，由于部分车主的逐利心态，有相当一部分的报废汽车流入非法地下回收渠道，被非法改装、拼装后直接在一些偏远地区进行销售。由此可见，我国的废旧汽车回收模式跟发达国家相比还是存在较大差异，目前还未建立一套科学的、完整的回收体系，并且由于回收规模较小，企业管理不规范，导致拆卸流程不标准，管理宽松、地理位置分散，拆卸不完全、拆解出的零件分类不合理，甚至导致环境被二次污染（Fuli Zhou 等，2019）。

根据国际通用的年废旧汽车数量占汽车保有量的 6%～8%可知我国的废旧汽车回收利用率极低，远远达不到国际的比例，造成此种现象的原因主要有两点：第一，关于废旧汽车回收方面的法律和政府措施不全面，大量报废汽车或临近报废的汽车被不法分子贩入偏远地区继续使用或者流入非法途径；第二，废旧汽车回收过程中的物流网络不全面，物流节点布局选址不合理（Sakai 等，2014）。选择合适的废旧汽车回收中心，有利于提升 ELV 回收效率，并起到分区辐射作用。为促进废旧汽车回收产业的可持续发展，本章以废旧汽车回收中心选址为研究对象，提出基于 CG-AHP 的组合层次分析方法，实现废旧汽车回收中心的科学选择，辅助产业布局。

5.2　废旧汽车回收中心选址的影响因素分析

5.2.1　废旧汽车回收中心选址的原则

废旧汽车回收中心作为汽车回收途径的中心环节，回收中心的选址会直接影响整个回收路线的物流成本及运输范围（R. C. Savaskan 等，2004）。为了保证回收中心有足够的面积去拆解汽车、回收各种零件，以及保证交通便利等，需要废旧汽车回收中心选择地址时遵循下面几个原则。

（1）适应性原则

废旧汽车回收中心选址时应当查询我国相应的法律法规与国家的经济发展方针，适应当地政府的相关政策，以及分析当地的汽车保有量分布状况，根据以上情况来选择废旧汽车回收中心的位置。

（2）协调性原则

废旧汽车回收中心选址应考虑回收汽车时的整个流程需要的规模，应使回收中心中用于拆解、分类、加工等的设施设备与废旧汽车回收中心的规模，在处理水平、技术水平、地域分布等方面相互协调，通过科学合理地规划好各区域的位置大小来选择废旧汽车回收中心的位置。

（3）经济性原则

由于汽车体积庞大、零件较多、拆解工序繁杂，回收中心占地面积自然也巨大。在有关废旧汽车回收中心的选址费用方面主要包括回收中心场地建设费用和经营费用，本书从选址问题出发，则遵循经济性原则，应以选址总费用最低为目标，以此来决定回收中心的位置。由于回收中心包括报废汽车存放区、拆解区、办公区等占地较广的区域，因此回收中心位置选择要兼顾经济性与环境友好性的原则。

（4）战略性原则

对于选择废旧汽车回收中心的选址还应该具备战略眼光，应当从长远利益出发。在考虑选址时应当要分析所处区域汽车保有量和增长速度，以及废旧汽车报废量和报废比例的增长幅度。

5.2.2 废旧汽车回收中心选址的影响因素

对于影响废旧汽车回收中心选址的分析，可以从自然环境、经营环境、基础设施、其他影响等因素中分析。

（1）自然环境因素

在选择回收中心地理位置时也要考虑回收物品的运输、储存、保养等问题，而自然环境中风力、地质、地形、温度等因素都会对上述问题有着直接或间接的影响，因此废旧汽车回收中心选址时自然环境也是需要考虑在内的因素。例如，场所应选择地理位置较为平坦、地势较高的地方，以免积水侵蚀回收物，并且地势较高可使存放场所保持物品的干燥，便于汽车零件的存放；选择的位置应广阔且形状规则，可为大量的零件提供存储空间，有利于拆解流程的合理进行；选址的位置地质应紧密，以防承受不住大量的建筑材料与产品而造成塌陷等后果。

（2）经营环境因素

在选择回收中心地理位置时也要考虑周边环境的经济条件、建筑群或产业群等问题，从而减少物流成本，客户在报废汽车时也能就近处理，并且回收中心回收量一般较大，因此对物流成本的要求较高，则选址时也应尽量选择物流服务集中与产业群体均较近的地方，因此废旧汽车回收中心选址时经营环境也是需要考虑在内的因素。

（3）基础设施状况

对于废旧汽车回收中心选址来说，选择的位置一般周边交通发达、运输方便，并且道路、通信、水电、燃气等公共设施设备都较为齐全，且废旧汽车回收中心周边应有处理污水、固体污染物的能力，以免对环境造成污染。

（4）其他影响因素

在废旧汽车回收中心选址的宏观影响因素中，除了上述影响因素外还有一些其他因素，例如环境因素、资源因素、周边因素等。即选址时应注意保护自然环境与人文环境，注意废弃物的处理排放方式，减少对大自然的破坏，降低对群众生活的干扰，远离人群密度较大的地区；由于回收中心占地较大，要注意合理规划布局，有效利用，避免对土地资源的浪费，在提高土地利用率与地价成本两方面进行综合考虑；由于回收中心回收物品的特殊性，是火灾的重点防护单位，应远离火灾高发区与易燃易爆的设施。

5.3　CG-AHP 选址模型

根据国内国外众多学者的研究可知，目前对于选址问题的方法众多，大致可分为两种方法：定性分析法和定量分析法（胡全，2018）。这是两种虽然不相同但有潜在联系的方法，定性分析法主要凭借分析人员的丰富经验及个人主观判断与分析能力来推测事物的性质与发展趋势，它的分析步骤一般为先根据分析人员的经验确定选址因素的评价指标，再对备选点根据评价指标进行检验，选出较优的备选点（He 等，2017）。定性分析法具备简单易操作的优点，却又有着经验主义的弊端，此方法主要包括 AHP（层次分析法）、比较分析法与模糊评价法等。定量分析法主要根据选址时的约束条件与目标将选址转化为函数问题进行计算，根据合适算法求出最优解，以此选出最佳选址地点。定量分析法的结果较为准确，然而数据处理往往比较复杂，此方法主要有CG（重心法）、CFLP（设施设备定位法）与遗传算法等（王萍，周虹光，2018；Musolino等，2019；Sultan，Mativenga，2019；项寅，2019）。为结合两类方法的优势，本研究提出CG-AHP集成方法，辅助ELV回收中心选择。

5.3.1 基于CG的废旧汽车回收中心初选

在确定好各个供需点的地理位置后，以任一点为原点建立坐标系，根据经纬度找到每个供需点的坐标位置。假设在一个平面直角坐标系中有 n 家需求点 P，现在需要在该坐标系中确定一点作为供应点，使该供应点 P_0 到各个需求点的总运费 S 最小。为解决这个需求，现在假设各个需求点的坐标分别为（X_i，Y_i）（$i=1$，2，…，n），供应点 P_0 的坐标为（X_0，Y_0），各个需求点的需求量为 W_i（$i=1$，2，…，n），供应点与各个需求点的运输费率为 R_i（$i=1$，2，…，n），供应点 P_0 到各个需求点的直线距离为 D_i（$i=$ 1，2，…，n）。

假设完成后，现在根据重心法计算公式可知重心坐标如公式（5－1）所示。

$$X_0=\frac{\sum_{i=1}^{n}(X_i\cdot W_i\cdot R_i)}{\sum_{i=1}^{n}(W_i\cdot R_i)},Y_0=\frac{\sum_{i=1}^{n}(Y_i\cdot W_i\cdot R_i)}{\sum_{i=1}^{n}(W_i\cdot R_i)}\qquad(5-1)$$

在范围较小的时候，各点之间的运输费率基本相同，因此上述结果可以进一步化简整理为公式（5－2）。

$$X_0=\frac{\sum_{i=1}^{n}(X_i\cdot W_i)}{\sum_{i=1}^{n}(W_i)},Y_0=\frac{\sum_{i=1}^{n}(Y_i\cdot W_i)}{\sum_{i=1}^{n}(W_i)}\qquad(5-2)$$

此时所求得的(X_0，Y_0)即为重心坐标。

当供应点设立在点 P_0(X_0，Y_0)时，此时供应点到各个需求点的总运费

S 为：

$$S = \sum_{i=1}^{n} (W_i \cdot R_i \cdot D_i) \tag{5-3}$$

式（5－3）中的 D_i 为供应点到各个需求点的直线距离：

$$D_i = \sqrt{(X_0 - X_i)^2 + (Y_0 - Y_i)^2} \tag{5-4}$$

因此可知：

$$S = \sum_{i=1}^{n} \left(W_i \cdot R_i \cdot \sqrt{(X_0 - X_i)^2 + (Y_0 - Y_i)^2}\right) \tag{5-5}$$

为使 S 为最小值，分别使 S 对 X_0、Y_0 求偏导数，由此可得：

$$X_0 = \frac{\sum_{i=1}^{n}\left(\frac{X_i \cdot W_i \cdot R_i}{D_i}\right)}{\sum_{i=1}^{n}\left(\frac{W_i \cdot R_i}{D_i}\right)}, Y_0 = \frac{\sum_{i=1}^{n}\left(\frac{Y_i \cdot W_i \cdot R_i}{D_i}\right)}{\sum_{i=1}^{n}\left(\frac{W_i \cdot R_i}{D_i}\right)} \tag{5-6}$$

由于同样在小范围中，我们由上也可近似认为相同产品的运输费率 R_i 是相同的，因此式（5－6）可简化为：

$$X_0 = \frac{\sum_{i=1}^{n}\left(\frac{X_i \cdot W_i}{D_i}\right)}{\sum_{i=1}^{n}\left(\frac{W_i}{D_i}\right)}, Y_0 = \frac{\sum_{i=1}^{n}\left(\frac{Y_i \cdot W_i}{D_i}\right)}{\sum_{i=1}^{n}\left(\frac{W_i}{D_i}\right)} \tag{5-7}$$

由于式（5－7）中含有 D_i，D_i 的公式中含有待求解的 X_0、Y_0，因此无法直接求解，需要利用迭代法继续计算，步骤如下：

①将坐标（X_{i-2}，Y_{i-2}）（X_i，Y_i）（$i=1$，2，…，n）作为供应点 P_0 的初始坐标。

②由式（5－5）可计算得知此时的总运输费用 S_0。

③把（X_0，Y_0）代入式（5－7）计算供应点 P_0 的改进坐标，并将此改进坐标记为（X_1，Y_1）。

④由此时得到的坐标（X_1，Y_1）代入式（5－5）计算此时的总运输费用 S_1；比较 S_1 和 S_0 的大小，若 $S_1 > S_0$，则说明供应点 P_0 建立在（X_0，Y_0）时总运费较小，则计算终止，（X_0，Y_0）即是供应点 P_0 建造的最优点；若 $S_1 < S_0$，则说明（X_1，Y_1）比（X_0，Y_0）更接近最优点，那么将（X_1，Y_1）代入步骤③，继续计算（X_2，Y_2）进行步骤④的比较，由此类推，直至 $S_{i-1} > S_{i-2}$ 选出最优点（X_{i-2}，Y_{i-2}），计算终止。

5.3.2　基于 AHP 的废旧汽车回收中心评选

（1）建立层次结构模型

在使用层次分析法解决问题时，应先将问题分解构造出一个拥有目标层、准则层、方案层的模型，复杂的问题将被简化为元素的构成，而这些元素又根据属性及其关联被分到不同层次中去，在此基础上进行最后的权重排序。

最高层：在这个层中只有一个一般指决策的预定目标或结果的元素，也被称作目标层。

中间层：这个层次中的元素一般为达到目标需要进行的中间环节，或者为解决目标而要考虑的因素，此层次可由若干层次组成，包含需要考虑在内的准则与子准则，也被称为准则层。

最底层：这一层的元素包括了为实现目标可供选择挑选的措施、备选方案，因此也被称为措施层及方案层。

层次结构模型如图 5.1 所示。

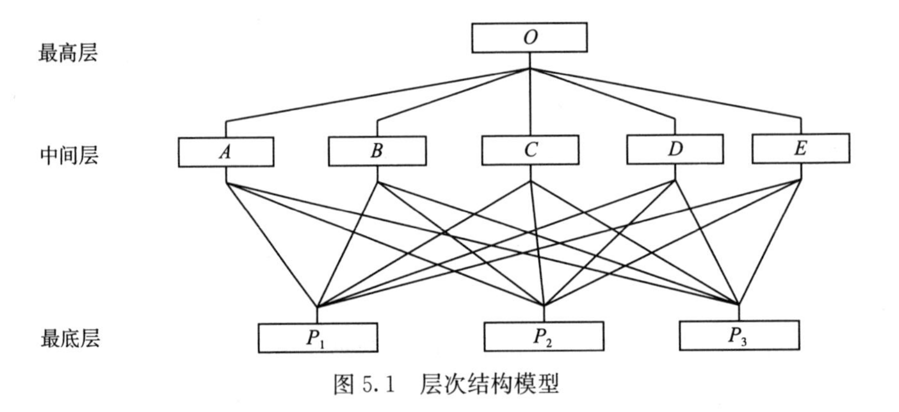

图 5.1　层次结构模型

（2）构造判断矩阵

层次分析法的主要思想就是先通过构建清晰的层次结构分解复杂问题，然后通过主观客观结合的方法来构造判断矩阵，接着求解每一矩阵的权重，最后综合计算方案层各个指标权重及排序。层次结构模型是根据元素之间的相互关联排列出来的，但准则层中各元素相对于目标层的比重在不同决策者心中有不同的判断，因此层次分析法的很大一部分难点就在于构建判断矩阵。

为解决此问题，将它们的重量假设为 W_1，W_2，…，W_n，现在将这 n

个对象两两进行比较，则可得到矩阵：

$$\mathbf{A}=(a_{ij})_{n\times n}=\begin{bmatrix}\frac{W_1}{W_1} & \frac{W_1}{W_2} & \cdots & \frac{W_1}{W_n}\\ \frac{W_2}{W_1} & \frac{W_2}{W_2} & \cdots & \frac{W_2}{W_n}\\ \vdots & \vdots & & \vdots\\ \frac{W_n}{W_1} & \frac{W_n}{W_2} & \cdots & \frac{W_n}{W_n}\end{bmatrix} \tag{5-8}$$

可知 $\mathbf{W}_i$（$i=1$，2，…，n）即为各指标权重。

现在若假设要比较 n 个元素 $X=\{x_1, x_2, \cdots, x_n\}$ 对上一层某个因素 Z 的影响程度，确定在该一层中相对于因素 Z 所占的比重，用 a_{ij} 来表示第 i 个元素与第 j 个元素对 Z 的影响大小之比，则：

$$a_{ij}=\frac{a_i}{a_j} \tag{5-9}$$

如此可知：

定义 1：如果矩阵 $\mathbf{A}=(a_{ij})_{n\times n}$（$i$，$j=1$，2，…，$n$）满足

$$a_{ij}>0 \tag{5-10}$$

$$a_{ij}=\frac{1}{a_{ij}} \tag{5-11}$$

$$a_{ii}=1 \tag{5-12}$$

则称为正互相反矩阵。

为了易于确定 a_{ij} 的数值，Saaty 等建议使用 1～9 及它们的倒数为标度，如表 5.1 所示。

表 5.1　判断矩阵标度表（周福礼等，2019）

标度	含义
1	表示两个元素相比，具有同样重要性
3	表示两个元素相比，前者比后者稍微重要
5	表示两个元素相比，前者比后者明显重要
7	表示两个元素相比，前者比后者强烈重要
9	表示两个元素相比，前者比后者极端重要
2、4、6、8	表示上述相邻判断的中间值
倒数	因素 i 与 j 比较的判断为 a_{ij}，则因素 j 与 i 比较的判断为 $1/a_{ij}$

由此标度表为根据，可构造出所需要的判断矩阵。

(3) 层次单排序与一致性检验

层次单排序简单来说就是确定下层各元素对上层某因素的影响程度的过程，也即求得判断矩阵 **A** 所对应的最大特征值 λ_{max} 的特征向量 $\boldsymbol{M}$，经过归一化后所得到的特征向量即为下层各元素对于上层某因素影响程度相对重要性的排序权值。判断矩阵的权重方法有两种：一种是几何平均法，即方根法；一种是规范列平均法，即求和法。在这里采用的是规范列平均法，对前一种方法就不多做介绍。

求和法的计算步骤（以上述假设题目为例）：

①将判断矩阵的每一列归一化：

$$\overline{a_{ij}} = \frac{a_{ij}}{\sum_{k=1}^{n} a_{kj}}, \quad i,j = 1,2,\cdots,n \tag{5-13}$$

得矩阵 $\overline{\mathbf{A}}=(\overline{a_{ij}})$。

②将得到的矩阵每一行求和平均值：

$$w_i = \frac{1}{n}\sum_{j=1}^{n} \overline{a_{ij}} \tag{5-14}$$

此时 $\mathbf{W}=(\overline{w_1}, \overline{w_2}, \cdots, \overline{w_n})$ 即为所求的权重向量。

③求出矩阵 **A** 的最大特征值 λ_{max}：

$$\lambda_{max} = \frac{1}{n}\sum_{i=1}^{n} (\mathbf{AW})_i / w_i \tag{5-15}$$

由于元素之间的广泛差异性，决策者在构建判断矩阵时，易对重要性排序产生偏差，为保证结果的准确性与逻辑性，接下来就要做一致性检验。

可知定义 2：

在正互反矩阵中，若 $a_{ij}a_{kj}=a_{ik}$（i，j，$k=1$，2，…，n），则称为一致矩阵。

若 **A** 为一致矩阵，则如表 5.2 所示。

表 5.2　一致矩阵定理（He 等，2017）

序号	定理
1	**A** 也一定是正互反矩阵
2	**A** 的转置矩阵 $\mathbf{A}^{T}$ 也为一致矩阵

（续）

序号	定理
3	**A** 的各行成比例，则 *rank*（**A**）＝1
4	**A** 的最大特征根为 $\lambda=n$，其余 $n-1$ 个特征根均等于零
5	**A** 的任意一行（一列）都是对应于特征 n 的特征向量

若 **A** 不是一致矩阵，则：

$$\boldsymbol{AW}=\lambda\boldsymbol{W},\boldsymbol{W}=w_1,w_2,\cdots,w_n \tag{5-16}$$

一致性检验的步骤如下：

①计算矩阵的一致性指标 CI：

$$CI=\frac{\lambda_{\max}-n}{n-1} \tag{5-17}$$

②查找对照的平均一致性指标 RI。当 $n=1$，2，…，9 时，Saaty 给出了 RI 的数值，如表 5.3 所示。

表 5.3　*RI* 数值对照表

n	1	2	3	4	5	6	7	8	9
RI	0	0	0.58	0.90	1.12	1.24	1.32	1.41	1.45

③计算一致性比例 CR：

$$CR=\frac{CI}{RI} \tag{5-18}$$

④进行比较：当 $CR<0.10$ 时，则就可以认为 **A** 的不一致程度是在允许范围内的，否则应该对判断矩阵进行修改。

（4）层次总排序与一致性检验

层次总排序是指计算同一层次中的所有元素对最上层因素的相对重要性的排序权值。前面计算了一组元素对上一层因素的权重向量，接下来继续计算各元素对目标的排序权值，尤其是底层方案对目标的权重，以便进行最终方案的选择。层次总排序的步骤也跟层次单排序的步骤相差不大，也是先明确问题，建立多级递阶层次结构，然后建立判断矩阵，接下来进行一致性检验，最后进行综合重要度计算，也即是排序权重。

现在假设上一层已经完成层次单排序，元素 A_1，A_2，…，A_m 的权重值

分别为 a_1，a_2，…，a_m；与 A_j（$j=1$，2，…，m）对应的此层次元素 B_1，B_2，…，B_n 的层次单排序的权重为$(b_1^j, b_2^j, \cdots, b_i^j)^T$（当 B_i 与 A_j 无联系时，$b_i^j=0$），则 B 层次的总排序见表 5.4。

表 5.4　层次总排序

层次 A \ 层次 B	A_1	A_2	…	A_m	B 层次的总排序
	a_1	a_2	…	a_m	
B_1	b_1^1	b_1^2	…	b_1^m	$\sum_{j-1}^{m} a_j b_1^j$
B_2	b_2^1	b_2^2	…	b_2^m	$\sum_{j-1}^{m} a_j b_2^j$
…	…	…	…	…	…
B_n	b_n^1	b_n^2	…	b_n^m	$\sum_{j-1}^{m} a_j b_n^j$

在进行层次总排序后也应该进行检验，也是从高到低层逐层进行，一致性检验的目的以防每个层次的不一致，层层累计起来导致最终结果呈现出强烈的不一致性。假设 B 层 B_1，B_2，…，B_n 对于 A_j 的层析单排序的一致性指标为 C_{ij}（$j=1$，2，…，m），相对应的平均随机一致性指标为 R_{ij}，则 B 层总排序随机一致性比例为：

$$CR = \frac{\sum_{j=1}^{m} CI_j a_j}{\sum_{j=1}^{m} RI_j a_j} \tag{5-19}$$

当 $CR<0.1$ 时，可认为层次总排序通过一致性检验，可根据下层结果做出最后决策。

5.3.3　CG-AHP 集成框架

从前述可知，重心法是一种静态的选址方法，它将运输成本作为唯一的决策因素，目标是使运输的总成本最小。但是它不能精确到最优解，与现实情况有较大的区别，在真正面对现实问题时，并不能仅仅考虑成本，因此其一般被用于先确定选址中心的大致范围，接下来运用更加精确的模型来继续运算。而层次分析法在很大程度上是依赖于决策者的主观判断，单独使用也有很大漏洞，所以使它在重心法计算出大致范围的前提下所得的结论更加严谨，更有说服性。因此在利用重心法求出较优点坐标时重心法的计算就停止，由层次分析法进行后续计算，组合层次分析方法的具体实施流程如图5.2所示。

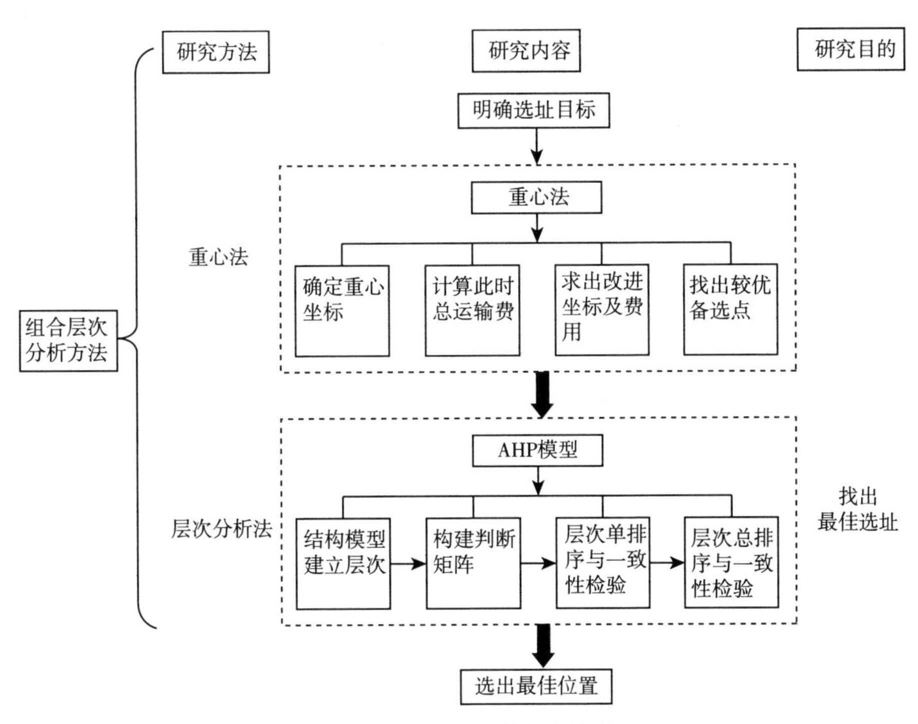

图5.2　CG-AHP的组合流程

5.4　案例分析

5.4.1　背景描述

自2009年以来，国内的汽车越来越多，随之报废汽车数量也逐年递增，然而回收废旧汽车的企业一般规模较小，导致回收拆解过程中资源浪费严重，因此应该鼓励大型企业建立专业规模化的废旧汽车回收处理中心。在此，通过使用重心法与层次分析法来解决下面假设出的选址问题。

假设某知名汽车制造企业有 A、B、C、D 四个汽车分销点，出于国家政策要求，需要企业负责废旧汽车的回收工作，并且汽车回收行业利润较大，该企业决定在四个分销点中择优构建废旧汽车回收处理中心 P_0。国际通用比例废旧汽车量为汽车保有量的6%～8%，由于我国废旧汽车回收量较低，则按照6%的比例计算，可知：A 地年回收量为200万辆，B 地年回收量为120万辆，C 地年回收量为100万辆，D 地年回收量为250万辆。在以 A 点为原点建立坐标系时，各地的坐标为 A（20，70）、B（60，60）、C（20，20）、D（50，20）。假设单位运量单位距离的运输成本 R 相同，根据以上条件求出汽车回收处理中心最佳位置。

5.4.2 废旧汽车回收中心初选

假设各个分销点的坐标分别为（X_i，Y_i）（$i=1$，2，3，4），各个需求点的需求量为 W_i（$i=1$，2，3，4），回收中心 P_0 到各个分销点的直线距离为 D_i（$i=1$，2，3，4）。

根据重心法计算公式可计算出重心坐标即回收中心的坐标：

$$X_0=\frac{\sum_{i=1}^{n}(X_i\cdot W_i)}{\sum_{i=1}^{n}(W_i)}=\frac{20\times200+60\times120+20\times100+50\times250}{200+120+100+250}=38.4 \tag{5-20}$$

$$Y_0=\frac{\sum_{i=1}^{n}(Y_i\cdot W_i)}{\sum_{i=1}^{n}(W_i)}=\frac{70\times200+60\times120+20\times100+20\times250}{200+120+100+250}=42.1 \tag{5-21}$$

此时所求得的 P_0（38.4，42.1）即为回收中心的初始坐标。

当供应点设立在点 P_0 时，假设 $R=10$，此时供应点到各个需求点的总运费 S 为：

$$S=\sum_{i=1}^{n}\left(W_i\cdot R_i\cdot\sqrt{(X_0-X_i)^2+(Y_0-Y_i)^2}\right)=191\ 820 \tag{5-22}$$

为使 S 为最小值，分别使 S 对 X_0、Y_0 求偏导数，由此可得：

$$X_0 = \frac{\sum_{i=1}^{n}\left(\frac{X_i \cdot W_i}{D_i}\right)}{\sum_{i=1}^{n}\left(\frac{W_i}{D_i}\right)}, Y_0 = \frac{\sum_{i=1}^{n}\left(\frac{Y_i \cdot W_i}{D_i}\right)}{\sum_{i=1}^{n}\left(\frac{W_i}{D_i}\right)} \qquad (5-23)$$

把（X_0，Y_0）代入式（5－23）计算回收中心 P_0 的改进坐标，并将此改进坐标记为（X_1，Y_1）。

$$X_1 = \frac{\sum_{i=1}^{n}\left(\frac{X_i \cdot W_i}{D_i}\right)}{\sum_{i=1}^{n}\left(\frac{W_i}{D_i}\right)} = \frac{\frac{20\times200}{33.4}+\frac{60\times120}{28.1}+\frac{20\times100}{28.8}+\frac{50\times250}{25}}{\frac{200}{33.4}+\frac{120}{28.1}+\frac{100}{28.8}+\frac{250}{25}} = 39.8 \qquad (5-24)$$

$$Y_1 = \frac{\sum_{i=1}^{n}\left(\frac{Y_i \cdot W_i}{D_i}\right)}{\sum_{i=1}^{n}\left(\frac{W_i}{D_i}\right)} = \frac{\frac{70\times200}{33.4}+\frac{60\times120}{28.1}+\frac{20\times100}{28.8}+\frac{20\times250}{25}}{\frac{200}{33.4}+\frac{120}{28.1}+\frac{100}{28.8}+\frac{250}{25}} = 39.8 \qquad (5-25)$$

则（39.8，39.8）即为此时求得的改进坐标。

由此时得到的坐标（X_1，Y_1）代入式（5－22）计算此时的总运输费用 S_1：

$$S_1 = \sum_{i=1}^{n}\left(W_i \cdot R_i \cdot \sqrt{(X_1 - X_i)^2 + (Y_1 - Y_i)^2}\right) = 190\ 270 \qquad (5-26)$$

比较两次所需的总运输费用，可知 $S_1 < S_0$，则说明（X_1，Y_1）比（X_0，Y_0）更接近最优点。则改进坐标 P_1（39.8，39.8）优于初始坐标 P_0（38.4，42.1），此时各个分销点与回收中心 P_1（39.8，39.8）的距离分别为 D_1＝36.1、D_2＝28.6、D_3＝28.0、D_4＝22.3。

由上述距离可知 C 与 D 两地距离回收中心 P_1 最近，接下来通过运用层次分析法来解决以下选址问题。

5.4.3　废旧汽车回收中心综合评选

根据重心法的计算结果可知 C 地与 D 地是层次分析法方案层的两个备选地点，层次分析法是通过进行定性与定量的综合考虑来建立评价指标体系，以此来确定各个要素的权重，根据权重大小来得到最佳选址地点。

(1) 建立层次结构模型

根据对废旧汽车选址影响因素的综合判断，确定出废旧汽车回收中心选择地址的评价指标体系，如图5.3所示。

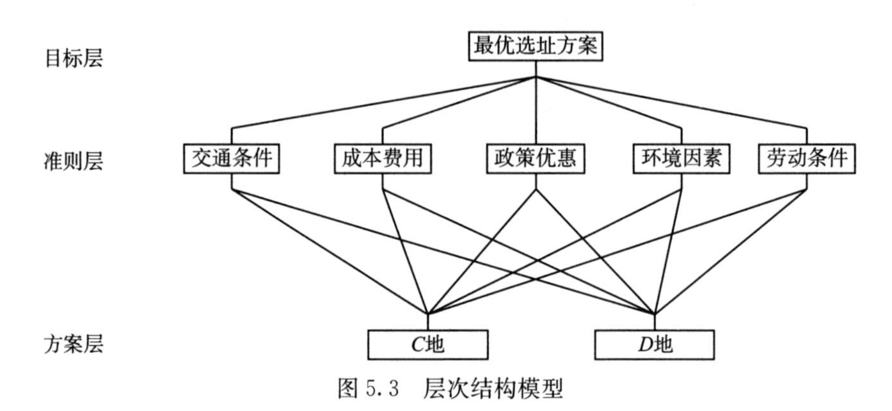

图5.3 层次结构模型

(2) 构造判断矩阵

假设目标层元素为O，准则层元素为C_i（$i=1$，2，3，4，5），方案层为P_i（$i=1$，2）。可得判断矩阵$\mathbf{A}$，并通过求和法计算出权重向量：

$$\mathbf{A}=\begin{pmatrix} O & C_1 & C_2 & C_3 & C_4 & C_5 \\ C_1 & 1 & 3 & 4 & 5 & 6 \\ C_2 & 1/3 & 1 & 3 & 4 & 5 \\ C_3 & 1/4 & 1/3 & 1 & 2 & 3 \\ C_4 & 1/5 & 1/4 & 1/2 & 1 & 2 \\ C_5 & 1/6 & 1/5 & 1/3 & 1/2 & 1 \end{pmatrix} \xrightarrow{\text{列向归一化、行向求和平均值}} \begin{pmatrix} 0.47 \\ 0.27 \\ 0.13 \\ 0.08 \\ 0.05 \end{pmatrix}=\mathbf{W}_i$$

此时W_i即为所求的权重向量。

(3) 层次单排序与一致性检验

由矩阵$\mathbf{A}$与权重向量求出矩阵$\mathbf{A}$的最大特征值$\lambda_{\max}$：

$$\lambda_{\max}=\frac{1}{n}\sum_{i=1}^{n}\frac{(\mathbf{AW})_i}{w_i}=\frac{1}{5}\left(\frac{2.5}{0.47}+\frac{1.39}{0.27}+\frac{0.65}{0.13}+\frac{0.41}{0.08}+\frac{0.27}{0.05}\right)=5.20 \tag{5-27}$$

可知：

$$CI=\frac{\lambda_{\max}-n}{n-1}=\frac{5.20-5}{5-1}=0.05 \tag{5-28}$$

则由表 5.5 可知：

表 5.5　RI 数值对照表

n	1	2	3	4	5	6	7	8	9
RI	0	0	0.58	0.90	1.12	1.24	1.32	1.41	1.45

当 $n=5$ 时，$RI=1.12$，则：

$$CR=\frac{CI}{RI}=\frac{0.05}{1.12}=0.04<0.1 \tag{5-29}$$

当 $CR<0.1$ 时，可以认为矩阵 $\mathbf{A}$ 的目标层 O 与准则层 C 通过了一致性检验，即 $\mathbf{A}$ 的不一致程度是在允许范围内的。

(4) 层次总排序及一致性检验

在计算出准则层的权重并检验过一致性后，接下来计算方案层的权重。同理，可得出 P_1、P_2 在 C_1 的影响因素下所对应的权重见表 5.6。

表 5.6　方案层权重对比

C_1	P_1	P_2
P_1	1	1/5
P_2	5	1

P_1、P_2 在 C_2 的影响因素下所对应的权重见表 5.7。

表 5.7　P_1、P_2 权重对比

C_2	P_1	P_2
P_1	1	5
P_2	1/5	1

P_1、P_2 在 C_3 的影响因素下所对应的权重见表 5.8。

表 5.8　P_1、P_2 权重对比

C_3	P_1	P_2
P_1	1	1/4
P_2	4	1

$W_3^2=(0.20,\ 0.80)^T$，$\lambda_{max}=2.00$，$CI=0$，$CR=0$。

P_1、P_2 在 C_4 的影响因素下所对应的权重见表5.9。

表5.9　P_1、P_2 权重对比

C_4	P_1	P_2
P_1	1	1/3
P_2	3	1

$W_4^2=(0.25,\ 0.75)^T$，$\lambda_{max}=2.00$，$CI=0$，$CR=0$。

P_1、P_2 在 C_5 的影响因素下所对应的权重见表5.10。

表5.10　P_1、P_2 权重对比

C_5	P_1	P_2
P_1	1	2
P_2	1/2	1

$W_5^2=(0.67,\ 0.33)^T$，$\lambda_{max}=2.00$，$CI=0$，$CR=0$。

因此可知：

$$W^2=\begin{pmatrix}0.17 & 0.83 & 0.20 & 0.25 & 0.67\\ 0.83 & 0.17 & 0.80 & 0.75 & 0.33\end{pmatrix}$$

则

$$W=W^2W_i=(0.37,\ 0.61)^T$$

则方案层的总排序随机一致性比例为：

$$CR=\frac{\sum_{j=1}^{m}CI_ja_j}{\sum_{j=1}^{m}RI_ja_j}=0<0.1$$

因此可认为方案层通过了一致性检验，误差在可允许的范围，此结果可以接受。然而0.37<0.61，说明 P_2 的权重较大，即可确定 D 地是该企业废旧汽车回收中心的最佳选址。

5.5　本章小结

由于汽车消费市场行业迅速发展，汽车的报废回收问题在全世界都被引起了注意，报废汽车的回收不仅能够节约利用大量可循环利用的零件，而且能够减少环境污染，以及维护道路安全。本书提出基于 CG-AHP 模型实现 ELV 回收中心的科学选址，通过重心法实现 ELV 回收中心的初选，利用 AHP 实现备选方案的综合评选。

第 6 章　面向 4R 的废旧汽车回收流程及路径设计

废旧汽车回收流程是指导 ELV 回收的主要组成，多路径的回收形式有利于提升回收效率，实现最大化的资源再利用。针对我国废旧汽车回收的粗放型操作和我国 ELV 回收管理现状，结合不同零部件退化情况及退役拆解后剩余条件，提出多路径的废旧汽车回收流程，研究确定废旧汽车零部件回收路径的评定方法，提升 ELV 回收效率，为我国废旧汽车多路径回收管理策略的制定奠定理论基础。

6.1　引言

随着经济的蓬勃发展，中国汽车工业经历了几十年。与发达国家相比，中国国内汽车工业在 20 世纪下半叶起步较晚。21 世纪初，汽车产量显著增长，年增长率保持在 2.5%～6.5%。在 2000—2008 期间，全球汽车产业仍稳步增长。但由于 2008 年全球经济危机的影响，全球汽车产业年产量明显下降到 670 万辆，我国也因受金融危机以及特大自然灾害和国际排放标准实施等一系列因素的影响，导致汽车销量呈现“高开低走”的形式。直到 2010 年，随着美国和日本汽车工业以及中国、印度和南非等新兴市场的逐步复苏，汽车工业重回上升趋势（F. Zhou 等，2019）。

自 2009 年以来，我国已成为汽车年产销量最大的国家，在世界金融危机后保持了稳定的增长趋势。发达的外国汽车企业的创新合资模式、新兴的制造技术和中国市场的潜在消费能力，刺激了汽车产业的蓬勃发展，并促成了汽车保有量的飙升。废旧汽车回收作为有效改善汽车供应链持续性的有效方式，受到汽车行业的关注（Wang，Chen，2013；Schöggl 等，2017）。截至 2015 年底，全国机动车保有量已经达到了 4.17 亿辆，84 个城市的汽车保有量已达百万辆，按照国际年7%的报废量，全国汽车应该有2 900万辆进入了报废期，但是经过调查研究，我国现存可以进行废旧汽车拆解资质的企业尚不足1 000余家，且报废汽车回收比例又较小，所以存在大量报废车从非法渠道拆解重装后又重新流向市场等行径，极大地造成了资源浪费，不利于资源的可持续发展。

随着汽车保有量的增加，先前进入市场的车辆将进入报废期，我国未来10年废旧汽车将以每年20%左右的速度增长（Cao等，2016；Shijiang Xiao等，2018）。报废汽车中的黑色金属、有机金属、钢铁、塑料等为材料回收提供了发展潜力。我国废钢的回收再利用已形成较为成熟产业（Zhiguo Chen等，2015；F. Zhou等，2016），用汽车废钢铁进行钢铁冶炼，可以节省大量资源，能源的节省量可以达到60%左右，还可以节省40%的用水量，避免出现大规模废渣、废气和废水污染等（郑瑞楠，2017）。当前国内的废旧汽车行业回收主要集中在粗放型的材料回收，缺乏对ELV零部件的多路径回收和精准化回收管理。如果可以对这些材料进行多路径分类回收，则会有效地节约资源使用量，除此之外，还可以更好地利用废旧汽车中存在的有色金属和非金属等材料。

为了提高效率并以具有成本效益的方式实现可持续性（Hu，Wen，2017），本研究设计了面向4R的ELV回收流程，包括再利用、恢复、再制造和回收活动，并介绍和讨论了多渠道回收作业及其可行性。在此基础上，针对废旧汽车零部件决策信息模糊不确定性，提出模糊物元描述ELV零部件状态，研究基于多属性决策建模方法的ELV零部件回收路径设计方法。

6.2　面向4R的废旧汽车回收流程

废旧汽车回收政策的制定要紧跟时代发展的步伐走，不断进行改进，才可以保证废旧汽车回收的持续健康发展，废旧汽车回收方面也需要国家在政策方面给予适度的倾斜，但这是目前我国缺少的关键性因素，由于现行阶段立法不规范和政府参与不足，我国市场的ELV回收行业仍有较大提升空间。采用的最流行的ELV回收策略包括重复部件的再利用、材料的可回收性和转移能源的产生。在我国市场上，ELV产品的接受并不明确，由于不完善的机制和黑市的存在，地区发展不平衡，二手车通常流入欠发达地区。此外，立法不规范和产业原则的缺失导致了 ELV 产业的滞后。此外，拆卸技术和单一的大规模资源密集型回收出现的障碍不利于工业 ELV 回收的蓬勃发展（Shijiang Xiao 等，2018）。

现行的 ELV 处置是指废旧车辆交付工厂后的回收活动，以便对废旧汽车进行去污染、拆卸、剪切、回收或准备破碎处置，以及为 ELV 及其冗余组件的回收操作。生产者责任延伸制促使国内汽车行业参与回收活动。ELV 回收业务通常由可再生能源公司或再制造企业进行完成，分为预处理、拆卸、金属分离和非金属残渣处理四个阶段（Zanoletti 等，2017）。为实现汽车工业的可持续发展，我们制定了面向 4R 的回收流程，以提高 ELV 回收管理的成本效益。

6.2.1 面向 4R 的废旧汽车回收流程

要实现废旧汽车产品的资源再利用，需要根据不同部件的不同降解程度鼓励多通道的 ELV 回收程序。标准的 ELV 回收过程包括三个主要阶段：拆卸和清洁阶段、预评估阶段和特定回收操作（Wu 等，2017）。

为了有效地充分利用 ELV 产品，本研究提出了面向 4R 的多途径回收流程，以规范废旧汽车回收操作，如图 6.1 所示。

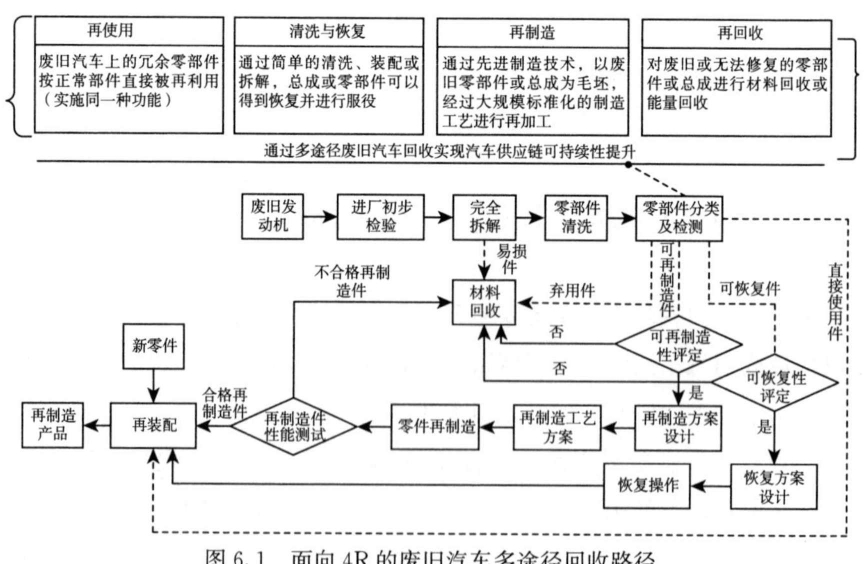

图 6.1　面向 4R 的废旧汽车多途径回收路径

从图6.1可以看出，在拆解厂的拆卸操作之后，废旧车辆管理实践中有五个操作，即再利用、回收、再制造、回收和报废，而4R运营（再利用、恢复、再制造和回收）被视为有助于实现车辆供应链可持续性的战略管理做法。

从经济效益、环境对话和社会伦理观点等方面综合考虑，在部分退化的基础上，ELV回收渠道实现了多元化。然而，拆卸ELV零件回收方式的选择与降解程度、失效模式、经济价值、材料组成和技术水平等密切相关（Qaiser等，2017）。

6.2.2　4R活动定义

（1）再利用

根据欧盟的2002/251 EC，再利用是指将ELV组件用于与设想相同目的的任何操作。这些冗余的ELV部件可以再用于相同的功能，也可以作为售后市场的备件。正如我们所看到的，对于资源投入最少的废旧部件来说，重用操作是最具成本效益的。

（2）恢复

根据欧盟提供的2002/251 EC，回收是指部件回收和翻新的任何适用操作。可回收部件是指通过简单的操作（如清洁、组装或拆卸任务）进行恢复的部件，达到正常功能，不如再制造或新部件的标准完美。

产品回收是在不再满足消费者要求的情况下恢复所用部件固有价值的过程，并且恢复的零件通过再配送中心直接或间接地被送到新的顾客（Eskandarpour等，2014；Kim，Moon，2016）。

（3）再制造

再制造通常将废旧部件和废旧机械部件视为粗加工，并采用先进的加工技术，在原有的基础上检测、翻新和再生产这些部件。通过标准生产和装配线活动实现废旧零部件的再制造（Atasu等，2008）。

由于再制造可以使废旧部件达到类似的新状态，有助于实现节能和减少环境负担。此外，再制造的零件在功能、性能和质量方面并不逊色于新零件，促使行业将再制造视为营销策略。重新制造的零件可用于产品装配（Derek L. Diener，Anne-Marie Tillman，2015）。

（4）回收

根据欧盟的2002/251 EC，回收是指在生产过程中为原始用途或其他目的进行的废物再处理，但不包括能源回收（Olivetti，Cullen，2018）。能源回收是指利用可燃废物作为一种手段，通过直接焚烧产生能量，无论是否有其他废物，都能够实现热量回收。

ELV零件可以被回收到金属材料和非金属材料。即使在汽车行业中出现了一些成功的回收案例，但由于认为缺乏可回收性，ELV部件回收的推广也存在一些障碍。

正如本研究报告所强调的，在完全拆卸ELV之后，可再生资源组织可以采用以下四个回收渠道：再利用、回收、再制造和再循环，所有这些渠道都有助于能源和资源的流通以及可持续发展的成就。一般来说，那些具有冗余可靠性的ELV部件，在经过专业测试后应该是功能完整且能够正常使用，可以在备件市场或产品制造中重复使用。一些几乎没有缺陷的ELV部件可以通过简单的清洁操作和回收技术后进行回收。还有些ELV部件有一定的缺陷，可以看作粗加工，能够通过多种制造技术进行再制造。这三种零件都将重新用于再组装和再制造的车辆产品。其他可回收的ELV部件可回收到金属材料或非金属材料中，可在钢材、橡胶和稀有金属等材料部门重复使用。与ELV报废相比，这四种回收方式都有利于减少能源枯竭和污染排放。因此，以4R为导向的回收程序为中国国内汽车工厂、再生资源组织和地方政府提供了指导。

6.3 面向4R的回收路径及影响因素分析

从上述ELV回收流程可以看出，ELV部件有四个渠道来实现可持续发展。可再生组织可以根据经济、环境、技术可行性等因素选择ELV部件的不同操作（Chen，Zhang，2009）。

6.3.1 废旧汽车拆解的影响因素

为执行4R操作，首先应进行拆卸操作。一般来说，拆卸有两种，即根据ELV部件是否受损进行破坏性拆卸和非破坏性拆卸。拆卸模式的选择与

ELV 部件的可回收性特性相结合。从拆解程度的角度来看，可以根据回收目标，将其分为完整的、局部的和有针对性的拆解。

为执行再利用和回收作业，应进行无损拆卸。在满足技术和经济可行性的前提下，ELV 分解的影响因素主要集中在物理结构和使用材料组成，如图 6.2 所示。

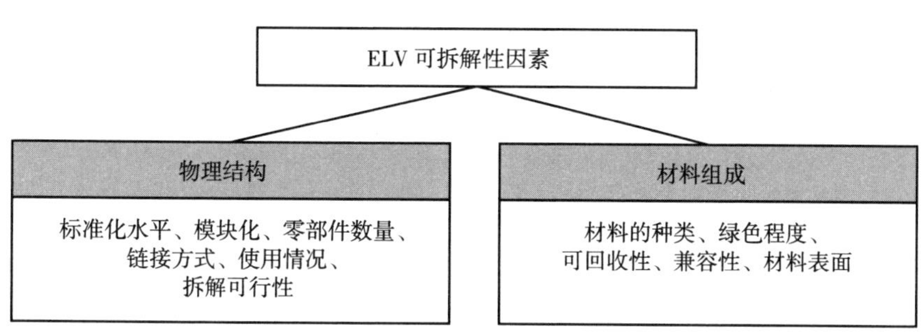

图 6.2　废旧汽车可拆解性的影响因素

如图 6.2 所示，拆卸性受上述 ELV 特征的影响，对于连接模式简单、标准化水平较高、模块化程度较高、兼容性和绿色材料的组件，将更容易拆卸。当综合降解超出阈值范围时，表明 ELV 部件的剩余价值小于拆卸成本时，将进行破坏性拆卸。

6.3.2　4R 操作的可行性因素

回收的零件作为再制造生产的原料来源，显著影响回收再制造生产过程，且能够影响新部件和新产品的市场表现。因此，应考虑到它是否带来经济利润。重新组装的产品可以在 4R 操作的基础上重新生产。图 6.3 从技术、经济、环境和社会角度阐述了 4R 的可行性因素。

可再生资源组织和再制造工厂可以为每个 ELV 部件的候选对象建立相应的 4R 活动，这些指标符合所提出的多重标准。要确定各种 ELV 部件的具体回收业务（再利用、恢复、再制造和回收），需要考虑部件的综合降解和其他现状。多样化的回收渠道将有助于提高回收效率。

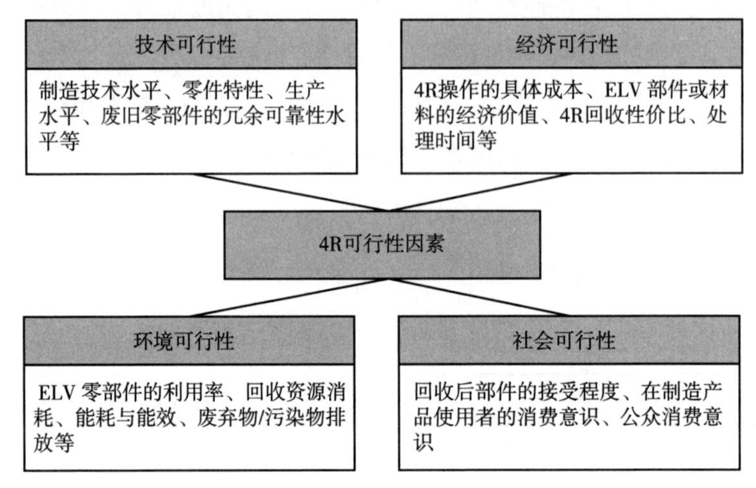

图 6.3　影响 4R 的可行性因素

6.4　基于模糊物元可拓模型的 4R 回收路径设计方法

为了执行 4R 操作，ELV 拆卸活动需要在拆除厂完成。拆卸被认为是检索单个部件或子组件的关键阶段。它是一种技术方法，允许从复杂的装配产品（全部或部分）中删除部件或组件，或为特定目的将产品分离到其所有组件中，称为完全拆卸。这里假设 ELV 可以实现完全拆卸而没有技术障碍。虽然本研究提出的是废旧汽车 4R 回收路径，但如何对某个特定完全拆解后的 ELV 部件进行评定，取决于废旧汽车本身的状态、报废程度、部件损坏程度等多方面因素；同时，由于各种类型报废车辆的设计不同、来源不同，其报废原因与废旧程度也千差万别。因此，必须对拆解后的 ELV 部件/组件进行诊断评估，通过预评价和分类确定相应的回收路径，提高废旧汽车回收利用的效率和能耗。

因此，提出了综合退化程度概念，用以反映难以解决的多属性指标影响问题，通过废旧汽车及其零部件的综合退化程度设计相应的回收路径，最大限度地实现废旧汽车的精准回收，图 6.4 说明了回收模式与综合降解程度之间的对应关系。

对于不同退化程度的废旧零部件，采取不同的回收操作与管理活动，从图 6.4 可以看到，回收组织可以根据综合退化程度的阈值（D_1、D_2、D_3和

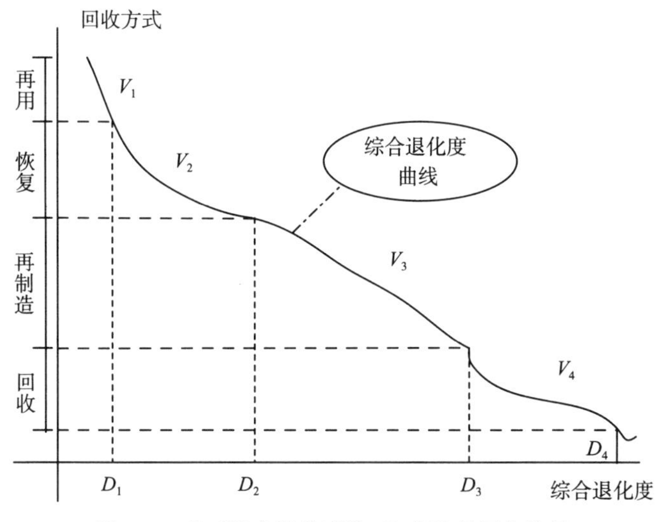

图 6.4　基于综合退化度的 4R 多途径回收路径

D_4）对 ELV 部件进行分类。那些完全失效的部件没有回收价值，可以通过填埋或掩埋处理来报废。一般来说，由于成本效益和某些模式产生的价值，各组织更愿意按以下顺序进行回收作业：再利用、恢复、再制造、回收再循环和报废填埋（landfilling）。前四种回收路径即为本课题所重点关注的 4R 回收路径，可知，4R 回收活动能够在不同程度提升废旧汽车零部件的资源再利用率，有助于废旧汽车回收行业的循环可持续发展。

6.4.1　指标体系构建

然而实际回收过程中，影响 ELV 部件回收路径的因素多种多样，不仅与设计、材料、连接方式、退化度等报废程度有关，还主要受回收成本与回收效益的影响。对于整车企业及资源再生组织，偏向于回收成本小且再利用效益大的回收方式。当前废旧汽车回收的粗放式能量回收形式，不利于资源回收效率的提高及精益化管理；同时由于零部件状态不同，并非所有的废旧汽车零部都能够进行有效回收。万里洋等在评估生产者责任延伸制时，构建包括物流运作能力、管理能力、技术能力、运作稳健能力、创新能力、再利用能力等指标体系，研究 EPR 物流回收模式问题（万里洋等，2015）。本章从回收成本控制、资源循环能力和回收效益三个维度构建影响废旧汽车回收路径设计的影响因素指标体系，主要包括回收成本、技术成本、技术能力、创新能力、经济效益、资源循环效益、生态效益等具体指标，如表6.1所示。

表6.1　废旧汽车零部件回收路径的评定指标

准则	指标	指标属性	含义	文献来源
成本控制能力 D_1	回收成本 C_1	成本型	回收零部件的直接成本	（F. Zhou，X. Wang，Ming K. Lim等，2018）
	技术成本 C_2	成本型	处理回收的零部件的技术投入成本	（Cheng等，2012）；（Fuli Zhou，Panpan Ma，2019）；（Daniels等，2004）
资源循环能力 D_2	技术能力 C_3	效益型	处理回收的零部件的技术能力	（Daniels等，2004）；（万里洋等，2015）；（Soo等，2017）
	创新能力 C_4	效益型	拆解及回收相关的专利技术获取数量及资源多级利用能力	（刘赟等，2011b）；（万里洋等，2015）；（Magnus Andersson等，2017）；（Mallampati等，2018）；（Magnus Andersson等，2017）
回收效益 D_3	经济效益 C_5	效益型	处理回收零部件所获得的经济效益	（Sawyer-Beaulieu，Tam，2006）；（万里洋等，2015）；（Shijiang Xiao等，2018）
	资源循环效益 C_6	效益型	处理废旧零部件节约的自然资源的效益或资源利用率提升	（Cucchiella等，2016）；（Cheng等，2012）；（Hu，Wen，2017）；（Sica等，2018）；（Anthony，Cheung，2017）
	生态效益 C_7	效益型	节约的自然资源对社会的生态效益	（Fuli Zhou等，2019）；（万里洋等，2015）；（Mohan，Amit，2018）

影响废旧汽车回收路径的评价指标体系主要包括成本控制能力、资源循环能力、回收效益三个维度准则层。由于废旧汽车状态差异性及拆解后零部件指标的模糊不确定性，利用模糊集表征难以量化的废旧汽车零部件状态。本课题中提出的废旧汽车回收4R路径主要包括再用、恢复、再制造和回收。根据不同回收路径的指标隶属程度，定义影响废旧汽车回收路径指标的经典域、节域和等级划分，如表6.2所示。

表 6.2　指标经典域、节域及等级划分

准则维度	评价指标	经典域	节域	等级划分		
				Ⅰ	Ⅱ	Ⅲ
成本控制能力	回收成本 C_1	(6 000，8 000，10 000)	(4 000，10 000)	(4 000，6 000)	(6 000，8 000)	(8 000，10 000)
	技术成本 C_2	(2 000，3 000，4 000)	(1 000，4 000)	(1 000，2 000)	(2 000，3 000)	(3 000，4 000)
资源循环能力	技术能力 C_3	(0.3，0.5，0.7)	(0.1，0.7)	(0.1，0.3)	(0.3，0.5)	(0.5，0.7)
	创新能力 C_4	(0.4，0.6，0.8)	(0.2，0.8)	(0.2，0.4)	(0.4，0.6)	(0.6，0.8)
回收效益	经济效益 C_5	(2 000，3 000，4 000)	(1 000，4 000)	(1 000，2 000)	(2 000，3 000)	(3 000，4 000)
	资源循环效益 C_6	(0.3，0.5，0.7)	(0.1，0.7)	(0.1，0.3)	(0.3，0.5)	(0.5，0.7)
	生态效益 C_7	(0.3，0.5，0.7)	(0.1，0.7)	(0.1，0.3)	(0.3，0.5)	(0.5，0.7)

6.4.2　模糊可拓评价模型

可拓学是一门新的数学理论。自中国的蔡文教授 1983 年发表《可拓集合和不相容问题》中提出可拓集合及其思想以来，可拓学已初步形成了它的理论框架，并开始向应用领域发展。优度评价方法是可拓学所特有的可拓方法之一，它为评价决策问题提供的一种新思路、新方法在很多工程领域都有成功的应用。该方法推理过程严密、运算工作量小，且其描述事物之间的机理不受事物本身特征的限制而能使各种问题得到有效解决，非常适合各类多指标因素问题的综合评价（周爱莲等，2009）。可拓学用形式化的模型研究事物拓展的可能性和开拓创新的规律，并用于解决矛盾问题，是以蔡文教授为首的我国学者创立的少数原创性学科之一。它的理论支柱是物元理论和可拓集合理论，其逻辑细胞则是物元。所谓物元，即以对象事物、特征及对象事物关于该特征的量值三者所组成的有序三元组，记作 $R=$（对象，特征，量值）$=(N, C, V)$。

给定对象事物的名称 N，它关于特征 C 的量值为 V，以有序三元组 $R=(N, C, V)$ 作为描述对象事物的基本元，即物元。

为实现废旧汽车零部件 4R 路径选择，本节提出基于模糊可拓建模的方法，针对拆解废旧部件的退化信息，实现综合退化度的综合评价，并确定备选废旧零部件的回收路径，基于模糊可拓物元的废旧汽车零部件回收流程确定过程如图 6.5 所示。

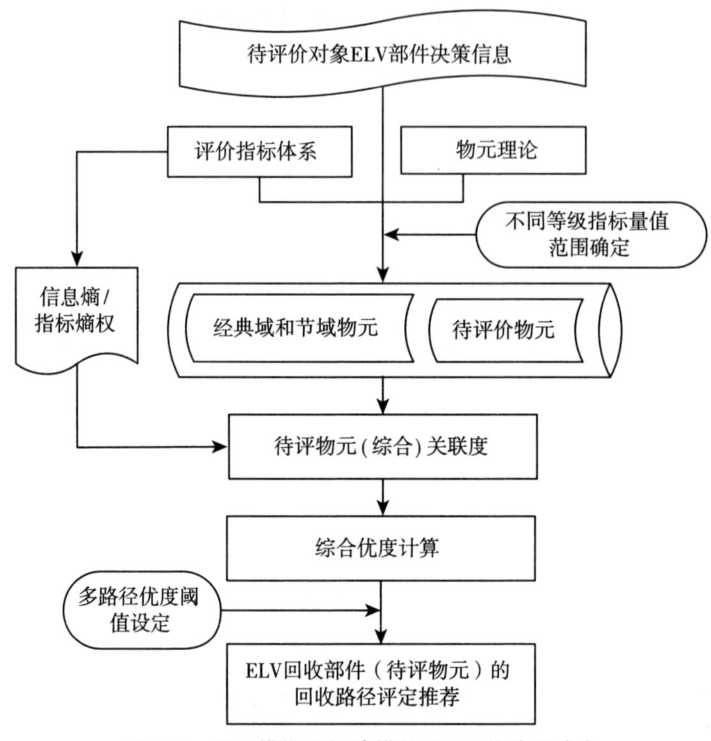

图6.5 基于模糊可拓建模的4R回收路径确定

本书所提出的模糊可拓建模方法，其实现4R回收路径分级评定的步骤如下。

(1) 退化信息收集与集成

决策者d对于ELV部件信息关于指标C_j的决策信息为$x_{dij}=(x_{dij}^{\mathrm{L}}, x_{dij}^{\mathrm{M}}, x_{dij}^{\mathrm{U}})$，则ELV部件的待评物元决策信息通过三角模糊算子实现，如式(6-1)(Fuli Zhou等，2016)。

$$\begin{cases} x_{ij}=(x_{ij}^{\mathrm{L}}, x_{ij}^{\mathrm{M}}, x_{ij}^{\mathrm{U}}) \\ x_{ij}^{\mathrm{L}}=\sum_{d=1}^{D}\mu_d x_{dij}^{\mathrm{L}}, x_{ij}^{\mathrm{M}}=\sum_{d=1}^{D}\mu_d x_{dij}^{\mathrm{M}}, x_{ij}^{\mathrm{U}}=\sum_{d=1}^{D}\mu_d x_{dij}^{\mathrm{U}} \end{cases} \quad (6-1)$$

式中μ_d为专家权重，D为决策者数量。

(2) 经典域物元和节域物元的确定

根据评价模型物元定义，可结合衡量条件来确定经典域物元$\boldsymbol{R}_0$、节点域物元$\boldsymbol{R}_{\mathrm{p}}$和待评价模糊物元$\boldsymbol{R}_{ij}$，经典域物元$\boldsymbol{R}_0$的计算公式如式(6-2)。

$$\boldsymbol{R}_0=(N_0,C_0,X_0)=\begin{bmatrix} N_0 & C_1 & x_{01} \\ & \cdots & \cdots \\ & C_n & x_{0n} \end{bmatrix}=\begin{bmatrix} N_0 & C_1 & (a_{01},b_{0n}) \\ & \cdots & \cdots \\ & C_n & (a_{0n},b_{0n}) \end{bmatrix} \quad (6-2)$$

式中，N_0 是指待评价物元（即废旧汽车零部件）；C_j（$j=1$，2，…，n）指具体影响指标体系；x_{0j} 是经典域物元隶属指标 C_j 的特征值，对于确定性指标而言为具体隶属值，对于三角模糊数来说，$x_{0j}=(a_{0j},\ b_{0j})$，其中 n 为影响因素或构建评价指标的数量。

与经典域物元定义类似，P 是标准事物以及可转化为标准事物的节域对象（即值域），则节域物元 $\boldsymbol{R}_p$ 记为式（6-3）。

$$\boldsymbol{R}_p=(P,C,X_p)=\begin{pmatrix} P & C_1 & x_{p1} \\ & \cdots & \cdots \\ & C_n & x_{pn} \end{pmatrix}=\begin{pmatrix} P & C_1 & (a_{p1},b_{p1}) \\ & \cdots & \cdots \\ & C_n & (a_{pn},b_{pn}) \end{pmatrix} \quad (6-3)$$

式中，P 为标准事物或可转化为标准事物的节域对象，$x_{pj}=(a_{pj},\ b_{pj})$ 为事物关于指标 C_j（$j=1$，2，…，n）的值域范围，且全体对象评价指标值满足式（6-4）。

$$x_{ij}\subset x_{pj},\ i=1,2,\cdots,m;j=1,2,\cdots,n \quad (6-4)$$

（3）废旧汽车零部件待评物元确定

对待评价事物 N_i，即废旧汽车零部件物元表示为式（6-5）。

$$\boldsymbol{R}_i=(N,C,X_i)=\begin{pmatrix} N_i & C_1 & x_{i1} \\ & \cdots & \cdots \\ & C_n & x_{in} \end{pmatrix} \quad (6-5)$$

式中，$\boldsymbol{R}_i$ 为待评价事物 N_i 的物元，N_i 表示所要评价的事物，x_{ij} 为 N_i 关于 C_j 的量值，即待评价事物关于某评价指标 C_j 的具体取值，可以为精确值，也可以为模糊数。

（4）评价信息的去模糊化算子操作

为实现模糊可拓矩阵评估，利用去模糊化操作对待评物元的不确定信息进行处理，本课题采用 GMIR（graded mean integration representation）法（F. Zhou 等，2016），通过去模糊化算子实现对模糊评价信息的去模糊化操作，如式（6-6）。

$$x_{ij}=\frac{\int u(x)x\mathrm{d}x}{\int u(x)\mathrm{d}x}=\frac{x_{ij}^{\mathrm{L}}+4x_{ij}^{\mathrm{M}}+x_{ij}^{\mathrm{U}}}{6} \tag{6-6}$$

式中，u（x）为模糊数的隶属度函数。

（5）基于信息熵的指标权重确定

利用信息熵确定各指标权重，假设有 m 个评价对象、n 个评价指标，各企业的评价指标值组成矩阵 X，将 x_{ij} 规范化，如式（6-7）。

$$v_{ij}=\frac{x_{ij}}{\sum_{i=1}^{m}x_{ij}},\quad i=1,2,\cdots,m;j=1,2,\cdots,n \tag{6-7}$$

信息熵定义为：

$$S(y_j)=\frac{-\sum_{i=0}^{m}y_{ij}}{\ln y_{ij}} \tag{6-8}$$

根据各项指标值的变异程度，利用信息熵计算各指标的权重步骤如式（6-9）和式（6-10）。

$$S_j=\frac{S(y_j)}{\ln^m} \tag{6-9}$$

$$w_j=\frac{1-S_j}{\sum_{i=1}^{m}(1-S_j)},\quad j=1,2,\cdots,n \tag{6-10}$$

（6）待评物元关联度指标计算

关联函数 K_j（v_i）的取值范围是整个实数轴，实际上描述的是待评事物各指标关于各评价类别 j 的归属程度。

评价指标 C_i 关于第 j 个等级的关联函数为：

$$K_j(v_i)=\begin{cases}\dfrac{\rho(v_i,V_{ij})}{\rho(v_i,V_{ip})-\rho(v_i,V_{ij})}, & v_i\notin V_{ij}\\ -\dfrac{\rho(v_i,V_{ij})}{|v_{ij}|}, & v_i\in V_{ij}\end{cases} \tag{6-11}$$

式中，ρ（v_i，V_{i*}）$=\left|v_i-\dfrac{a_{i*}+b_{i*}}{2}\right|-\dfrac{b_{i*}-a_{i*}}{2}=\begin{cases}v_i-b_{i*}, & v_i\geqslant\dfrac{a_{i*}+b_{i*}}{2}\\ a_{i*}-v_i, & v_i<\dfrac{a_{i*}+b_{i*}}{2}\end{cases}$

式中，$\rho(v_i, V_{i*})$ 表示点 v_i 与区间 V_{i*} 的距离，$*$ 代表 j、p。

(7) 待评物元综合关联度计算

在考虑指标重要性程度的情况下，待评价事物 P 各指标关于各类别的综合关联度如式（6－12）所示。

$$K_j(P) = \sum_{i=1}^{n} a_i K_j(v_i) \tag{6-12}$$

(8) ELV 部件的综合优度计算与回收路径判别

通过综合关联度函数与步骤（5）中指标权重，计算待评物元即废旧汽车零部件的综合优度值，如式（6－13）所示。

$$CS_i = \sum_{j=1}^{n} w_j K_j(v_i) \tag{6-13}$$

按照 4R 回收路径投入效益比将综合优度值与回收路径的映射方式定义为表 6.3。

表 6.3　ELV 零部件回收路径映射

优度值范围	建议回收路径
$0.65 \leqslant CS \leqslant 1$	路径一（直接再用）
$0.29 \leqslant CS \leqslant 0.65$	路径二（恢复再用）
$0.23 \leqslant CS \leqslant 0.29$	路径三（再制造）
$CS \leqslant 0.23$	路径四（回收再利用）

6.4.3　案例分析

本部分以某废旧汽车拆解车间的实际案例为研究背景，对本项目提出的模糊可拓建模实现回收路径评定，进行算例研究。以废旧汽车组件中的发动机为例，涉及缸体、曲轴、连杆等耐用件，以及火花塞等疲劳件，经过完全拆解后，为提高 ELV 部件回收效率，实现精准化回收，将 ELV 待回收部件进行物元建模，按照本章提出的 4 种回收路径进行评定，即包括直接再用、恢复再用、再制造和材料回收再利用。

(1) 回收零部件决策信息设定

以发动机拆解后的零部件 A_1、A_2、A_3 为例，按照本章提出的模糊物元建模和回收路径评定方法，设计 ELV 零部件的回收路径。三个废旧零部件的基本决策信息如表6.4所示。

表6.4 ELV回收零部件的基本决策信息

指标	Q_1	Q_2	Q_3
回收成本 C_1	0.75	0.55	0.85
技术成本 C_2	0.12	0.24	0.39
技术能力 C_3	(0.5, 0.6, 0.7)	(0.3, 0.4, 0.5)	(0.05, 0.15, 0.25)
创新能力 C_4	(0.35, 0.45, 0.55)	(0.15, 0.25, 0.35)	(0.65, 0.75, 0.85)
经济效益 C_5	3 900	2 100	1 100
资源循环效益 C_6	(0.3, 0.4, 0.5)	(0.5, 0.6, 0.7)	(0.1, 0.2, 0.3)
生态效益 C_7	(0.55, 0.65, 0.75)	(0.35, 0.45, 0.55)	(0.15, 0.25, 0.35)

(2)经典域和节域的确定

根据上述决策信息，建立废旧汽车回收各路径评价方案的模糊物元。利用式(6-3)至式(6-5)确定物元模型的经典域矩阵 $\boldsymbol{R}_1$、$\boldsymbol{R}_2$、$\boldsymbol{R}_3$，节域矩阵 $\boldsymbol{R}_p$，如公式(6-14)。

$$\boldsymbol{R}_1=[N_1,C,X_1]=\begin{bmatrix} N_1C_1[0.4,0.6] \\ C_2[0.1,0.2] \\ C_3[0.5,0.7] \\ C_4[0.2,0.4] \\ C_5[3K,4K] \\ C_6[0.5,0.7] \\ C_7[0.5,0.7] \end{bmatrix},\boldsymbol{R}_2=[N_2,C,X_2]=\begin{bmatrix} N_1C_1[0.6,0.8] \\ C_2[0.2,0.3] \\ C_3[0.3,0.5] \\ C_4[0.4,0.6] \\ C_5[2K,3K] \\ C_6[0.3,0.5] \\ C_7[0.3,0.5] \end{bmatrix}$$

$$\boldsymbol{R}_3=[N_3,C,X_3]=\begin{bmatrix} N_1C_1[0.8,1] \\ C_2[0.3,0.4] \\ C_3[0.1,0.3] \\ C_4[0.6,0.8] \\ C_5[1K,2K] \\ C_6[0.1,0.3] \\ C_7[0.1,0.3] \end{bmatrix},\boldsymbol{R}_p=[N_p,C,X_p]=\begin{bmatrix} N_1C_1[0.4,1] \\ C_2[0.1,0.4] \\ C_3[0.1,0.7] \\ C_4[0.2,0.8] \\ C_5[1K,4K] \\ C_6[0.1,0.7] \\ C_7[0.1,0.7] \end{bmatrix} \tag{6-14}$$

（3）指标权重

通过去模糊操作，将模糊不确定性决策信息和评价矩阵进行去模糊化处理，并根据式（6－6）至式（6－10）采用关联函数法得到废旧汽车回收各路径评价各指标权重（表 6.5）。

表 6.5　指标权重计算结果

指标	权重	指标	权重
回收成本 C_1	0.133	经济效益 C_5	0.116
技术成本 C_2	0.189	资源循环效益 C_6	0.162
技术能力 C_3	0.162	生态效益 C_7	0.133
创新能力 C_4	0.105		

（4）回收路径确定

通过式（6－11）得出待评物元 A_1、A_2、A_3 在各等级中关于各指标量值的关联函数值，如表 6.6 所示。

表 6.6　待评对象（A_1、A_2、A_3）对于各等级的关联函数值

指标＼待评对象		A_1			A_2			A_3	
回收成本 C_1	−0.750	0.250	−0.375	0.250	−0.250	−0.833	−0.375	−0.750	0.250
技术成本 C_2	0.200	−0.200	−0.100	−0.778	0.400	−0.700	−0.050	−0.100	0.100
技术能力 C_3	−0.330	−0.500	0.500	−0.750	0.500	−0.750	0.250	−0.250	−0.125
创新能力 C_4	−0.250	0.475	−0.125	0.250	−0.833	−0.625	−0.125	−0.250	0.250
经济效益 C_5	−0.050	−0.100	0.100	−0.917	0.100	−0.550	0.200	−0.100	−0.050
资源循环效益 C_6	−0.500	0.125	−0.500	−0.500	−0.750	0.250	0.500	−0.500	−0.250
生态效益 C_7	−0.125	−0.250	0.025	−0.625	0.250	−0.625	−0.375	−0.750	0.250

根据式（6－12）和式（6－13）确定待评物元的综合优度值，依据四种回收路径的阈值区间确定 ELV 零部件的回收路径，如表 6.7 所示。

表 6.7　ELV 零部件的综合优度值和对应路径

ELV 零部件对象	综合优度值	路径评定结果
A_1（CS_1）	0.287 9	路径三（再制造）
A_2（CS_2）	0.342 1	路径二（恢复再用）
A_3（CS_3）	0.216 5	路径四（回收再利用）

可见，本节提出的模糊物元建模方法能够帮助废旧汽车回收行业确定合理的回收路径。本章在物元可拓方法评价和选择最佳路径时，针对废旧汽车零部件回收信息不确定性，引入模糊集理论表征决策信息，并利用模糊物元可拓建模方法计算待评物元的综合优度，结合不同回收路径的阈值范围确定ELV部件的回收路径，实现对废旧汽车零部件回收方式的准确选择。

6.5　本章小结

废旧汽车回收有利于促进我国经济可持续性发展，一方面能够保证国家资源得到有效合理的利用，另一方面节约原生资源，更好地保护环境。在此方面的因素下，推行废旧汽车回收刻不容缓，它不仅可以解决废旧汽车污染环境的问题，还能够推动废旧材料再次利用，一举两得。所以依托4R手段进行废旧汽车回收，从可持续化发展理念出发，既推动了资源的有效利用，也推动了汽车工业的可持续发展。

为促进我国汽车工业的可持续发展，设计了以4R为导向的废旧汽车回收流程，以提高汽车工业的可持续性；同时，提出了综合退化度指标，指导废旧汽车零部件的回收路径划分。此外，从影响失效程度、经济价值、技术可行性等方面分析ELV拆解的影响因素。基于废旧汽车回收行业的多途径回收策略和操作可行性原则，从回收成本、资源循环能力和回收效益三个维度构建影响确定废旧汽车回收路径的指标体系，针对退役零部件决策信息的模糊不确定因素，提出基于模糊物元可拓的废旧汽车零部件回收路径评定研究，针对不同废旧汽车零部件的退役状态设计其回收路径。

为提升废旧汽车回收效率，本课题设计面向4R的废旧汽车回收路径，并提出回收路径评定与设计方法，帮助废旧汽车回收行业实现精准回收，同时，也启示汽车厂商在产品设计与装配制造阶段，需考虑到汽车产品的可制造性和可回收性，便于退役整车的完全拆解，以提高面向4R的回收效率。

第7章 基于模糊多属性决策的废旧汽车回收合作伙伴选择研究

废旧汽车回收活动涉及制造商、再制造商、再生资源企业、零售商及第三方回收商等多个组织，废旧汽车回收联盟对于废旧汽车回收管理和汽车行业的可持续管理具有不可替代的重要作用，有利于废旧汽车回收供应链的形成，促进回收产业化。废旧汽车合作伙伴作为废旧汽车回收联盟的重要组成，选择合适的合作伙伴有助于提升废旧汽车回收效率和回收活动的可持续性。考虑废旧汽车回收合作伙伴选择基准的模糊不确定性，本章重点研究废旧汽车回收合作伙伴选择问题，促进废旧汽车回收联盟组建和供应链形成，通过多属性决策建模研究，提出科学的废旧汽车回收合作伙伴选择决策模型，通过选择合适的联盟合作伙伴推动废旧汽车回收产业的经济高质量可持续发展，同时促进废旧汽车回收的产业化进程。

7.1 引言

随着制造业对绿色理念和可持续性需求愈增，在整个生命周期内实施绿色实践的紧迫性已成为制造业关注的焦点，并且变得更为迫切（Mandal 等，2015）。可持续性是一个日益受到社会关注的问题，被定义为“以实现和维护经济、环境和社会福祉为长期目标开展业务的能力”（Ramos 等，2014）。研究人员和实践者倾向于关注整个供应链的绿色实践（不仅只关注前向供应链），还辅之以闭环可持续供应链实践，包括逆向物流和 3R（再利用、回收和再循环）（D. L. Diener & A. M. Tillman，2015）。

随着生态经济和品牌效应意识的增强，绿色供应链管理（green supply chain management，GSCM）和可持续供应链管理（sustainable supply chain management，SSCM）蓬勃发展（Lintukangas 等，2013）。传统的供

应链管理多聚焦于对供应链业务中经济和财务的影响，而绿色供应链管理中融入了环保思维。其始于绿色设计，从绿色采购到绿色制造、产品交付甚至产品报废后的末端生命期（end of life，EOL）管理（Srivastava，2007）。GSCM考虑了产品的供应、制造、生产、运输、储存、使用的环境特征和重点，以及EOL产品的回收和废物处理。可持续供应链管理通常指对供应链中的企业、信息、资金和资源的配置进行管理，在使供应链的盈利能力最大化的同时，最大限度地提高社会福利和减少环境影响，努力实现成本最小化、环境影响最小化、社会福利最大化多个目标（Hassini等，2012）。与绿色供应链管理（GSCM）相比，可持续供应链管理（SSCM）结合了经济、环境和社会目标，涉及社会影响（Brandenburg等，2014；Ghisellini等，2018）。无论是SSCM还是GSCM，其所注重的都不仅仅是经济利益，还有环境友好性（Tseng等，2019）。

绿色实践和可持续实践是在整个供应链（前向和闭环供应链）中减少浪费、排放和节约能源消耗的有效组合。绿色供应链管理关注环境影响，而绿色实践努力做到减少浪费、排放和实现能源高效利用（Ahi，Searcy，2013），可持续性实践则通过生态经济、环境友好和社会责任的相关理论有效实现可持续发展。

生产者责任延伸制提高了工业工厂对其所消耗资源的责任感（Bellmann，Khare，2000）。制造业的参与者在生产过程中应多关注可持续性发展，最大限度地减少废物的生成，以改善其生态经济。在生态经济、环境友好和社会福利理论的影响下，越来越多的行业倾向于关注供应链运作的可持续性，如可持续设计、可持续生产、可持续消费和可持续报废等。大量的文献从可持续的角度围绕产品设计的评价（Jin，Ming，2014）、材料/技术/工具实践（Z. Wu等，2016）、供应商（Amindoust等，2012；Büyükozkan，Gülcin，2012）、物流服务（Wang，Lv，2015）和逆向物流服务伙伴的选择（Perotti等，2012）等主题进行了讨论。规范化的政策及行业的可持续性需求共同推动了制造企业对“重复利用、减少和循环利用”这一原则的遵循及绿色可持续的实践（Iirajpour等，2012）。

绝大多数的文献关注的是前向供应链的可持续实践，而较少关注售后业务，如相较于前向供应链的消耗和报废阶段。而本章将目光转向EOL汽车、

EOL 船舶、EOL 飞机、钢铁产品、摩托车和废旧电子产品等工业企业的废旧材料和产品的回收实践（Yuchen 等，2014；Cucchiella 等，2015；S. Manzetti，F. Mariasiu，2015；Ahmed 等，2016）。Tseng 等（2019）利用 Delphi 技术和 ANP 方法提出了平衡计分卡（BSC）层次网络来衡量 SS-CM 的绩效得分。M. Sabaghi 等（2015）强调了拆解策略在 EOL 飞机回收中的重要意义，并从经济、环境和社会三个角度对八种拆解策略的可持续性能力进行了比较。EOL 产品的文献研究主要分为政策法规、回收技术和评价实践三个方面。合适的可持续回收伙伴可以帮助制造商促进 SSCP 的实施，3R 原则促使工厂承担起报废产品再利用的责任，福特、苹果、富士康等制造企业进行了相关实践（Ghadimi 等，2018）。因为跨国公司拥有相当的产品数量和市场份额，具有良好的声誉和压倒性的优势，因此可以很容易找到回收合作伙伴，是现有回收业务的主力军。然而，中小企业（SEMS）也需要从理论和实践方面开展回收业务，故建立报废产品的分析框架并找到合适的回收伙伴来处理中小企业的报废产品迫在眉睫。

前向供应链的可持续实践较为成功，但在回收伙伴选择方面的实践较少，因此本章采用混合 MCDM（混合多属性决策）方法来弥补此项研究不足。与可持续供应商、物流服务供应商和逆向物流合作伙伴选择的优先排序问题类似，回收合作伙伴的选择也是一个涉及定性和定量模糊信息的多准则决策问题（Bali 等，2013；Kannan 等，2014）。有许多 MCDM 技术对备选方案进行优先排序，包括层次分析法（analytic hierarchy process，ANP）、优劣解距离法（technique for order preference by similarity to an ideal solution，TOPSIS）、模糊德尔菲法（Fuzzy Delphi）和混合建模方法（参见表 7.1）。为了解决废旧汽车回收合作伙伴选择问题，提出针对中小企业的综合模糊 DEMATEL-AEW-VIKOR 方法，其利用语言变量对决策信息进行调查和收集，并将主客观权重相结合的加权平均技术与模糊 VIKOR 法相结合，选择合适回收合作伙伴。

7.2　文献评述

7.2.1　可持续供应链实践和可持续回收伙伴的选择

在政府政策以及营利和非营利企业的推动下，可持续发展与供应链管理日益融合。SSCM 的概念框架被划分为可持续管理哲学、实施管理哲学和一系列的可持续实践（Lieb，Lieb，2010）。可持续实践主要包括生命周期评估、可持续性评估、供应链中每一阶段中的可持续决策以及 3R（再利用、再循环和回收）操作。以往的研究从不同阶段强调了供应链管理的可持续性，包括材料、产品设计、采购、外包供应商、生产、物流、废物管理、再制造和回收过程等（Tseng，Hung，2014；Sonego 等，2018）。而 GSCM 和 SSCM 融入了环境影响和生态经济的思想并解决了相关问题。M. L. Tseng 和 Y. H. Lin 等（2014）基于 21 个指标将模糊集与交互式多准则决策方法（TODIM）相结合对绿色供应链实践进行了评估。Y. Lin 等（2014）提出了一种将模糊技术与 ANP 相结合的方法来评估在台湾地区的实施情况和绩效。K. J. Wu 等（2015）利用模糊 DEMATEL 技术探讨了绿色供应链管理实践（GSCP）成功的关键因素，并认为回收和再利用有助于供应链的绿色实践。Govindan 和 Muduli 等（2016b）用同样的方法研究 GSCM 的驱动因素之间的相互关系，有助于实现绿色实践。SSCM 在要求供应链的商业活动与社会福利相关联的同时强调了可持续性。M. L. Tseng 和 R. J. Lin 等（2014）通过模糊 ANP 法对 GSCM 的闭环结构和开放层次结构进行了比较，结果表明，闭环层次结构更适用于实际情况。可持续设计和实践有助于可持续的实施，其重要性不言而喻（M. L. Tseng 等，2013）。Yuan Hsu Lin 和 Ming Lang Tseng（2016）就从可持续发展的角度围绕社会、环境和经济三个维度提出了新的 MCDM 方法，优先考虑有竞争力的备选企业。

供应链的可持续性可以通过在每个阶段实施可持续实践来实现（Koplin 等，2006；M. L. Tseng 等，2013）。以汽车行业为例，具体的可持续阶段涉及可持续设计（Sonego 等，2018）、材料（Yang 等，2015）、技术评估（Patala 等，2016）、采购（F. Zhou 等，2019）、外包供应商（S. Luthra 等，2017）、生产（Lacasa 等，2016）、运输和报废产品处置业务（Govindan，Paam 等，2016）等。与前向供应链中的可持续实践相比，报废产品的回收再利用以及回收产品的再生产为行业提供了环境和经济上的可持续绩效。

可持续发展的核心理念是对环境生态效率的绿色思考，以及在整个生命周期中对社会福利的社会考虑。多个行业研究人员已经践行全生命周期的可持续管理实践。对采矿行业的可持续性指标研究中，可拆卸、重复使用或回收的新产品的可持续设计成为一项关键的可持续性指标（R. H. Chen 等，2015）。在材料评估中考虑可持续性指标可以有效实现生态经济效应的增长（Girubha，Vinodh，2012）。Girubha 和 Vinodh（2012）采用模糊 VIKOR 方法及环境影响分析实现了最佳的绿色材料的选择。可持续采购作为 SSGP 的重要组成部分之一，可通过与可持续供应商或合作伙伴的合作来实现，是一种综合性决策问题（Ghadimi 等，2018）。Neumüeller 等（2016）从可持续的角度将 ANP 方法与目标规划技术相结合，提出混合 MCDM 方法，对供应商组合进行评估。此外，Vinodh 等（2014）和 Wu 等（2016）分别采用相同的混合方法处理数控机床的选择和塑料回收方式的评估问题。

与供应商和可持续商业伙伴的有效合作有助于实现供应链的可持续性。与以往以质量、价格和交付时间为指标的传统标准相比，将可持续性作为重点研究对象的文献中，对合作伙伴的选择逐渐倾向于将环境和社会影响纳入合作伙伴的评估指标（Awasthi 等，2018）。Wu 等（2013）综合模糊 Delphi、ANP 和 TOPSIS 方法，解决了最佳可持续供应商的选择问题。虽然一级供应商的可持续性能力具有重要意义，但子供应商在多层供应链中的可持续性也极为重要（Wilhelm 等，2016）。Vahidi 等（2018）提出了将可能性与随机规划相结合的新模型，通过分析不同方案的可持续性和弹性实现可持续供应商的选择。在闭环供应链中的报废产品处置、再制造、逆向物流和 3R 运营等各个环节实施，企业为承担社会责任而践行可持续管理活动（Sudarto 等，2017；Zarbakhshnia 等，2018）。

7.2.2　混合 MCDM 理论及应用实践

多准则决策技术，如 AHP、ANP、DEA、TOPSIS、VIKOR 和 DEMATEL 等决策方法被用来解决多种类型的 MCDM 问题（C. M. Wu 等，2013；Rostamzadeh 等，2015）。同时通过设计混合 MCDM 方法，发挥其决策稳定性显著优势。混合 MCDM 方法多应用于可持续供应链管理，具体见表 7.1。

表 7.1 采用综合 MCDM 技术的可持续实践

综合方法	具体应用	文献来源
模糊 Delphi & ANP	可持续/绿色供应链管理；汽车零部件制造商的障碍评估	（Yuanhsu Lin 等，2014），（Lim，Wong，2015）
模糊集 & DEMATEL & AHP	知识管理、绩效评估	（Tseng，2011a），（Chen 等，2011）
模糊逻辑 & DEMATEL	绿色论文	（Mavi 等，2013）
模糊集 & DEMATEL	绿色供应链实践	（Kuo-Jui Wu 等，2015）
模糊 AHP-TOPSIS	塑料回收方式的选择	（Vinodh；Prasanna，Hari Prakash，2014）
模糊集 & GRA	绿色供应链管理	（Tseng，2011b）
模糊逻辑 & 组合权重	材料选择	（Rao，Patel，2010）
模糊集 & 系统动态	供应商选择	（Orji，Wei，2015）
反熵 & VIKOR	供应商评价	（Shemshadi 等，2011）
模糊集 & DEMATEL & TOPSIS	服务质量期望	（Tseng，2011a）
AEW & AHP & TOPSIS	绿色供应商	（Freeman，Chen，2015）
TFNs & VIKOR	机床选择	（Zhibin Wu 等，2016）
TFNs & TOPSIS	可持续性的选址，支持设备的脆弱状态	（Guo，Zhao，2015），（Afful-Dadzie 等，2014）
ANP & Delphi & TOPSIS	可持续供应商评价	（Chung-Min Wu 等，2013）
FDEMATEL & FANP & FTOPSIS	绿色供应链绩效	（Uygun，Dede，2016）
模糊 AHP	绿色供应商评价	（Buyukozkan，2012）

从表 7.1 可以看出，大多数混合方法与模糊集或灰色理论相结合，有助于处理不完整、不确定的模糊信息。为了简化决策过程，本书结合语言变量对三角模糊数（TFNs）进行研究，得出相关决策信息。我们旨在探索一种混合模糊 VIKOR 方法，通过对目标备选企业的排序解决 MCDM 问题。

供应链的可持续实践通过 SSCM 实践实现，多被认为是与绿色和可持续管理相关的 MCDM 问题。但是使用 MCDM 方法进行可持续回收合作伙伴选择的实践十分少，故本章对此进行研究。多准则决策问题包含指标层次结构开发和决策方法寻找两个关键步骤。首先，采用模糊 DEMATEL 技术考虑准则之间的相互依赖关系，遵循典型的 EES 框架（经济、环境和社会原则）构建指标实现回收伙伴的选择（Williams 等，2008；M. L. Tseng 等，

2013)。Chaghooshi 提出了一种混合模糊 DEMATEL-VIKOR 方法来解决项目经理的选择问题（Chaghooshi 等，2016)。Shemshadi 研究了反熵技术来获得准则的客观权重，并通过将加权技术嵌入模糊 VIKOR 过程来得出供应商的排序结果（Shemshadi 等，2011)。而本章将组合加权技术与典型的模糊 VIKOR 步骤相结合，提出了混合模糊 DEMATEL-AEW-FVIKOR 方法。

7.3　研究设计

回收合作伙伴的选择是典型的 MCDM 问题。假设一个专家小组中，有 K 个决策者 $DM=(DM_1, DM_2, \cdots, DM_k, \cdots, DM_K)$，$K\geqslant 2$。指标集表示为 $C=(C_1, C_2, \cdots, C_j, \cdots, C_n)$，$n\geqslant 2$。致力于回收业务 m 个备选项的目标集合为 $A=(A_1, A_2, \cdots, A_i, \cdots, A_m)$。指标的权重分为通过模糊 DEMATEL 技术计算得出的主观权重和通过反熵权重法计算得出的客观权重，将其作为模糊 VIKOR 方法的输入，计算得出备选项的排名。其中，主观权重表示为 $w^s=(w_1^s, w_2^s, \cdots, w_j^s, \cdots, w_n^s)$，客观权重表示为 $w^o=(w_1^o, w_2^o, \cdots, w_j^o, \cdots, w_n^o)$。设参数 φ 为主观权重的指标，综合指标 $w^c=(w_1^c, w_2^c, \cdots, w_j^c, \cdots, w_n^c)$ 通过加权平均运算得出。设 x_{kij} 表示专家成员 k 对备选项 i 在指标 j 方面给出的得分，λ_k 表示决策者的权重，满足 $\sum_1^K \lambda_k = 1, \lambda=(\lambda_1, \lambda_2, \cdots, \lambda_k), \lambda_k \geqslant 0$ $(k=1, 2, \cdots, K)$。

7.3.1　模糊集

本书采用模糊技术调查备选企业的定性信息，该技术由 Zadeh 提出，在许多实践中广泛使用（Zadeh，1996)，尤其是决策问题和智能评估问题（Wang 等，2009；Vats 等，2014)。TFN 在处理决策问题时具有显著优势，此处使用 TFNs 反映评价判断，用模糊算子汇总专家小组的评价信息。假设 $\widetilde{\mathbf{A}}=(a^{\mathrm{L}}, a^{\mathrm{M}}, a^{\mathrm{U}})$ 为典型 TFN，其从属函数如图 7.1 所示，模糊集 $\widetilde{\mathbf{A}}$ 的数学

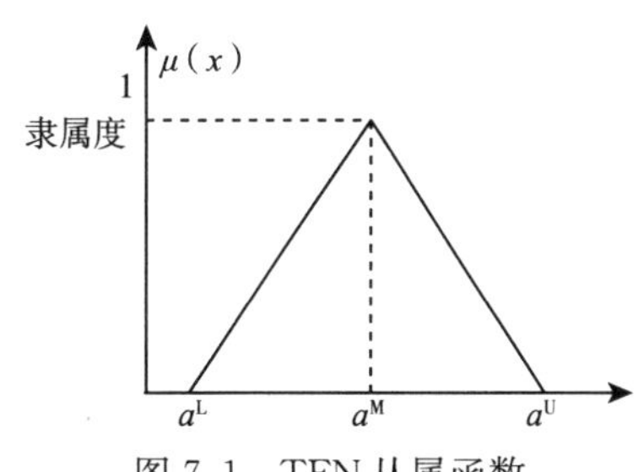

图 7.1　TFN 从属函数

表达式如公式（7－1）所示（K. J. Wu 等，2015）。

$$\mu_{\tilde{A}}(x)=\begin{cases}(x-a^{\mathrm{L}})/(a^{\mathrm{M}}-a^{\mathrm{L}}), & a^{\mathrm{L}}\leqslant x<a^{\mathrm{M}}\\(a^{\mathrm{U}}-x)/(a^{\mathrm{U}}-a^{\mathrm{M}}), & a^{\mathrm{M}}\leqslant x\leqslant a^{\mathrm{U}}\\0, & \text{其他}\end{cases}\tag{7-1}$$

（1）语言变量

模糊技术和语言变量被广泛用于描述管理实践中备选项的判断和评估（Zadeh，1975），从属函数可以在语言变量和模糊数之间建立数学联系（Shemshadi 等，2011）。本书将 TFNs 和相应的语言变量进行耦合，处理模糊信息和专家偏好。

（2）模糊运算

假设有两个 TFN 矩阵，$\tilde{\boldsymbol{A}}_1=(a_1, b_1, c_1)$，$\tilde{\boldsymbol{A}}_2=(a_2, b_2, c_2)$，根据模糊加法算子“⊕”和模糊减法算子“⊖”运算（Wang 等，2009），得出 TFN 的模糊运算如式（7.2）。

加法算子：$\tilde{\boldsymbol{A}}_1 \oplus \tilde{\boldsymbol{A}}_2=(a_1+a_2, b_1+b_2, c_1+c_2)$

减法算子：$\tilde{\boldsymbol{A}}_1-\tilde{\boldsymbol{A}}_2=(a_1-a_2, b_1-b_2, c_1-c_2)$

$$\lambda\tilde{\boldsymbol{A}}_1=\begin{cases}(\lambda a_1,\lambda b_1,\lambda c_1),\lambda\geqslant 0,\lambda\in R\\(\lambda c_1,\lambda b_1,\lambda a_1),\lambda<0,\lambda\in R\end{cases}\tag{7-2}$$

根据专家判断的汇总进行模糊运算，生成初始直接影响平均模糊矩阵和评价，如式（7－3）。

$$x_{ij}^{\mathrm{L}}=\sum_{k=1}^{K}\lambda_k x_{kij}^{\mathrm{L}},x_{ij}^{\mathrm{M}}=\sum_{k=1}^{K}\lambda_k x_{kij}^{\mathrm{M}},x_{ij}^{\mathrm{U}}=\sum_{k=1}^{K}\lambda_k x_{kij}^{\mathrm{U}}\tag{7-3}$$

TFN 通常需要进行去模糊化，计算具体数值以达到优先化的目的，有许多现有的去模糊化技术，如基于区域的技术、重心法、基于质心的矢量距离技术和 GMIR 方法等。本篇采用了式（7－4）中的 GMIR 方法（Zhao，Guo，2015）。

$$x_{ij}=defuzzy(\tilde{x}_{ij})=\frac{x_{ij}^{\mathrm{L}}+4x_{ij}^{\mathrm{M}}+x_{ij}^{\mathrm{U}}}{6}\tag{7-4}$$

7.3.2 基于模糊 DEMATEL 技术的主观权重

决策和试验评估实验室（DEMATEL）方法通过图表的呈现，对复杂因素的因果相互作用进行描述和可视化，有助于决策者（DMs）理解属性的原因和影响以及指标间的相互作用。在DEMATEL决策的过程中，细化每个指标的相对影响因素和重要性对于决策者来说是一个很大的挑战。此时，将结合了模糊集合论和DEMATEL技术的模糊DEMATEL方法应用于主观权重的研究中，以解决不确定性、模糊性和信息泄漏问题。模糊DEMATEL方法的过程可以表示为以下四个步骤。假设决策问题与多个指标相关 $C=\{C_1, C_2, \cdots, C_j, \cdots, C_n\}$，调查专家组集合为 $E=\{E_1, E_2, \cdots, E_k, \cdots, E_K\}$。每个专家都被要求将指标 C_i 对指标 C_j 的直接影响与语言变量进行比较，共有五个级别来表示影响程度（表7.2）。

表7.2　语言变量的定义和同源TFNs

语言变量	缩写	三角模糊数（TFN）
无影响	NI	NI：(0，0，0.25)
影响较低	VL	VL：(0，0.25，0.5)
低影响	L	L：(0.25，0.5，0.75)
高影响	HL	HL：(0.5，0.75，1)
影响较高	VH	VH：(0.75，1，1)

(1) 模糊初始直接影响矩阵 $\widetilde{T}$ 的构造

根据相应的TFN矩阵，获得专家 k 研究的指标 C_j 对备选项 C_i 的直接影响 $t_{ij}^k=(t_{ijk}^{L}, t_{ijk}^{M}, t_{ijk}^{U})$。从定义中可知，矩阵 $\boldsymbol{T}$ 的对角元素值应该为零。通过模糊算子的聚合运算［式（7.2)］生成初始直接影响平均模糊矩阵 $\widetilde{\boldsymbol{T}}$，如式（7-5）。

$$t_{ij}=(t_{ij}^1 \oplus t_{ij}^2 \oplus \cdots \oplus t_{ij}^k)/k$$

$$\widetilde{\boldsymbol{T}}=\begin{matrix} & \begin{matrix} C_1 & C_2 & C_3 & C_4 \end{matrix} \\ \begin{matrix} C_1 \\ C_2 \\ C_3 \\ C_4 \end{matrix} & \begin{bmatrix} 0 & t_{12} & \cdots & t_{1n} \\ t_{21} & 0 & \cdots & t_{2n} \\ \vdots & \vdots & t_{ij} & \vdots \\ t_{n1} & t_{n2} & \cdots & 0 \end{bmatrix} \end{matrix} \tag{7-5}$$

(2) 模糊归一化直接影响矩阵 $\widetilde{M}$ 的计算

如式（7-6）：

$$\widetilde{m}_{ij} = t_{ij}/s = (t_{ij}^{L}/s, t_{ij}^{M}/s, t_{ij}^{U}/s) = (m_{ij}^{L}, m_{ij}^{M}, m_{ij}^{U})$$

$$s = \max_{1 \leqslant i \leqslant n}(\sum_{j=1}^{n} t_{ij}^{U}) \tag{7-6}$$

(3) 模糊总影响矩阵 $\widetilde{\boldsymbol{P}}$ 的计算

如式（7-7）：

$$\widetilde{\boldsymbol{P}} = \lim_{k \to \infty}(\widetilde{\boldsymbol{M}} \oplus \widetilde{\boldsymbol{M}}^2 \oplus \cdots \oplus \widetilde{\boldsymbol{M}}^k) = \widetilde{\boldsymbol{M}}(1 - \widetilde{\boldsymbol{M}})^{-1} \tag{7-7}$$

式中 $\widetilde{p}_{ij} = (p_{ij}^{L},\ p_{ij}^{M},\ p_{ij}^{U})$，$\boldsymbol{I}$ 为对角线值均为 1 的方阵（$n \times n$）；$[p_{ij}^{L}] = M_{L} \times (1 - M_{L})^{-1}$，$[p_{ij}^{M}] = M_{M} \times (1 - M_{M})^{-1}$，$[p_{ij}^{U}] = M_{U} \times (1 - M_{U})^{-1}$。

(4) 计算 $\widetilde{\boldsymbol{D}}_i \& \widetilde{\boldsymbol{R}}_i$ 生成主观权重

行和列的总和分别根据矩阵 $\widetilde{\boldsymbol{P}}$ 的 $\widetilde{\boldsymbol{D}}_i$ 和 $\widetilde{\boldsymbol{R}}_i$ 等式（7-8）计算得出，并计算 $\widetilde{\boldsymbol{D}}_i + \widetilde{\boldsymbol{R}}_i$ 和 $\widetilde{\boldsymbol{D}}_i - \widetilde{\boldsymbol{R}}_i$ 生成有序数对（$\widetilde{\boldsymbol{D}}_i + \widetilde{\boldsymbol{R}}_i$，$\widetilde{\boldsymbol{D}}_i - \widetilde{\boldsymbol{R}}_i$），如式（7-8）：

$$\widetilde{\boldsymbol{D}}_i = (\widetilde{\boldsymbol{D}}_i)_{n \times 1} = \Big[\sum_{j=1}^{n} \widetilde{p}_{ij}\Big]_{n \times 1}, \widetilde{\boldsymbol{R}}_i = (\widetilde{\boldsymbol{R}}_{ij})_{1 \times n} = \Big[\sum_{i=1}^{n} \widetilde{p}_{ij}\Big]_{1 \times n} \tag{7-8}$$

根据式（7-3），对模糊有序数对（$\widetilde{\boldsymbol{D}}_i + \widetilde{\boldsymbol{R}}_i$，$\widetilde{\boldsymbol{D}}_i - \widetilde{\boldsymbol{R}}_i$）进行去模糊化操作，通过 GMIR 方法［式（7-4）］生成数对（$(\widetilde{\boldsymbol{D}}_i + \widetilde{\boldsymbol{R}}_i)^{def}$，$(\widetilde{\boldsymbol{D}}_i - \widetilde{\boldsymbol{R}}_i)^{def}$）。

根据式（7-9）计算每个指标的相对主观重要性。

$$W_{i0} = [(\boldsymbol{D}_i + \boldsymbol{R}_i)^2 + (\boldsymbol{D}_i - \boldsymbol{R}_i)^2]^{1/2} \tag{7-9}$$

通过直接影响关系得出主观权重，如式（7-10）。

$$w_i^s = w_{i0} \Big/ \sum_{i=1}^{n} w_{i0} \tag{7-10}$$

7.3.3 基于熵权法的客观权重

熵权法（AEW）是在可能性理论基础上计算客观权重的有效工具，可以根据详细数据通过决策矩阵计算指标权重，广泛应用于管理决策实践（Shemshadi 等，2011）。指标权重可以通过内在意愿和具体信息得出，通过 AEW 方法获得的客观权重，如式（7-11）至式（7-13）表示。

(1) 决策矩阵归一化

$$P_{ij} = \frac{x_{ij}}{\sum_{i=1}^{m} x_{ij}} \tag{7-11}$$

(2) 各指标的反熵值计算

如式（7-12）：

$$e_j = -k\sum_{i=1}^{m} p_{ij}\ln p_{ij} = -\frac{1}{\ln m}\sum_{i=1}^{m} p_{ij}\ln p_{ij} \tag{7-12}$$

(3) 指标 j 的客观权重

如式（7-13）：

$$w_j^{o} = \frac{(1-e_j)}{\sum_{j=1}^{n}(1-e_j)} \tag{7-13}$$

7.3.4　FVIKOR 计算步骤

VIKOR 是解决 MCDM 问题的有效方法（Akman，2015）。折中的解决方案根据备选方案的优先级排序，从排序列表中选择最佳方案，其基于测量结果和无限趋向于“理想”的解决方案，见式（7-14）。

$$L_{p,i} = \left\{\sum_{j=1}^{n}\left[\frac{w_i(f_j^* - f_{ij})}{f_j^* - f_j^-}\right]^p\right\}^{1/p},\quad 1 \leqslant p \leqslant +\infty, i = 1,2,\cdots,m \tag{7-14}$$

为了反映评价信息的不确定性和模糊性以及决策者的偏好，将模糊集理论与传统的 VIKOR 方法相结合，提出 FVIKOR 方法，计算步骤如下（F. Zhou，X. Wang，A. Samvedi，2018）。

（1）评价信息的调查和数据收集。语言变量用于描述决策专家组的判断和偏好，其定义和相应的 TFN 值反映了每个备选方案相对于各指标的评分，如表 7.3 所示（Sun，2010）。

表 7.3　备选项评分的模糊语言变量和同源 TFNs（F. Zhou 等，2016）

语言变量	缩写	TFNs
极差	VP	VP：（0，1，3）
差	P	P：（1，3，5）
中等	M	M：（3，5，7）
好	G	G：（5，7，9）
极好	VG	VG：（7，9，10）

（2）专家成员对每个备选项的模糊评分和评估汇总。模糊决策矩阵基于

式（7－3），通过汇总每个决策者的绩效调查得出。每个决策者的权重为 λ_k，具体场景中可进行调整。

（3）通过采用去模糊化操作，根据式（7－4）将模糊决策矩阵化为清晰的决策矩阵 D。

（4）确定每个指标的最大绩效 f_j^* 和最低绩效 f_j^-，如式（7－15）。

$$f_j^* = \begin{cases} \max x_{ij}, \text{越大越优} \\ \min x_{ij}, \text{越小越优} \end{cases}, f_j^- = \begin{cases} \min x_{ij}, \text{越大越优} \\ \max x_{ij}, \text{越小越优} \end{cases} \quad (7-15)$$

（5）根据主客观权重之间平均权重的计算和建立指标 φ 推导组合权重，并计算最大效用值和最小遗憾值，如式（7－16）。

$$S_i = \sum_{j=1}^{n} \frac{w_j(f_j^* - x_{ij})}{f_j^* - f_j^-}, R_i = \max_i [w_j(f_j^* - x_{ij})/(f_j^* - f_j^-)] \quad (7-16)$$

式中，指标的组合权重为 $w_j^c = \varphi w_j^s + (1-\varphi) w_j^o$，$d_{ij} = \left[\frac{f_j^* - f_{ij}}{f_j^* - f_j^-}\right]$ 为 x_{ij} 的归一化距离。

（6）根据由模糊 DEMATEL-AEW 技术和式（7－17）得出的组合权重计算每个备选方案的组合效用值 Q_i，$i=1, 2, \cdots, m$，如式（7－17）。

$$Q_i = v \frac{S_i - S^*}{S^- - S^*} + (1-v) \frac{R_i - R^*}{R^- - R^*} \quad (7-17)$$

式中，$S^- = \max_i S_i$，$S^* = \min_i S_i$，$R^- = \max_i R_i$，$R^* = \min_i R_i$，$v_\varepsilon(0, 1)$。

（7）根据 S、R、Q 对备选方案进行排序。

（8）根据 Q_i 的数值选择最佳方案。如果备选项 $A^{(1)}$（Q 值最小）的接受优势和稳定性满足条件，且典型 VIKOR 方法中有两个条件的详细信息，则 $A^{(1)}$ 可看成最佳方案（Shemshadi 等，2011；Akman，2015）。

7.3.5 混合模糊 DEMATEL-AEW-FVIKOR 方法

本部分将混合 MCDM 方法和模糊 DEMATEL-AEW-FVIKOR 进行结合，以处理服从多维指标的回收合作伙伴的选择，旨在为中小企业提供解决回收伙伴选择问题的框架。

模糊集用于处理模糊偏好和专家意见，模糊算子用于获得模糊平均评价矩阵。首先，基于综合指标的权重，从主客观两个角度，通过平均加权运算并结合 VIKOR 方法对备选方案进行排序。然后，采用 DEMATEL 方法研究指标间的相互作用并计算指标的主观权重，采用 AEW 技术通过具体数据计算客观权重。最后通过最小 Q 值来选择最佳备选方案（M，al 等，2015）。上述混合方法的集成如图 7.2 所示。

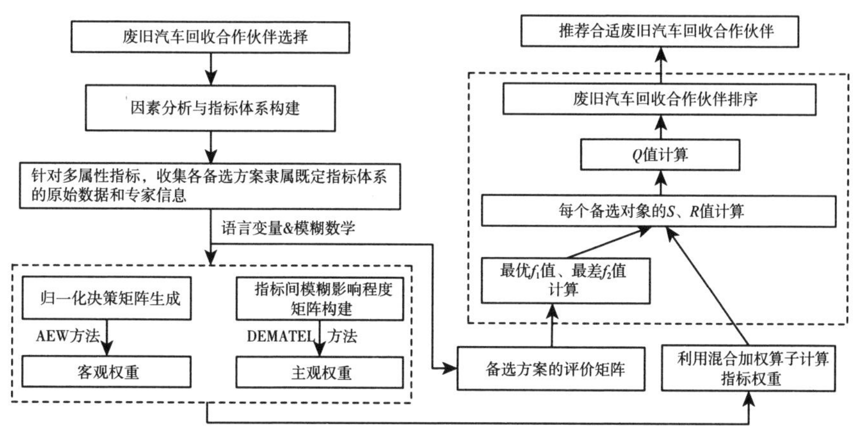

图 7.2　模糊 DEMATEL-AEW-VIKOR 法的实现过程

7.4　案例分析

本节对所提出的 DEMATEL-AEW-FVIKOR 方法的应用进行实例分析，对位于重庆的现有回收组织进行评估，其业务包含废旧金属、报废汽车、废旧电子产品、废纸的回收、拆解作业等。三家回收备选企业的基本背景和信息如下（由于保密，无法提供公司全称，分别使用缩写 WH（A_1）、YS（A_2）和 HC（A_3）代表备选企业）。

A_1（WH）：WH 是著名的回收企业之一，作为重庆市循环经济试点和可再生资源回收体系试点的标杆和示范企业，具有良好的声誉。其主要业务包括废旧金属回收、电子产品、废纸和报废汽车拆解、铝再制造等。它建立了许多回收点和加工点及发达的分销网络，用于收集废品和再回收产品。

A_2（YS）：YS 是一家专注于循环经济的现代可再生资源开发公司。其最初的业务侧重于废弃金属的回收，尤其是钢铁和铝，现扩展到 ELV 的拆解和回收。最近，该公司正在建设一个集废品拆解、回收、再利用和配送业务于一体的可再生资源生产基地。

A_3（HC）：HC成立于2011年，主营金属、塑料、纸张、电子和电脑回收。其与富士康科技、达丰公司、奇科尼电子企业等建立了稳固的合作关系，专注于回收过程中高能效、低消耗的绿色业务，旨在构建以“废品回收、再利用、回收产品”业务为特色的系统化工程。

本节基于所提出的方法，对三个备选企业进行评估，以选择可持续回收的合作伙伴。与以往的FVIKOR方法不同，本书在FVIKOR的步骤中加入了主客观相结合的组合权重。

7.4.1 指标体系构建

对SSCM实践进行评估的影响指标主要为EES（经济、环境和社会）（M. L. Tseng，Y. H. Lin等，2014）。为了建立回收伙伴评估的指标框架，我们根据表7.4中以前的可持续/绿色实践，从经济、社会和环境角度探讨了具体指标。此外，基于EES框架，开发了包含13个有影响力的子指标的层级结构，如图7.3所示。既定指标由目标企业的经理验证。

表7.4 回收合作伙伴评价的影响指标

指标	详细指标	定义	类型	参考文献
经济原则 D_1	单位运营成本 C_1	所有运营业务的单位成本（拆卸、运输、回收、再循环等）	C	（Chung-Min Wu 等，2013），（Lim，Wong，2015）
	质量效用值 C_2	单位废旧产品的平均值（再利用和回收操作）	B	（Chung-Min Wu 等，2013），（Wood，2016）
	技术水平 C_3	技术和工序技能、拆卸和研磨技术、有色金属提取率	B	（Chung-Min Wu 等，2013），（Shi 等，2015）
	盈利能力 C_4	利润率，回收业务的单位利润	B	（Lim，Wong，2015）
环境原则 D_2	资源利用效率 C_5	原材料等的资源消耗，有形和无形资源的劳动力来源，经营效率	B	（Yuan-Hsu Lin，Ming-Lang Tseng，2016）
	污染和废物产品 C_6	污染物平均量（空气、水、固体排放、废料等）	C	（Lim，Wong，2015），（Zhao，Guo，2015）
	能量效率 C_7	能源利用效率（水、气、燃料等）	B	（Rong-Hui Chen 等，2015），（Lim，Wong，2015）

（续）

指标	详细指标	定义	类型	参考文献
环境原则 D_2	环境管理信息系统 C_8	符合 ISO 标准的程度，企业是否有环保证书（ISO 14000 和碳足迹）	B	（Tseng，2011b）
	环境设施 C_9	仪器和设备的数量，授权处理设施（ATF），环境管理资源	B	（Kirwan，Wood，2012；Yuanhsu Lin 等，2014）
社会原则 D_3	员工流失率 C_{10}	员工“流失率”或离职率，受到工作条件和工资水平的影响	B	（Tseng，2011b）
	消费者满意度 C_{11}	预期服务和实际提供之间的一致性程度	B	（Ming-Lang Tseng 等，2014），（Guo，Zhao，2015），（Lim，Wong，2015）
	品牌效益 C_{12}	在同行和社会中的知名度和品牌影响力、结构、文化、兼容性	B	（Govindan 等，2013；Sarkis，Dhavale，2015）
	地区影响程度 C_{13}	对地区可持续发展、公共项目、地方政策制定的贡献	B	（Guo，Zhao，2015），（Tseng，2011b）

注：C 表示成本型标准（越小越好），B 表示效益型标准（越大越好）。

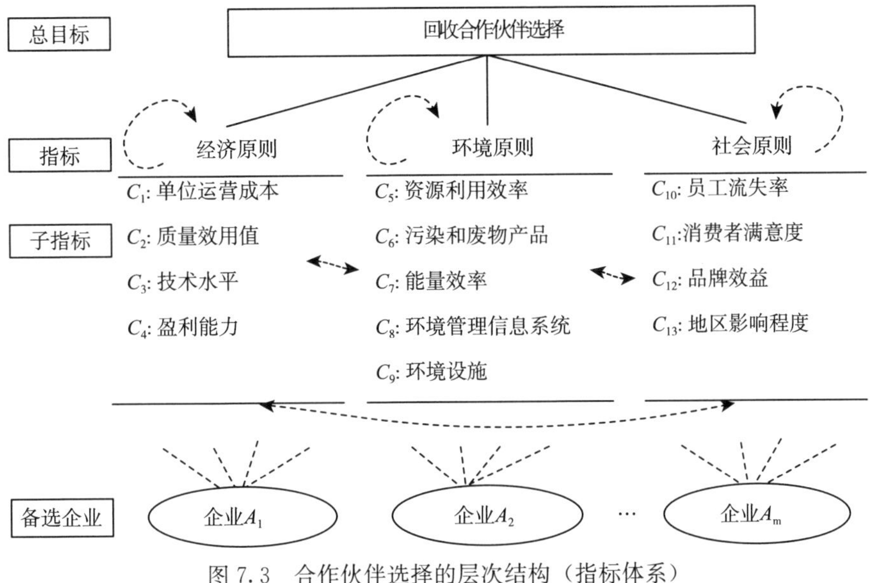

图 7.3　合作伙伴选择的层次结构（指标体系）

从表7.4可以看出，共有13个基于典型EES框架的具体子指标，其反映了回收商家的可持续评价并通过DEMATEL技术解决了同一维度和不同群体中指标的相互作用和相互依存关系。对目标、指标、子指标和替代层的层次结构分析如图7.3所示。

7.4.2 数据收集与参数设置

决策专家小组的五名成员来自经济、环境、回收和绿色制造四个相关领域，他们根据语言变量，对与每个指标相关的不同指标和评估信息之间进行模糊直接影响比较，并记录相关结果。由其中一位专家提供的与经济维度指标相关的模糊直接影响矩阵如表7.5所示。由于难以达成一致意见，这里呈现了每位专家调查的评估信息，详见表7.6。DM1、DM2、DM3、DM4和DM5代表不同领域的专家小组；C_1～C_{13}代表13个可持续性子指标；A_1、A_2、A_3代表三个备选企业。

表7.5 DM1专家给出的经济指标的模糊直接影响矩阵

	C_1	C_2	C_3	C_4	C_5	C_6	C_7	C_8	C_9	C_{10}	C_{11}	C_{12}	C_{13}
C_1	NI	VL	L	VH	L	VL	HL	HL	VH	L	HL	VL	NI
C_2	HL	NI	VH	VH	VL	VL	L	NI	NI	VL	HL	HL	VH
C_3	HL	VH	NI	HL	HL	VH	L	VL	L	L	HL	L	L
C_4	VH	HL	L	NI	VL	NI	L	VL	L	HL	NI	L	HL
C_5	HL	VL	L	HL	NI	VH	VH	HL	VH	NI	L	VL	VL
C_6	VL	L	HL	HL	VH	NI	L	VH	VH	HL	L	VH	HL
C_7	VH	L	HL	VH	VH	VH	NI	HL	HL	VL	L	HL	L
C_8	L	HL	L	VL	HL	VH	HL	NI	L	NI	L	HL	HL
C_9	HL	VH	HL	L	VH	HL	VH	L	NI	NI	VL	L	HL
C_{10}	L	NI	L	L	NI	NI	L	NI	NI	NI	L	VH	HL
C_{11}	VL	HL	L	L	HL	VH	L	NI	L	HL	NI	VH	HL
C_{12}	VL	NI	L	HL	NI	HL	L	NI	NI	VH	HL	NI	VH
C_{13}	NI	VL	NI	L	L	VH	HL	VL	VL	HL	L	VH	NI

表 7.6　备选方案决策信息

备选方案	决策者	C_1	C_2	C_3	C_4	C_5	C_6	C_7	C_8	C_9	C_{10}	C_{11}	C_{12}	C_{13}
	DM1	G	M	G	VG	P	VP	P	M	VP	G	M	VG	VG
	DM2	M	M	P	G	VP	P	M	M	P	VG	P	G	M
A_1	DM3	P	G	P	M	P	M	M	P	M	M	VG	M	P
	DM4	G	P	VP	M	M	P	P	VP	VP	G	M	G	G
	DM5	VP	P	G	G	M	VP	P	G	P	G	M	P	M
	DM1	P	G	M	G	M	P	M	G	M	M	G	G	G
	DM2	VP	M	P	M	P	VP	M	VG	G	VP	P	VP	M
A_2	DM3	M	M	VP	P	VP	M	VG	P	G	M	VP	M	VP
	DM4	VP	P	M	M	M	VP	P	M	P	P	M	M	VG
	DM5	P	G	VP	G	M	VP	P	P	M	VP	P	G	M
	DM1	P	G	M	G	G	P	G	M	VG	M	G	M	G
	DM2	M	VG	G	M	VG	M	G	G	M	G	M	VG	M
A_3	DM3	P	M	P	VG	G	P	VG	M	G	VG	VG	G	VG
	DM4	VG	G	VG	M	M	VP	P	M	P	G	M	VG	VG
	DM5	G	G	M	VG	M	G	M	VG	G	G	M	G	P

注：①评估备选项等级的语言术语缩写见表 7.3。

②由于每个决策者都有自己的评价矩阵，五个决策者就同一方法对语言术语达成共识在实际情况中难以实现，因此，我们根据五个决策者提供的不同指标研究备选项的等级。

7.4.3　灵敏度分析

为解决中小企业回收伙伴的优先选择排序问题，本章提出了综合模糊 DEMATEL-AEW-FVIKOR 方法，并通过对不同决策参数下对应测定结果的变化进行灵敏度分析，检验该方法的稳定性。对参数 v 和指标主观偏好的相对权重灵敏度分析的具体细节如表 7.7 和表 7.8。随着参数的增加，共有 11 种场景设定，其中群体效用 v 和主观偏好的相对权重的实验场景设置基于参数范围（$v\in[0, 1]$，$\varphi\in[0, 1]$），比例单位都为 0.1。

指标权重通过加权平均运算获得。我们将决策结果与其他仅考虑主观或客观权重的混合 MCDM 方法进行了比较（Shemshadi 等，2011；Chag-hooshi 等，2016）。不同的场景下给出了灵敏度分析的决策参数，如表 7.7 和表 7.8 所示。

表 7.7　参数 v 的不同场景设置

	SX1	SX2	SX3	SX4	SX5	SX6	SX7	SX8	SX9	SX10	SX11
v	0	0.1	0.2	0.3	0.4	0.5	0.6	0.7	0.8	0.9	1

表 7.8　不同场景下主观权重 φ 的相对重要性

	SY1	SY2	SY3	SY4	SY5	SY6	SY7	SY8	SY9	SY10	SY11
φ	0	0.1	0.2	0.3	0.4	0.5	0.6	0.7	0.8	0.9	1

7.5　结果讨论

7.5.1　结果分析

首先通过 TFNs 和模糊算子得出平均模糊直接影响矩阵 $\widetilde{\boldsymbol{T}}$ [式 (7-1) 至式 (7-3)]，然后根据计算步骤，模糊归一化矩阵 $\widetilde{\boldsymbol{M}}$ 和最终总影响矩阵 $\widetilde{\boldsymbol{P}}$，由此可以推导出如表 7.9 所示的主观权重。

表 7.9　主观权重的计算结果

详细指标	$\widetilde{\boldsymbol{D}}_1$			$\widetilde{\boldsymbol{R}}_1$			$(\widetilde{\boldsymbol{D}}_i+\widetilde{\boldsymbol{R}}_i)^{def}$	$(\widetilde{\boldsymbol{D}}_i-\widetilde{\boldsymbol{R}}_i)^{def}$	w_i^S
C_1	0.994	2.738	10.697	0.044	0.098	0.226	3.774	0.111	0.078
C_2	0.806	2.348	9.761	(0.027)	(0.065)	(0.180)	3.327	(0.078)	0.069
C_3	0.900	2.683	10.749	0.070	0.101	0.209	3.730	0.114	0.077
C_4	1.000	2.741	10.665	(0.156)	(0.338)	(0.801)	3.772	(0.385)	0.078
C_5	1.035	2.796	10.811	0.068	0.127	0.320	3.838	0.149	0.079
C_6	1.144	3.007	11.241	(0.001)	0.038	0.156	4.069	0.051	0.084
C_7	1.119	2.994	11.321	0.164	0.260	0.538	4.069	0.290	0.084
C_8	0.821	2.415	9.959	0.149	0.333	0.834	3.407	0.386	0.071
C_9	0.954	2.655	10.516	0.185	0.356	0.802	3.682	0.402	0.076
C_{10}	0.790	2.337	9.837	(0.180)	(0.317)	(0.681)	3.329	(0.355)	0.069
C_{11}	0.959	2.718	10.679	0.053	0.098	0.219	3.752	0.111	0.078
C_{12}	0.999	2.720	10.618	(0.200)	(0.376)	(0.938)	3.749	(0.440)	0.078
C_{13}	1.005	2.738	10.755	(0.170)	(0.315)	(0.705)	3.785	(0.356)	0.079

注：“()”表示具体值为负，其他为正。

根据表7.6中提供的模糊算子和决策信息，生成模糊平均评价矩阵$\widetilde{\mathbf{A}}$，如公式（7-18）。

$$\widetilde{\mathbf{A}}=\left(\begin{array}{cccc} \begin{matrix} C_1 \\ \begin{bmatrix} 2.8 & 4.6 & 6.6 \\ 1 & 2.6 & 4.6 \\ 3.5 & 5.4 & 7.2 \end{bmatrix} \end{matrix} & \begin{matrix} C_2 \\ \begin{bmatrix} 2.6 & 4.6 & 6.6 \\ 3.4 & 5.4 & 7.4 \\ 5 & 7 & 8.8 \end{bmatrix} \end{matrix} & \begin{matrix} C_3 \\ \begin{bmatrix} 2.4 & 4.2 & 6.2 \\ 1.4 & 3 & 5 \\ 3.8 & 5.8 & 7.6 \end{bmatrix} \end{matrix} & \cdots\cdots \\ \begin{matrix} C_{11} \\ \begin{bmatrix} 3.4 & 5.4 & 7.2 \\ 2 & 3.8 & 5.8 \\ 4.2 & 6.2 & 8 \end{bmatrix} \end{matrix} & \begin{matrix} C_{12} \\ \begin{bmatrix} 4.2 & 6.2 & 8 \\ 3.2 & 5 & 7 \\ 5.4 & 7 & 4.9 \end{bmatrix} \end{matrix} & \begin{matrix} C_{13} \\ \begin{bmatrix} 3.8 & 5.8 & 7.6 \\ 3.6 & 5.4 & 7.2 \\ 4.6 & 6.6 & 8.2 \end{bmatrix} \end{matrix} & \end{array}\right) \tag{7-18}$$

根据式（7-10）至式（7-12）我们通过AEW技术计算出指标的客观权重。假设主观性的相对重要性$\varphi=0.5$（场景SC6），则作为FVIKOR排序方法输入数据的组合指标权重可计算得出。排名程序基于式（7-14）至式（7-17）进行，排名结果如表7.10所示。

表7.10　备选方案按 *S*、*R*、*Q* 值的排序结果

备选项	S	R	Q	优先级（S）	优先级（R）	优先级（Q）
A_1	0.491	0.114	0.842	2	2	2
A_2	0.522	0.116	1.000	3	3	3
A_3	0.381	0.099	0	1	1	1

如表7.10所示，三个评价指标S、R、Q中，备选企业A_3（HC）的综合效用值最高。这意味着WH与其他两个备选企业相比，无论是从S和R的角度，还是从折中的群体效用Q的角度而言，都具有绝对优势。三个企业的优先级排序为A_3（HC）$>A_1$（WH）$>A_2$（YS）。

为了测定混合框架的有效性和实践性，我们与Shemshadi和Chaghooshi使用的方法进行了比较（Shemshadi等，2011；Chaghooshi等，2016）。混合MCDM方法又被称为模糊AEW-VIKOR方法，当$\varphi=0$时，决策过程与Shemshadi的相一致，说明了客观权重主导决策过程（Shemshadi等，2011）。使用模糊DEMATEL-VIKOR方法，当$\varphi=1$时，计算结果与 Chaghooshi 的研究相一致（Chaghooshi 等，2016）。具体的比较结果如表 7.11 所示。

表 7.11　与 Shemshadi 和 Chaghooshi 方法的结果比较

备选企业	本章 HMA	Shemshadi 的 HMA	Chaghooshi 的 HMA
A_1（WH）	0.842（2）	0.821（2）	0.847（3）
A_2（YS）	1.000（3）	1.000（3）	0.500（2）
A_3（HC）	0（1）	0（1）	0.482（1）

注：HMA 是混合 MCDM 方法的简称。

从表 7.11 中的比较结果来看，最佳选择是 HC（备选企业 A_3），且根据模糊 DEMATEL-AEW-FVIKOR 方法排序的结果与 Shemshadi 的方法高度一致。与 Chaghooshi 的排序结果相比，最后一名是 WH（A_1），而本书中最后一名是 YS（A_2），但三种排序方法都显示 HC（A_3）为第一优先级。

7.5.2　灵敏度结果讨论

根据本书所提出的模糊 DEMATEL-AEW-FVIKOR 方法对回收伙伴进行排序，结果显示给定的行业背景下，备选企业 A_3 为最佳选择。为了更好地了解和研究混合方法的稳定性，本部分探讨了当参数变化时，该方法在不同实验场景下的排序结果。

（1）参数 v 的灵敏度分析（11 个场景）

如灵敏度分析的实验场景所示，企业管理者可以选择合适的群体效用值 v 来反映决策者的偏好。如果管理者更倾向于群体效用值最大化，则假设 $v=1$ 并使用指标 S。相反，如果决策者更重视个体效用最大化，则假设 $v=0$，并采用指标 R。对在不同的群体效用权重场景下的指标重新进行计算，结果如表 7.12 所示。不同场景下的排名顺序如图 7.4 所示。

表 7.12　在 11 种场景下根据参数 v 计算的 Q 值

备选项	SX1	SX2	SX3	SX4	SX5	SX6	SX7	SX8	SX9	SX10	SX11
A_1	0.902	0.890	0.878	0.866	0.854	0.842	0.829	0.818	0.805	0.793	0.781
A_2	1	1	1	1	1	1	1	1	1	1	1
A_3	0	0	0	0	0	0	0	0	0	0	0

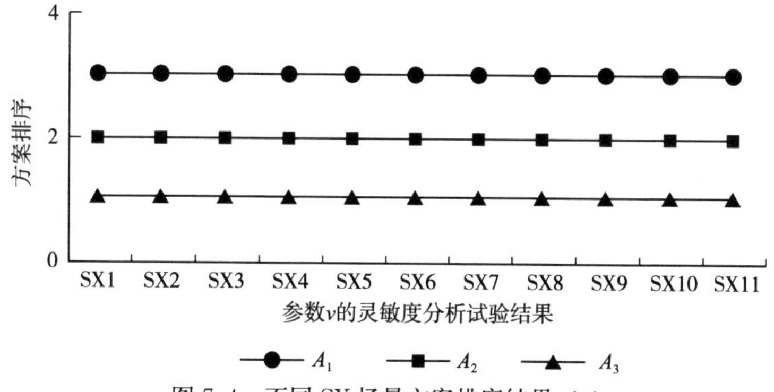

图 7.4　不同 SX 场景方案排序结果（v）

可以看出，无论群体效用的权重如何变化，A_3（HC）与其他两个企业相比始终位列第一，企业 A_1（WH）紧随其后。备选企业 A_2（YS）则是中小企业建立合作的最后考虑的回收伙伴。灵敏度分析表明，无论群体效用的重要性如何，决策结果都不会受到影响，故本书所提出的混合决策框架对群体效用权重 v 具有很强的稳定性。

（2）参数 φ 的灵敏度分析（11 个场景）

在不同的场景设置中，使用相同的计算步骤所计算的 Q 值如表 7.13 所示。三个备选企业在不同的 SY 场景下的排序结果如图 7.5。

表 7.13　在 11 种场景下根据参数 φ 计算的 Q 值

备选项	SY1	SY2	SY3	SY4	SY5	SY6	SY7	SY8	SY9	SY10	SY11
A_1	0.821	0.795	0.798	0.804	0.817	0.842	0.886	0.881	0.876	0.871	0.847
A_2	1	1	1	1	1	1	0.989	0.865	0.528	0.500	0.500
A_3	0	0	0	0	0	0	0	0	0	0.264	0.482

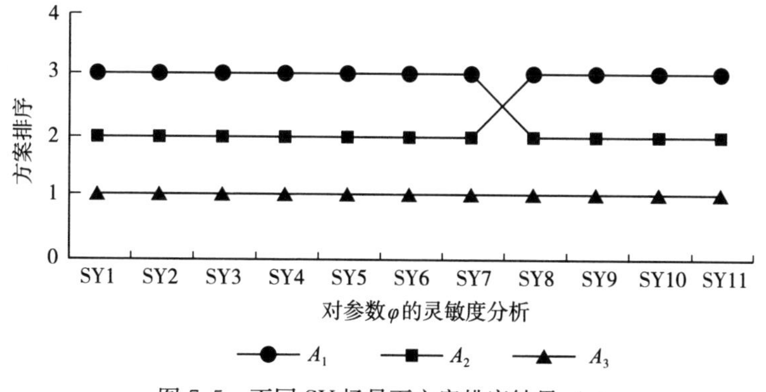

图 7.5　不同 SY 场景下方案排序结果（φ）

图7.5呈现了不同场景中，不同权重组合下备选企业的优先级变化。在所有场景下，企业 A_3 的 Q 值与其他两个企业的对应值相比总是最小的，表现出了较强的稳定性。企业 A_2 在环境指标上的压倒性优势使得企业 A_1 和 A_2 的顺序随着主观权重的变化而波动。当 $\varphi<0.7$ 时，企业WH（A_1）相对于企业YS（A_2）具有显著优势；当 $\varphi>0.7$ 时，企业 A_2 表现出了压倒性优势，引起波动。环境指标中，由于 C_6 和 C_7 的客观权重（0.067，0.032）较低，而主观权重较高，其对波动的影响尤为显著。同时，企业YS比企业WH更注重环境指标，随着主观权重相对重要性的增加，环境指标（C_6 和 C_7）的比重将被放大。

总之，从上述分析中可以得出：无论参数 v 和 φ 如何变化，企业 A_3 总是位列第一。由此可见，本书所提出的基于混合DEMATEL-AEW-FVIKOR方法在可持续回收伙伴选择的应用中具有稳定性，可以有效助力企业管理者选择最合适的合作伙伴以达到可持续性目标。我们希望，本书实例中的成功应用能鼓励中小企业在可持续回收伙伴的选择实践中采用该方法。

7.6 管理启示

对SSCM做法的更深入理解可以为制造业提供指导，虽然已经存在许多可持续的做法来提高供应链的可持续性，但鲜有对可持续的回收合作伙伴的选择研究。而本章的研究主要有两个目标：提出一系列与经济利润、环境绩效和社会福利相关的可持续性指标，开发出能帮助中小企业进行可持续回收实践的新混合模式，对从可持续性角度选择其回收伙伴的企业管理者有一定的启示。

这项研究为可持续的理论和实践意义提供了参考价值。可持续性指标的建立和指标权重的测量使得企业管理者对可持续性思维有了更深入的理解，加权技术的测量可以帮助企业管理者区分具体可持续性指标的重要性差异。而对可持续性指标的主客观权重的综合考虑，可以使决策结果在理论上更具有合理性。

混合决策模型的开发可以帮助中小企业实现可持续回收伙伴的选择，具有以下几个优点：①其从主客观两个角度全面考虑，使用基于模糊 DEMATEL 和 AEW 方法的组合加权技术对混合指标进行处理。②混合方法中语言术语和模糊技术的应用有利于从专家小组收集评估信息和定性指标的数学运算。③混合方法中的参数设置提供了对 MCDM 问题的解决办法，且对决策者的偏好具有灵活性。

此外，这项研究可以作为工业企业延长回收产品寿命的实践基准。总的来说，该研究作为可持续性实践，可以帮助研究人员、企业管理者、工程师和其他回收从业者做出决策，选择最佳的回收合作伙伴，还可以通过与可持续伙伴的合作实现供应链的可持续性。

从方法论的角度来看，值得注意的是，SSCM 实践的最大挑战之一是使用可靠的方法来精确定位实践中存在的模型指标。而该混合方法与模糊技术的结合，有利于管理者得出与实际更接近的结果，且案例分析表明，该方法的结果与 Chaghooshi 和 Shemshadi 的结果高度一致。此外，该方法还提供了将主观性和客观性相结合的综合性思考角度，使得决策者能够根据自己的偏好灵活地做出决策。

虽然本书提出的混合 MCDM 方法，在对可持续性回收伙伴的选择时具有一定优势，但对未来的研究而言仍有一定局限性。首先，随着可持续意识的增强，影响指标需要扩展，应通过大数据环境探索更为客观的权重计算方法。其他加权方法，如层次分析法、数据包络分析、神经网络、网络分析法和人工智能技术等也可以进行结合，并与模糊 VIKOR 方法耦合。其次，在未来的研究中，需要开发和探索如何通过更强大的加权技术来减少决策的主观性。最后，其他排序技术（TOPSIS、AHP 和 GP）也可以结合以实现可持续回收实践。此外，随着人工智能和大数据算法的进步，友好的人机交互界面将有利于动态决策，可以开发出智能决策系统来解决 MCDM 问题。因此，在智能决策的环境下，可以将计算机的智能技术集成到排序方法中，开发更为智能、稳定的方法。

7.7 本章小结

中小企业回收伙伴的评估和选择涉及多项可持续性指标，是一个耗时且复杂的决策问题，而不正确的选择可能会对供应链的可持续性产生负面影响，并最终导致回收浪费。在本研究中，我们通过新的混合 MCDM 方法，在回收合作伙伴评价中进行了供应链的可持续实践。本研究对供应链的可持续实践有以下三个具体贡献：①从 EES（经济、环境和社会）视角构建可持续指标列表；②提出针对多个对立属性选择最佳备选方案的综合决策方法；③通过最佳回收伙伴的选择，帮助中小企业开展可持续实践。

第8章　基于SLP的废旧汽车拆解车间布局与优化

废旧汽车拆解作为ELV回收的前提，废旧汽车的完全拆解能够有效提升ELV回收效率。本章重点对车间级的ELV拆解回收车间的布局与优化展开研究，旨在通过科学有效的车间规划提升ELV拆解回收效率。

8.1　引言

近年来，生态环境问题日益突出，资源短缺问题日益严重。汽车工业在促进我国经济快速发展的同时，也对环境造成了相当大的压力。人类迫切地需要寻找一条可持续发展的道路。废旧汽车数量的不断增加给社会和生态环境都造成了很大压力，在节能环保的社会趋势下，废旧汽车如何有效回收再收利用的问题逐渐受到重视，其中拆解作为废旧汽车回收的重要环节，成为提高废旧汽车利用率的关键（Go等，2011a）。实现汽车工业逆向物流最主要依靠两个方面，一方面是废旧汽车的回收率，另一方面就是废旧汽车拆解后的利用率。只有当两个方面都得到充分优化后，才能发展汽车工业闭环供应链（张显玲，2012）。沈智超等（2020）通过分析国内外的汽车回收与拆解的现状，一致认为实现废旧汽车的智能拆解势在必行。智能拆解技术不仅能够提高拆解的效率，防止污染的扩散，而且能够促进资源循环利用，实现汽车行业的可持续发展。科学合理的拆解车间布局能够提升拆解效率，提高废旧汽车回收利用率，有效支撑废旧汽车回收中心功能的实现，以发挥回收中心应有的作用。

国外在废旧汽车回收利用这方面也有相关突出的贡献。美国具有相当成熟的废旧汽车回收利用技术，而且专门成立了美国报废汽车回收拆解行业协会，对废旧汽车回收利用进行专门的规范化，并实现了非竞争领域的技术共享（谢军等，2016）。德国早在很久之前建立了全国废旧汽车回收网，当地一些著名的汽车企业如宝马等建立了汽车拆卸试验中心，以便提高汽车零部件的回收率（裴恕，田秀敏，2001）。日本各地设有专门的废旧汽车处理厂，废旧拆解企业运用自动化工具进行拆解，最大限度地回收汽车零部件（谢军等，2016）。

车间布局是指根据具体实际的条件（如生产工艺、实际车间面积等），按照一定的原则对车间布局进行规划，使得物流搬运距离最小、生产效率最高、生产效益最大。科学合理的布局设计目标和约束条件能够极大地减少物流的搬运时间以及总物流量，从而实现物料流转率的提高，减少物流的成本（张修瑞等，2020）。目前对于废旧汽车拆解车间的布局规划尚且没有明确的定义，只有其他场所布局的概念可作参考。例如，自动化立体仓库布局规划的定义，自动立体仓库布局规划指按照仓库功能区域的位置、存储容量的大小、仓储过程和存储区域的内部位置的货物进行科学合理的设计，目的是提高仓储运作的效率，降低仓储成本的操作。

参考以上定义，本书认为，废旧汽车拆解车间的布局规划是指根据拆解车间的实际面积、拆解量的大小、拆解工作区的位置、拆解的工艺流程等对各个工作区进行合理的规划，目的在于保证拆解工作安全顺畅，提高拆解效率和拆解回收利用率。

废旧汽车拆解车间布局与优化的原则主要如下：

（1）整体性原则

废旧汽车拆解车间虽然是废旧汽车回收中心的一部分，但它也是一个独立的个体，在进行布局规划的时候，不能只追求局部的效率，要从车间整体运作的角度考虑，追求整体布局优化和流程规范化。

（2）线路最优原则

拆解车间内部存在着物流与非物流关系，物流关系主要是车间内零件的物料搬运，而非物流关系主要是内部员工之间的联系。在拆解车间的布局规划中，在满足正常工作的前提下，有必要尽可能多地节省时间和提高拆解效率。

（3）布置优化原则

在进行布局规划时要考虑各工作区之间的综合关系，同时对可能造成污染和危险的区域进行特殊布置。

(4) 空间利用原则

在对拆解车间进行布局时，要尽可能地充分利用空间。由于拆解车间所需工作区较多，工作区所占的面积也较大，所以要合理而充分地利用空间，避免空间浪费。

(5) 安全与环保性原则

废旧汽车拆解时会产生废油废液等易燃易爆和污染环境的物品，因此，拆解车间布局规划时，一定要注意采取有效措施来避免可能出现的安全和环保问题。

8.2 废旧汽车回收拆解分析

8.2.1 废旧汽车回收拆解的要求

根据《报废机动车回收拆解企业技术规范》（GB 22128—2019），对废旧汽车拆解企业部分要求如下：

(1) 场地要求

废旧汽车回收中心的总面积不得少于 10 000 平方米，其中存储区和拆解区的总面积不少于 6 000 平方米。

废旧汽车存放区域（包括暂存）的地面必须进行硬化和防漏处理。拆解车间应为封闭或半封闭的区域，地面也应做防漏处理。拆解车间的安全设施要齐全，并远离居民区。

应设置专门的旧零件存放区。

存储区和拆解车间应当做好排污和净化工作。

(2) 拆解的一般技术要求

①拆解报废汽车零部件时，应当使用合适的专用工具，尽可能保证零部件可再利用性以及材料可回收利用性（张明魁，2007）。

②应按照汽车生产企业所提供的拆解信息或拆解手册进行合理拆解，没有拆解手册的，参照同类其他车辆的规定拆解（Zhang，Chen，2018）。

③存留在报废汽车中的各种废液应抽空并分类回收，各种废液的排空率应不低于 90%。李双喜（2012）根据废旧汽车拆解车间的油水分离的工艺

要求，设计出油水自动分离智能控制器，来实现当前中小汽车拆解企业的改造升级的需要。

④不同类型的制冷剂应分别回收。

⑤各种零部件和材料都应以恰当的方式拆除和隔离。拆解时应避免损伤或污染再利用零件和可回收材料（王喆，2016）。

⑥按国家法律、法规规定应解体销毁的总成，拆解后应作为废金属材料利用。

⑦可再利用的零部件存入仓库前应做清洗和防锈处理。

8.2.2 废旧汽车的回收利用方式

本章对废旧汽车拆解车间进行布局设计的最终目的在于提高废旧汽车的回收利用率，实现汽车产业资源循环利用的效果。产品拆解是实现废旧汽车再利用的重要手段，是连接回收与再处理的桥梁与纽带，是实现拆解的最终目的废旧汽车价值认定与递增的关键（孙琳琳，2016）。拆解的最终目的是回收，而回收率又是通过拆解产品体现出来的（Xia等，2016）。因此为了更好地回收利用废旧汽车资源，首先要对废旧汽车的回收方式有所了解。废旧汽车的回收方式按照不同的标准可以分为很多种，本书主要参考以4R为导向的回收程序，以提高废旧汽车回收管理的成本效益。

基于前期研究成果可知，在经过拆解车间的拆解操作之后，废旧车辆管理实践中有五个操作：再利用、回收、再制造、回收和报废。闭环供应链结构以及汽车回收模式等的不同，企业如何根据自身情况选择性发展是影响整个闭环供应链系统的运作效率的关键（代应等，2013）。而4R运营被视为有助于实现车辆供应链可持续性的战略管理做法。在对废旧汽车进行完全拆解之后，可再生资源可以采用四个回收渠道，即再利用、回收、再制造和再循环，所有这些渠道都有助于能源的流通以及资源的可持续发展。

可回收部件是指通过简单的操作（如清洁、组装或拆卸任务）进行恢复的部件，达到正常功能，不如再制造或新部件的标准完美（Huang，Wang，2017）。

再制造通常将零部件和废旧机械部件视为粗加工，并采用先进的加工技术，在原有的基础上检测、翻新和再生产这些部件。由于再制造可以使部件达到类似的新状态，有助于实现节能和降低环境负担。此外，再制造的零件在功能、性能和质量方面并不逊色于新零件，促使行业将再制造视为营销策略，重新制造的零件可用于产品装配。

回收是指在生产过程中为原始用途或其他目的进行的废物再处理，但不包括能源回收。能源回收是指利用可燃废物作为一种手段，通过直接焚烧产生能量，无论是否有其他废物，都能够实现热量回收。

有些废旧汽车零件缺乏可回收性，零部件回收的推广也存在一些障碍。一般来说，那些具有冗余可靠性的部件，在经过专业测试后应该是功能合格的，可以在备件市场或产品制造中重复使用，这些几乎没有缺陷的部件可以通过简单的清洁操作和回收技术进行回收。部件有一定缺陷的，可以看作粗加工，能够通过多种制造技术进行再制造。这几种零件都将重新用于再组装和再制造的车辆产品。其他可回收的部件可回收到金属材料或非金属材料中，可在钢材、橡胶和稀有金属等材料部门重复使用。与报废相比，这四种回收方式都有利于减少能源枯竭和污染排放。因此，以 4R 为导向的回收程序有利于实现资源可持续利用的目标，为废旧汽车的拆解方式和拆解流程的设计提供了指导。

为执行 4R 回收操作，首先应进行拆解作业。一般来说，拆解有两种，即根据部件是否受损进行破坏性拆解和非破坏性拆解。拆解模式的选择与废旧汽车零部件的可回收性特性相结合。从拆解程度的角度来看，可以根据回收目标，将其分为完整的、局部的和有针对性的拆解。

为执行再利用和回收作业，应进行无损拆解。在满足技术和经济可行性的前提下，废旧汽车拆解的影响因素主要集中在物理结构和使用材料部门。拆解设备成本、拆解的深度、拆解的人工成本以及废弃物的数量都是构成影响废旧汽车拆解回收的经济性的重要因素（刘羽，李羿，2012）。

参考以 4R 为导向的回收操作，在进行废旧汽车拆解作业时应当有针对性地按照废旧汽车的损坏程度，对废旧汽车的不同部位及材料采取不同的拆解处理方式。废旧汽车拆解的产品参数、拆解时的破坏方式以及拆解后的处理方式具体如表 8.1 所示。

表 8.1　单辆报废汽车拆解产品明细

序号	产品名称	单位	重量或体积	备注	破坏方式
1	发动机	千克	120	精细化拆解后零件再售，不合格的材料回收制钢铝制品	非破坏性
2	保险杠	千克	65	合格产品再售 不合格产品破碎处理	破坏性/非破坏性
3	变速箱	千克	65	精细化拆解后零件再售，不合格的材料回收制钢铝制品	非破坏性
4	散热器、冷凝器	千克	8	回收铜、铝材料	破坏性/非破坏性
5	车门	千克	20	回收钢、铝材料	破坏性/非破坏性
6	轮胎	千克	100	橡胶或燃料	破坏性
7	塑料	千克	125	破碎回收	破坏性
8	有色金属	千克	110	分类处理，回收金属原材料	破坏性
9	发动机罩	千克	4	合格产品外售 不合格的回收金属材料	非破坏性
10	座椅	千克	40	皮革纤维等打包处理，金属结构进行材料回收	破坏性
11	车身	千克	450	切割压块处理作为材料回收	破坏性
12	前后悬挂	千克	250	材料回收再生为钢铝制品	破坏性
13	油箱	千克	75	合格产品外售 不合格产品破碎处理	非破坏性
14	玻璃	千克	60	破碎处理	破坏性
15	燃料油	升	0.1	收集后进行专业处理	回收
16	废油液（燃料油、机油、润滑油、液压油、制动液等）	升	0.6		
17	制冷剂	千克	0.3		
18	铅酸电池	千克	16	特殊处理	非破坏性
19	含多氯联苯的废电容	千克	3	合格产品外售，不合格的回收金属材料	非破坏性
20	安全气囊	千克	1.3	安全引爆	破坏性

以 4R 为导向的回收方式将废旧汽车零部件的回收主要分为四种情况，

即再利用、回收、再制造和再循环。完成拆解作业后的废旧汽车零部件具体的回收利用方式以及零部件最终的去向如表 8.2 所示，可以更加直观明确地看出废旧汽车拆解回收的经济效益和环境效益。

表 8.2 废旧汽车拆解材料明细表

<table>
<tr><th rowspan="2">投入</th><th colspan="4">产出</th></tr>
<tr><th>项目</th><th>名称</th><th>备注</th><th>去向</th></tr>
<tr><td rowspan="13">废旧汽车</td><td>主产品</td><td>可回用零部件</td><td>检验合格且符合国家规定的零部件</td><td>标识“废旧汽车回收件”外售</td></tr>
<tr><td rowspan="5">副产品</td><td>钢铁</td><td></td><td>废钢价格</td></tr>
<tr><td>有色金属</td><td></td><td>送至废金属再生公司</td></tr>
<tr><td>塑料</td><td></td><td>送至塑料回收公司</td></tr>
<tr><td>玻璃</td><td></td><td>送至玻璃回收公司</td></tr>
<tr><td>橡胶</td><td></td><td>送至橡胶回收公司</td></tr>
<tr><td rowspan="7">拆解废弃物</td><td>不可利用废物</td><td>破碎的陶瓷、泡沫等</td><td>送至相关部门进行填埋处理</td></tr>
<tr><td>安全气囊</td><td></td><td rowspan="6">送至相关公司进行专业处理</td></tr>
<tr><td>制冷剂</td><td>氟利昂等</td></tr>
<tr><td>蓄电池</td><td></td></tr>
<tr><td>电容器</td><td>含多氯联苯</td></tr>
<tr><td>尾气净化催化剂</td><td>贵金属及陶瓷等</td></tr>
<tr><td>废油液</td><td>各类废油和废液</td></tr>
</table>

8.2.3 废旧汽车拆解流程

对废旧汽车拆解流程的分析，主要是为了明确拆解过程中物料在各作业区之间的流动情况，以得到具体的车间拆解工艺路线，对车间的物流关系进行分析。

对拆解流程的分析需要根据拆解零部件的回收利用方式来确认零部件将要流向的工作区以及零部件的拆解方式，因此结合废旧汽车初步拆解的流程和废旧汽车回收拆解的要求以及废旧汽车的材料回收利用方式，可以得到废旧汽车详细的拆解流程以及拆解方式，如图 8.1 所示。

（1）废旧汽车经过简单的冲洗后进入拆解车间，首先在预处理区进行预处理，主要包括废油液的抽取、蓄电池拆解、固体易燃物拆解和安全气囊引爆。其中，抽取出来的废油液进入危险品隔离区暂存；蓄电池和引爆后的安

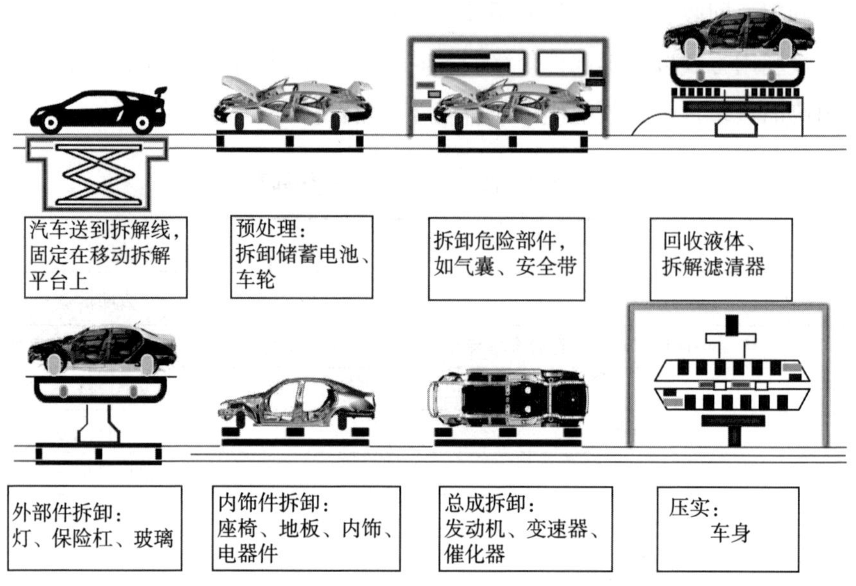

图 8.1　废旧汽车流水式拆解作业流程

全气囊残片进入废弃物暂存区暂存；固体易燃物主要包括座椅、车饰等，其皮革纤维等打包处理，金属结构可以进行材料回收，所以进入细拆解区进行拆解。完成预处理的废旧汽车则进入粗拆解区对其进行初步拆解。

（2）预处理完成进入粗拆解区的废旧汽车将要在这里完成车身的分解，工序比较多且烦琐，所以在进行布局时，粗拆解区的面积要大一些。在粗拆解区需要拆解的部分包括汽车外饰、底盘、发动机以及电气设备。拆解后得到的零部件主要有发动机、变速箱、保险杠、发动机罩、油箱、废电容、散热器、冷凝器、前后悬挂、车门、车身、铅酸电池和其他材料（包括玻璃、轮胎、塑料等）。

其中，发动机和变速箱等的回收利用方式是精细化拆解后零件再售，不合格的材料回收制钢铝制品，所以发动机和变速箱直接进入细拆解工作区进行精细化拆解。保险杠、发动机罩和油箱等的回收利用方式是合格产品外售，不合格产品破碎处理，因此这些零部件需要先进入检验分选区进行检验。前后悬挂、车门、散热器等的回收利用方式是回收金属材料，因此这些零部件直接进入分类暂存区暂存。铅酸电池泄漏会污染环境和危害人体健康，因此进入危险品隔离区暂时隔离存放等待下一步处理。其他材料都需要破碎处理后进行回收，所以进入物料破碎区。最后车身即车的主体框架进入细拆解区进行压实打包。

（3）从粗拆解区将整车拆分后，需要进一步处理的零部件主要是进入了细拆解区和检验分选区。除了车身是在细拆解区压实处理后直接进入分类暂存区暂存以外，其他进入细拆解区进行精细化拆解后零部件要先进入检验分选区进行检验，合格的零件暂存，不合格的则进入物料破碎区进行破碎回收金属材料。

（4）进入检验分选区的零部件，经检验合格的进入分类暂存区暂存，不合格的则进入物料破碎区进行破碎处理，回收原材料。而从粗拆解区进入检验分选区的其他材料则是检验合格的破碎回收原材料，不合格的一律作为废弃物处理进入废弃物暂存区暂时存放等待处理。

（5）废旧汽车拆解完毕后，所有零部件或原材料全部进入暂存区等待进一步处理。

8.2.4　废旧汽车拆解车间布局规划实施

（1）原始资料准备

①P（product，产品或服务）。

②Q（quantity，产量或数量）。

③R（routine，生产路线或工艺过程）。

④S（support，辅助部门或服务部门）。

⑤T（time，时间或计划安排）。

运用SLP法对废旧汽车拆解车间进行布局首先要明确原始资料——废旧汽车相关信息、拆解的数量、拆解工艺流程、辅助服务部门、拆解工作安排等，并对作业单位的基本情况进行初步分析。

（2）作业单元物流关系分析

在原始资料分析的基础上进行物流分析。各功能区的布局直接影响到物资的搬运效率，准确的物流关系分析是设施布局的关键。在分析物流关系的过程中，通常使用物流强度等级表和物流相关图来表示。物流分析的结果可以用作业单元物流相互关系表来表示。物流强度划分为A、E、I、O、U五个等级，物流总作业对数比例依次为10%、20%、30%、40%。

（3）作业单元非物流关系分析

物流量对车间的布局规划有很大的影响，但是也不能忽视非物流关系的影响。车间内部除了物流关系，还有人员联系、流程的连续性、易燃易爆易泄漏等危险品储存在内的许多非物流关系，这些在物流相关图中体现不出来，但对车间的布局一定影响，所以布局时要进行综合考虑。非物流关系一般要采取一些定性分析方法来进行，用非物流强度相关图来表示，具体划分标准如表8.3所示。

表8.3 作业单位对相互关系等级

符号	A	E	I	O	U	X
含义	绝对重要	特别重要	重要	一般	不重要	不能靠近
量化值	4	3	2	1	0	−1

(4) 综合关系分析

前面对作业单元进行了物流关系和非物流关系分析，在进行车间布局规划的时候，为了提高布局的科学性、合理性，通常要对这两种关系进行综合分析，得到作业单元综合关系等级表。在对各作业单元进行综合关系分析时，要考虑两种关系的相对比重，这一比重通常用 $m:n$ 来表示，且该比值确定时通常在（1∶3）～(3∶1)。比值小于1∶3时，说明物流关系对布局规划的影响很小，布局时只考虑非物流关系；当比值大于3∶1时，则非物流关系对布局影响不大，进行布局时只考虑物流关系。

(5) 确定作业单元相对位置

位置相关图是平面布置的基础。在SLP方法中根据作业单位综合关系等级表计算出各作业区的综合接近程度，并对其按照大小进行排序，最终得出各作业单元的相对位置图。

(6) 作业单元面积相关图

估算各个作业单元的面积需求，并进行汇总。设施设备、人员活动、物料储存等因素综合决定了各作业单元的基本面积，按照一定比例绘制出作业单元面积相关图。

8.3 废旧汽车拆解车间布局规划案例分析

8.3.1 案例背景

(1) 车间产品

在废旧汽车拆解车间，其产品，准确地来说是零部件和材料，主要分为可直接回收的部件、拆解回收的零件、加工回收的原材料和不可回收的废弃物四类。

（2）车间拆解量

截至 2021 年底，郑州汽车保有量已经超过 450 万辆，本案例按照各拆解区都只有一个工位的情况来计算各工作区之间的物流量。

（3）车间拆解工艺路线

本案例作业区设计中，设计 X 废旧汽车拆解车间主要工作区有 8 个，每个作业区有各自的功能，具体的车间拆解工艺路线如图 8.2 所示。

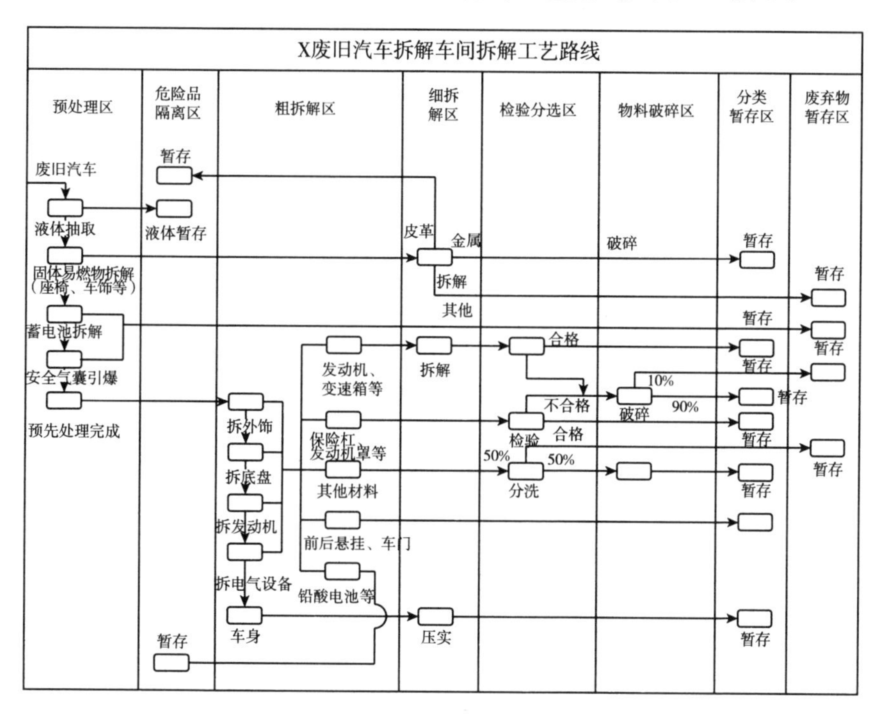

图 8.2　X 废旧汽车拆解车间拆解工艺路线

（4）辅助服务区

由于拆解车间只是废旧汽车回收中心的功能区之一，所以暂不划分独立的辅助服务区，只实现其拆解功能。

（5）车间拆解技术水平

目前我国拆解水平较为低，拆解方式粗放，多为人工拆解，本案例对拆解车间的布局采用流水线作业，按照国家规定的设备要求进行，既可以提高拆解效率，进行精细拆解，又可以很大程度上避免拆解过程中造成的零部件损伤，提高拆解回收率。

8.3.2 物流分析

(1) 物流关系分析

因为废旧汽车种类较多，不同种类的汽车在重量以及拆解流程方面也有所不同，但总体结构并无太大差别，因此这里不对此做详细区分，以普通民用小汽车为例，假设每个工作区只有一个工位的情况来计算各工作区之间的物流量，具体量化为零部件和材料的重量以方便计算。

由单辆报废汽车拆解产品明细表和 X 废旧汽车拆解车间拆解工艺路线图计算可以得到废旧汽车从进入拆解车间到拆解完成，物料在各工作区的流动情况。假设可直接回收再售的零部件合格率为 50%，原材料的回收率按照理想情况来计算，分别是金属材料的回收率为 90%，塑料、橡胶、玻璃等非金属材料的回收率为 50%。将预处理区、危险品暂存区、粗拆解区、细拆解区、检验分选区、物料破碎区、分类暂存区、废弃物暂存区分别编号为 A1、A2、A3、A4、A5、A6、A7、A8，经计算可得表 8.4。

表 8.4 X 废旧汽车拆解车间物流关系从至表

单位：千克

	A1	A2	A3	A4	A5	A6	A7	A8
A1		3	1 463	45				4.3
A2			16	15				
A3				635	542	270		
A4					185		470	10
A5						407.5	166	153.5
A6							319.65	87.85
A7								
A8								

根据物流关系从至表的统计结果可以确定各作业区之间的物流强度，按照物流强度比例进行等级划分，可得表 8.5。

表 8.5　拆解车间物流强度汇总表

作业区对	物流强度	等级划分
A1－A2	3	O
A1－A3	1 463	A
A1－A4	45	O
A1－A8	4.3	O
A2－A3	16	O
A2－A4	15	O
A3－A4	653	A
A3－A5	542	E
A3－A6	270	I
A4－A5	185	I
A4－A7	470	E
A4－A8	10	O
A5－A6	407.5	E
A5－A7	166	I
A5－A8	153.5	I
A6－A7	319.65	I
A6－A8	87.85	O

在物流强度汇总表中不曾出现的作业对，是由于它们之间不存在物料流动，因此它们之间的物理强度等级为 U 级。由此可得图 8.3 所示作业区的物流强度相关图。

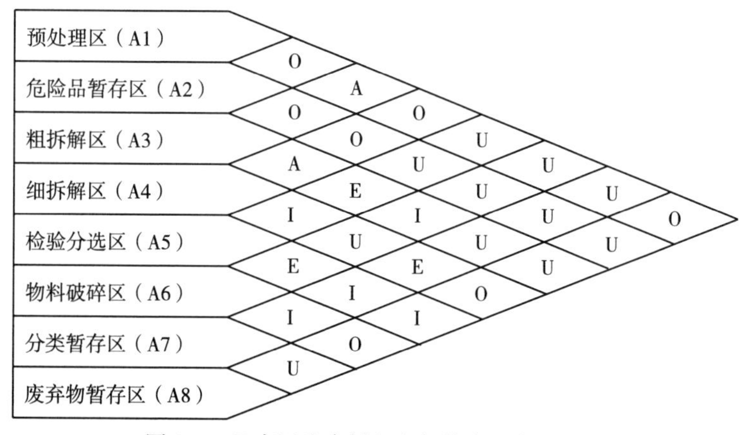

图 8.3　X 废旧汽车拆解车间物流强度相关图

(2) 非物流关系分析

根据废旧汽车拆解车间的功能特点选取了四个非物流关系评定理由来对车间的非物流关系进行分析，具体因素及其编号如表 8.6 所示。

表 8.6 X 废旧汽车拆解车间非物流关系等级理由

编号	关系等级理由
1	拆解流程的连续性
2	物料搬运
3	易燃、易爆、污染等
4	相似的功能定位

从非物流关系的角度对拆解车间工作区之间的关系进行分析，结合非物流关系等级划分标准及评定理由，确定各工作区之间的非物流关系强度，绘制拆解车间工作区之间的非物流强度相关图，如图 8.4 所示，其中数字表示等级评定理由编号。

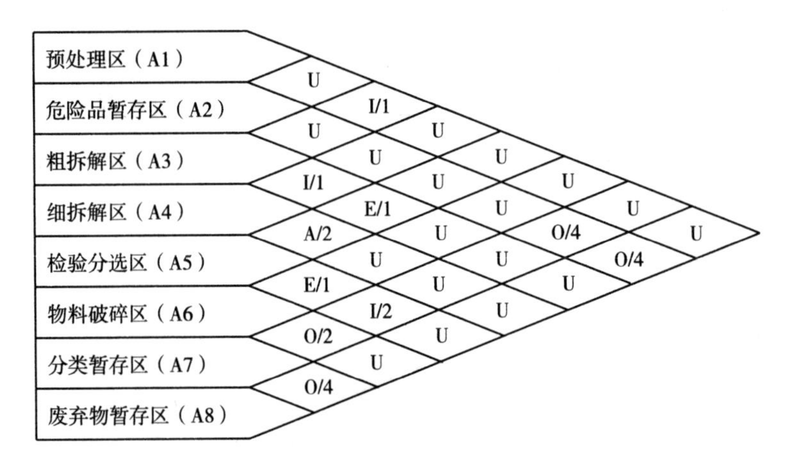

图 8.4 X 废旧汽车拆解车间非物流强度相关图

(3) 综合关系分析

结合对拆解车间各工作区之间物流关系和非物流关系的分析，根据 SLP 法 A=4、E=3、I=2、O=1、U=0、X=−1 的量化标准，取 3∶1 作为物流关系和非物流关系的比重（Fuli Zhou，2019），计算各工作区之间的综合关系分值，并划分等级，具体关系如表 8.7 所示。

表 8.7　X 废旧汽车拆解车间工作区综合关系计算表

作业区对			关系密切程度				综合关系	
			物流关系		非物流关系			
			加权值=3		加权值=1			
作业区		作业区	等级	分值	等级	分值	分值	等级
A1	—	A2	O	1	U	0	3	O
A1	—	A3	A	4	I	2	14	A
A1	—	A4	O	1	U	0	3	O
A1	—	A5	U	0	U	0	0	U
A1	—	A6	U	0	U	0	0	U
A1	—	A7	U	0	U	0	0	U
A1	—	A8	O	1	U	0	3	O
A2	—	A3	O	1	U	0	3	O
A2	—	A4	O	1	U	0	3	O
A2	—	A5	U	0	U	O	0	U
A2	—	A6	U	0	U	O	0	U
A2	—	A7	U	0	O	1	1	O
A2	—	A8	U	0	O	1	1	O
A3	—	A4	A	4	I	2	14	A
A3	—	A5	E	3	E	3	12	E
A3	—	A6	I	2	U	0	6	I
A3	—	A7	U	0	U	0	0	U
A3	—	A8	U	0	U	0	0	U
A4	—	A5	I	2	A	4	10	E
A4	—	A6	U	0	U	0	0	U
A4	—	A7	E	3	U	0	9	I
A4	—	A8	O	1	U	0	3	O
A5	—	A6	E	3	E	3	12	E
A5	—	A7	I	2	I	2	8	I
A5	—	A8	I	2	U	0	6	I
A6	—	A7	I	2	O	1	7	I
A6	—	A8	O	1	U	0	3	O
A7	—	A8	U	0	O	1	1	O

根据表 8.7 的分析结果，绘制拆解车间各个作业区对的综合关系相关图，如图 8.5 所示。

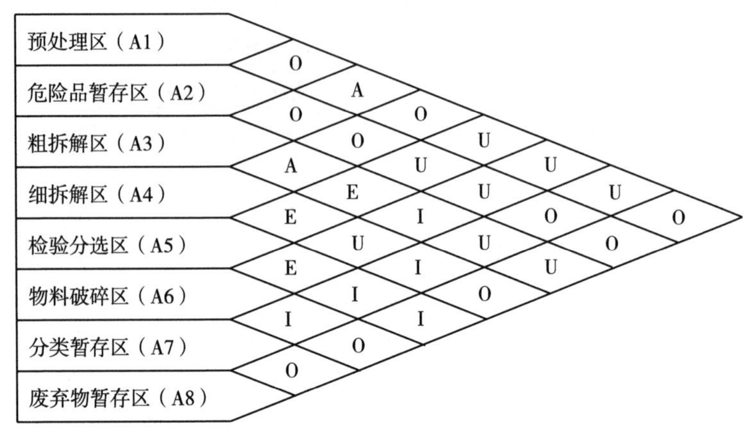

图 8.5　X 废旧汽车拆解车间作业区对综合关系图

8.3.3　物流布局

(1) 相对位置确定

在确定车间各工作区对的综合关系接近程度后，就可以由此确定工作区的相对位置。根据表 8.7 和图 8.5，结合其等级量化值，分别计算各个工作区的综合关系分值，并对其由大到小进行排序。

表 8.8　工作区综合关系分值排序

	A1	A2	A3	A4	A5	A6	A7	A8
A1（预处理区）	—	O/1	A/4	O/1	U/0	U/0	U/0	O/1
A2（危险品暂存区）	O/1	—	O/1	O/1	U/0	U/0	O/1	O/1
A3（粗拆解区）	A/4	O/1	—	A/4	E/3	I/2	U/0	U/0
A4（细拆解区）	O/1	O/1	A/4	—	E/3	U/0	I/2	O/0
A5（检验分选区）	U/0	U/0	E/3	E/3	—	E/3	I/2	I/2
A6（物料破碎区）	U/0	U/0	I/2	U/0	E/3	—	I/2	O/1
A7（分类暂存区）	U/0	O/1	U/0	I/2	I/2	I/2	—	O/1
A8（废弃物暂存区）	O/1	O/1	U/0	O/0	I/2	O/1	O/1	—
综合接近程度值	7	5	14	12	13	8	8	7
排序	5	6	1	3	2	4	4	5

通过表 8.8 对拆解车间各工作区的布置顺序绘制出拆解车间各工作区初步的位置相关图，再进行简单的整理，最后得到 X 废旧汽车拆解车间各作业区的相对位置，如图 8.6 所示。

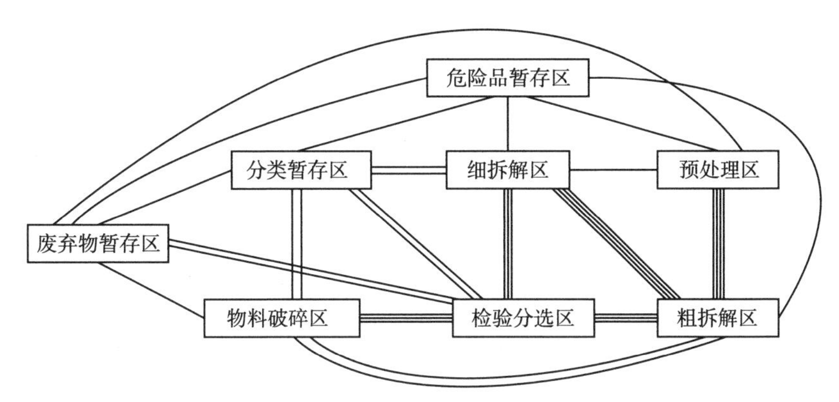

图 8.6　X 废旧汽车拆解车间作业区对综合关系图

（2）拆解车间布局方案

废旧汽车拆解企业对场地的面积要求为：经营面积不低于 10 000 平方米，其中作业场地（包括存储和拆解场地）面积不低于 6 000 平方米。因此本案例中作业场地按照最低标准 6 000 平方米计算。考虑到废旧汽车的拆解工作量较大、流程也比较烦琐，且拆解车间需包括物料暂存的区域，所需面积比较大，所以本案例假设废旧汽车拆解车间总面积为 4 000 平方米。

由于本案例只针对废旧汽车拆解中心核心区域——拆解车间进行规划布置，与其他区域之间的联系并未进行分析，因此，拆解车间的出入口及通道暂不做考虑。根据拆解工作工序的复杂程度以及拆解工作量的大小，按照一定比例粗略地对各工作区所需的面积进行估算，得到 X 废旧汽车拆解车间的用地需求（表 8.9）。

表 8.9　X 废旧汽车拆解车间用地需求

单位：米^2

工作区	面积
预处理区	250
粗拆解区	1 000
细拆解区	500

（续）

工作区	面积
检验分选区	1 000
物料破碎区	500
分类暂存区	500
废弃物暂存区	125
危险品暂存区	125

区域布置的结构一般可以分为带状、网络状、放射状三大类，本书采用网络状结构布置。X 废旧汽车拆解车间形状近似可以看作一个东西向 80 米、南北向 50 米的矩形形状。因此，在进行车间规划的时候，将车间看作一个规则的矩形，各工作区也尽量规划布置成规则的矩形形状。结合本书确定的作业区相对位置和车间主要工作区面积，对 X 废旧汽车拆解车间主要工作区做出简单的规划布置，平面布置如图 8.7 所示。

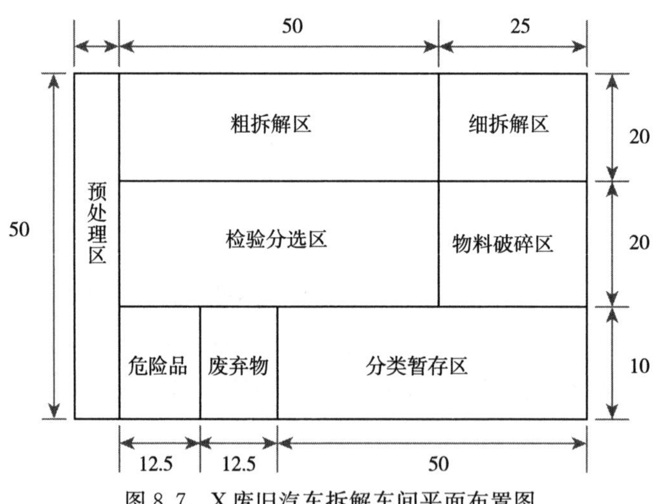

图 8.7　X 废旧汽车拆解车间平面布置图

(3) 拆解车间平面布置图

根据本书对废旧汽车拆解车间的研究和上一节中的废旧汽车拆解车间布局方案可以绘制出拆解车间最终的平面布置图，如图 8.8 所示（仅为示意图，面积并未严格按照比例布置）。

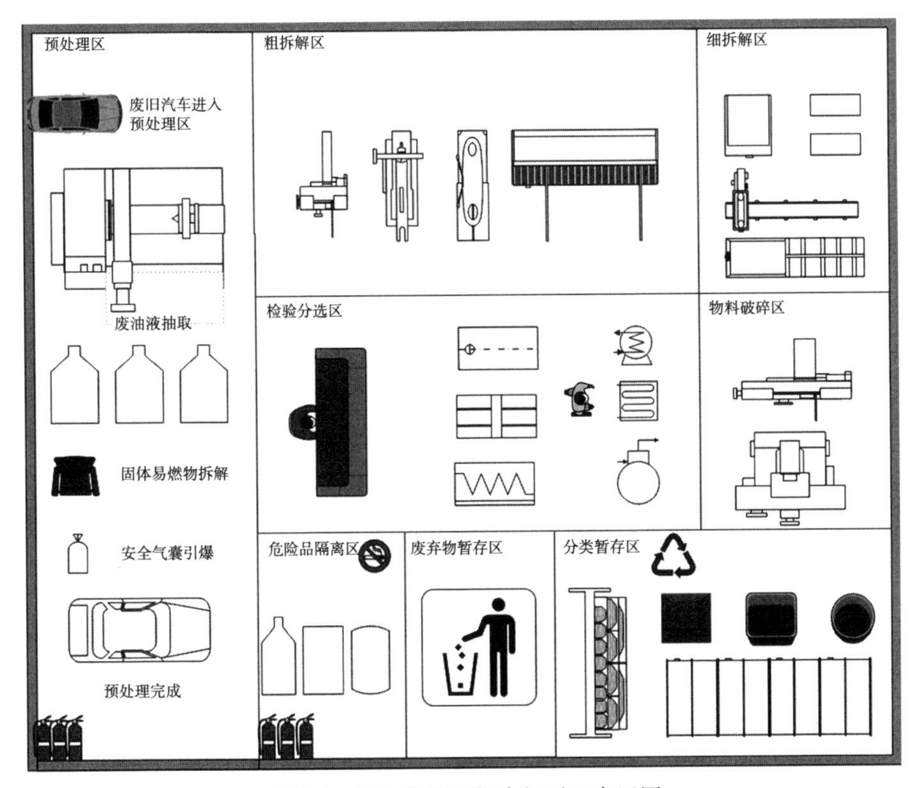

图8.8　废旧汽车拆解车间平面布置图

8.4　本章小结

对废旧汽车拆解车间进行平面布局规划能够在充分发挥拆解车间功能的基础上，合理利用车间面积，提高车间土地利用率，提升废旧汽车的拆解效率，同时提高拆解回收利用率和降低拆解过程中对环境造成的污染。作为废旧汽车回收中心最主要的功能区之一，拆解车间的合理规划对整个回收中心工作效率的提升有着重要的影响。本章利用物流设施规划中的经典工具SLP，实现对废旧汽车拆解车间进行平面布局规划，得到拆解车间平面布局方案，并以郑州市某废旧汽车的拆解车间为例进行验证。

第9章 资源约束下考虑需求和操作时间不确定的废旧汽车拆解调度

废旧汽车回收处理前必须经过有效的拆解，拆解车间的高效可持续生产，对于废旧汽车回收管理过程的可持续性实现也十分重要。拆解操作作为废旧汽车回收作业的前提，有效的拆解能够提升废旧汽车回收效率。不同于正向的整车制造，废旧汽车拆解车间作为 ELV 回收管理的首要活动，由于消费者使用情况的不确定，导致拆解车间中产品需求端的不确定性，因此，本章重点研究资源约束环境下考虑不确定性的拆解车间的拆解调度问题，通过拆解车间的拆解调度建模与决策，提出考虑不确定环境下的拆解调度方案，为提升废旧汽车拆解效率提供标准化分析框架，提升废旧汽车回收过程中拆解车间的拆解效率和资源利用率。

9.1 引言

在制造业和社会的绿色理念和可持续要求的驱动下，废旧产品回收已成为工业企业的一项战略性业务，有助于实现产品供应链的可持续发展（Kim，Xirouchakis，2010；D'Adamo，Rosa，2016；Cai 等，2019）。这种回收活动已广泛应用于各种工业领域，如汽车、船舶、飞机、钢铁和电子产品等（Go 等，2011b；S. Xiao 等，2018；Zhou 等，2020）。回收业务包括回收过程、再制造和回收运营，是生产管理中可持续运营的一个有前景的分支（Jaehn，Florian，2016；Fuli Zhou 等，2019）。拆卸是将报废产品系统地分为若干组、模块、零部件、材料和废物的全过程，是产品回收或报废回收的关键技术之一（Zussman 等，1999；F. Zhou，X. Wang，Ming K. Lim 等，2018）。有效的拆卸是废旧产品回收的前提，故产品拆卸的效率在回收过程中起着重要作用（Godichaud 等，2012；F. Zhou，M. K. Lim，Y. He，等，2019）。因此，拆卸调度问题成为工业实践者和学术研究者们关注的焦点，尤其是回收行业中（Godichaud，Amodeo，2018）。在过去几十年的研究工作中，绝大多数都以节能和低成本为目标，围绕模型拆卸、算法求解、程序优化和工业应用展开（Kim，2003；Jia 等，2018；Ehm，2019）。

拆卸调度是指在满足废旧产品单个零部件在规划期内需求的同时，确定其订货和拆卸计划，以实现进一步的再制造和回收作业的问题（Lee 等，2002）。Kim 和 Xirouchakis（2010）指出拆卸调度研究可分为两个分支：确定性拆解调度和非确定性拆解调度。对于确定性拆卸调度方案，变量和参数是已知的，而非确定性拆卸调度包含了工业生产中的不确定性因素，将拆解调度中可变参数或不确定情景视为随机变量处理。

相关文献大多集中于在参数固定的假设下对确定性拆卸调度问题的研究。Taleb 和 Gupta（1997）为单一产品类型定义了基本的拆卸调度问题，并认为由于确定性拆卸调度的过程是常规物料需求计划（MRP）的逆向形式，可将其称为逆向物料需求计划（RMRP）。考虑到拆卸过程的能力约束，Lee 等（2002）通过整数规划模型扩展了受能力约束的拆卸调度模型。Barba-Gutierrez 等（2008）通过逆向 MRP 情况下对批量变量的考虑，扩展了经典拆卸调度模型（Taleb，Gupta，1997），并将周期订货量（POQ）批量技术嵌入到设计的算法中，以便于整体考虑。Kim 等（2009）研究了装配产品结构下的拆卸调度问题，基于拉格朗日松弛法设计了上下限分支定界算法以确定报废产品的数量。Ji 等（2015）提出了以总成本最小化为目标的混合整数规划模型，并设计了两阶段的拉格朗日启发式算法以在一定时间内生成最优解。通过构建拆卸经济订货量（EOQ）模型，可以确定计划期内拆卸工厂的采购量和具体时间，其中拆卸成本和库存成本优化是目标函数的两个关键部分（Godichaud，Amodeo，2018）。拆卸调度研究可以根据产品类型的数量分为两类，即单个产品类型和多个产品类型。Taleb 和 Gupta（1997）通过确定单个产品结构明确的根项目的数量来处理拆卸调度问题，随后，并将拆卸调度问题从单一结构扩展到多层次的复杂产品结构，并提出了获得最佳拆卸方案的算法。Kim（2003）从拆卸调度的角度考虑了多种产品类型，建立了整数规划模型，并设计了具有松弛线性规划的启发式算法求解。

拆卸调度问题已被证明是一个非线性NP难题，元启发式算法被应用于不同的工业场景中以解决该问题（Tian等，2018；Gao等，2020）。Feng等（2018）提出了一种新的多目标蚁群算法，即通过建立多目标规划模型来获得最佳拆卸序列。Tian等（2018）对人工蜂群启发式算法进行了改进，用以处理双目标拆卸优化问题。拆卸时间和利润也是拆卸调度中重要的优化因子。Guo等（2014）提出了多目标拆卸序列优化模型，通过改进的分散搜索优化算法实现拆卸时间最小化和拆卸利润最大化。Gao等（2019）研究了多资源约束下与序列相关的拆卸规划问题，并提出了字典式多目标分散搜索算法来求解该规划模型。将时间拆卸Petri网（TDPNs）嵌入到优化模型中，并通过多目标遗传进化算法推导帕累托（Pareto）解集，可以更好地表示拆卸序列（Guo等，2020）。Lee和Xirouchakis（2004）研究了装配产品结构下的拆卸调度问题，提出了两阶段启发式算法，实现总拆卸成本最小化。Prakash等（2012）通过约束条件下的模拟降温（CBSA）算法推导最佳拆卸方案。

然而，确定性拆卸调度的研究中假设过程参数是确定的，且具有精确数值，没有考虑拆解环节中的不确定因素。因此，许多学者将制造环境里的不确定因素纳入考虑范围，对经典的确定性拆卸调度问题进行了扩展。拆卸比装配制造存在着更多的不确定性因素，如废旧产品的差异性和工业实际中不可预测的需求（Kim等，2009）。Fleischmann等（1997）指出，不确定性的增加使回流的可靠性规划变得更为困难，从而导致安全库存水平升高。Inderfurth和Langella（2006）提出了不同复杂度下的两种启发式算法，由于退货产品的状态未知，故将拆卸产量设为随机变量。Kim和Xirouchakis（2010）研究了二级产品结构下受资源能力约束的拆卸调度问题，其中零件/模块的需求为随机变量。Liu和Zhang（2018）研究了生产能力约束下，产量和需求都为随机变量的单产品多周期拆卸调度问题。Tian和Zhang（2019）提出了能力约束下的拆卸计划和定价方案的框架，其中收购产品的拆卸产量取决于其收购价格。不仅是拆卸调度中有不确定性因素，许多文献在废旧产品的回收阶段也对其进行了考虑。Kongar和Gupta（2006）提出了能从大量的收购产品中找出最佳废旧产品组合的多准则优化模型，并采用模糊目标规划技术处理其中的不确定性因素。现有的拆卸调度模型大多假设在一个周期内完成，不能满足多周期的动态需求。然而，多周期的生产调度可以通过确定动态调度方案来降低成本实现精益生产，有效满足工业实际中不断波动的动态需求，在制造系统中占有重要地位。

从上述文献中可以发现，拆卸调度问题主要包括确定性和非确定性两个分支，其中大多数以总成本最小化为优化目标（Tian，Zhang，2019）。非确定性拆卸调度问题通过对不确定性因素的考虑对经典模型进行了扩展，更好地反映了拆卸工厂的工业实际。确定性拆卸调度问题假设拆卸作业时间是确定的。在大多数研究非确定性拆卸调度问题的文献中，通常假定拆卸作业在一个周期内完成，其中的不确定性因素包括拆卸需求、废旧产品条件和拆卸产量参数。然而，这两个分支都没有考虑拆卸作业时间的不确定性和相应的拆卸成本。

在与非确定性拆卸调度问题相关的文献中，多数都致力于研究需求或拆卸产量指标的不确定性。然而，在工业拆卸过程中，实际的拆卸作业时间具有很强的随机性，通常是不确定的（Tempelmeier，2011；Fu等，2019）。与装配生产不同，拆卸过程的原材料主要为废旧产品或收购零件，其用途和条件未知，不确定性较大。此外，废旧产品的状况对工人拆卸作业的熟练程度也有重要影响。废旧产品拆卸作业时间的随机性导致了拆卸作业的成本差异，故我们应对拆卸作业成本的随机性多加关注。因此，本章研究了两级产品结构下受生产能力约束的多周期、多产品类型的拆卸调度问题，同时将拆卸操作时间和需求作为不确定性目标。本章建立了不确定性规划模型来求解不确定性条件下的最佳拆卸量。据调查所知，这是第一个建立同时包含需求和作业时间两个不确定因素的非确定性多周期拆卸调度规划模型的研究。随机变量的不确定性，使得所建立的模型变得更为复杂，而难以用精确算法求解。此时，启发式算法在解决生产计划和调度问题的非确定性规划模型中则具有显著优势（Liu等，2020；Ojstersek等，2020）。作为基于生物进化机制的随机优化方法，遗传算法（GA）可以查找出生产调度管理的最优解，是有效的启发式算法（Shi等，2020）。由于遗传算子具有全局搜索能力强、收敛速度快等优点，本章应用其设计了集成的启发式算法来处理新型的随机拆卸调度问题。本研究的主要贡献有三个方面，总结如下：

（1）同时将需求和拆卸加工时间作为随机变量，在一个模型中考虑这两个不确定因素的不确定性拆卸调度问题，提出了新的多周期随机拆卸调度模型。就目前的技术水平而言，这是第一次在一个模型中考虑非确定性拆卸调度中的这两个不确定因素的研究。

（2）提出结合了GA、SA和局部搜索操作的混合遗传算法（HGA）。采用Monte Carlo的固定样本量（FSS）抽样策略来处理随机变量。

（3）数值算例验证了模型的有效性和算法的性能。结果表明，该方法能有效地处理不确定变量，有助于寻找最优的拆卸调度方案及拆卸调度管理的进一步发展。

9.2 废旧汽车拆解调度的问题描述

交付至拆卸厂的废旧汽车产品或部件将通过拆卸操作进行处理，生产出用于再利用、再制造或回收的拆卸零件（F. Zhou，P. Ma，2019）。因此，有效拆卸是废旧汽车回收的前提（Berzi 等，2016；F. Zhou 等，2016）。本节提出了两级产品结构下的拆卸调度问题，以满足各阶段的不确定需求为目标，将收购产品（废旧汽车或称为根项目的部件）拆解为零部件（叶项目）。图9.1给出了两级拆卸调度结构的示例，其中 x_i 表示从根项目 i 获得的相应叶项目的数量。假设从根项目获得的叶项目的收益率为 π，具体为从根项目 i 中成功拆卸的叶项目 k 的数量。

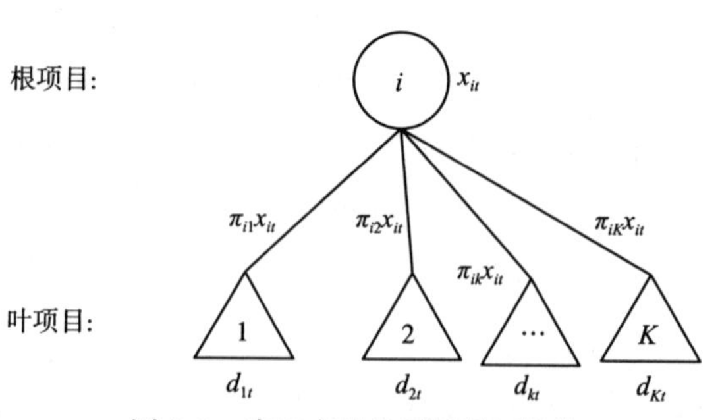

图9.1 废旧产品的两级拆解结构

图9.1中，π_{ik}是根项目i中叶项目k的产量，假设$\pi \sim U\ [a, b]$，值得注意的是，a和b分别是根据废旧汽车的差异性，可以从一个根项目成功分解出叶项目数量的最小值和最大值。b小于根项目BOM中的对应值，且$a \geqslant 0$（Liu，Zhang，2018）。拆解产量变量π_{ik}用平均值表示。

在制造活动、再制造工厂和拆卸工厂的相关文献中，对需求变量的不确定性进行了研究（Rossi等，2013；Disney等，2015）。与装配生产不同，由于需求的模糊性，将拆卸零件的需求视为随机变量。每个时期各叶项目的需求都服从正态分布，该结论在以往的文献中被广泛使用且证实有效，故本书也采用了该理论（Liao，Shyu，2009；Silver，Bischak，2011；Guijarro等，2012；Disney等，2015）。

工业制造场景中的作业时间导致了采购阶段MRP系统中主要时间的不确定性，是另一个不确定变量（Song等，2000；F. Zhou等，2019）。与装配活动不同，拆卸加工时间与报废产品的损坏程度有非常重要的作用。由于报废产品的利用率和损坏程度差异，报废产品的拆卸时间存在很大的不确定性。在本研究中，假设每种叶项目的拆卸业务处理时间为服从正态分布的随机变量（Bentaha等，2015）。

本研究的目的是以总拆卸成本最小为目标，旨在通过最小化拆解总成本计算出最佳拆卸调度方案。为此，提出新的随机规划模型和混合启发式算法，求解多周期不确定环境下的最优拆卸调度问题。

9.3 模型构建

9.3.1 变量定义与假设

本研究中的变量及其符号如表9.1所示。

表9.1　变量符号及其说明

符号	描述
	集合
I	根项目（废旧产品或组件）集合（$i=1, 2, \cdots, N$）
K	叶项目（部件或零件）集合（$k=1, 2, \cdots, K$）

（续）

符号	描述
	参数
l_i	根项目 i 的拆解操作时间
$f(\cdot)$	拆解作业时间的概率密度函数
$F(\cdot)$	拆解作业时间的概率分布函数
D_{kt}	t 时段叶项目 k 的需求量
$g(\cdot)$	需求的概率密度函数
$G(\cdot)$	需求的概率分布函数
Q_{kt}	t 时段叶项目 k 的产出
I_{kt}	t 时段叶项目 k 的库存
π_{ik}	t 时段叶项目 k 的拆解产量
c_o	根项目 i 的单位库存成本
c_s	叶项目 k 的单位延期交货惩罚成本
cd_i	根项目 i 的单位时间单位拆解成本
pc_{it}	t 时段根项目 i 的采购成本
CP_t	t 时段的资源约束
$E[\cdot]$	$\cdot$ 的期望值
	决策变量
x_{it}	t 时段根项目 i 的拆解数量

对所提出的模型做出以下假设：

(1) 原材料（根项目）供应充足，废旧产品和零件的收集和交付时间可忽略。

(2) 不允许积压，应按要求完成拆卸。

(3) 从根项目中拆卸下的所有叶项目的产量比不同，视为具有高度不确定性的随机变量。

(4) 拆卸作业时间为随机变量，拆卸作业成本受拆卸作业时间影响。

(5) 生产准备时间不单独处理，拆卸作业时间变量包括生产准备时间。

9.3.2 数学模型构建

与装配制造类似，拆卸调度的成本优化问题类似于装配制造过程中的优化问题，废旧产品的拆卸生产是以拆卸业务为核心的逆向制造（Karmarkar，1987）。总成本包括采购成本、拆卸操作成本和库存成本，将总成本最小化作为规划模型的目标，如式（9-1）所示。模型约束如式（9-2）至式（9-7）所示。

$$\mathrm{Min}TC=\sum_{i=1}^{N}\sum_{t=1}^{T}pc_{it}x_{it}+\sum_{i=1}^{N}\sum_{t=1}^{T}cd_{i}E[L_{i}]x_{it}+\sum_{k=1}^{K}\sum_{t=1}^{T}(c_{o}\cdot E[I_{kt}^{+}]+c_{s}\cdot E[I_{kt}^{-}]) \tag{9-1}$$

s. t.

$$Q_{kt}=\sum_{i=1}^{N}\pi_{ik}\sum_{j=1}^{t}x_{ij}[F(t-j+1)-F(t-j)] \tag{9-2}$$

$$I_{kt}=I_{kt-1}+Q_{kt}-D_{kt} \tag{9-3}$$

$$x_{it}\geqslant 0 \tag{9-4}$$

$$\sum_{i=1}^{N}x_{it}\leqslant CP_{t} \tag{9-5}$$

具体而言，t 时段叶项目 k 的产出量如式（9-6）所示。

$$\begin{aligned}Q_{kt}&=\pi_{1k}\begin{pmatrix}x_{11}P\{t-1\leqslant l<t\}+x_{12}P\{t-2\leqslant l<t-1\}\\+\cdots+x_{1t-1}P\{1\leqslant l<2\}\end{pmatrix}+\\&\quad\pi_{2k}\begin{pmatrix}x_{21}P\{t-1\leqslant l<t\}+x_{22}P\{t-2\leqslant l<t-1\}\\+\cdots+x_{2t-1}P\{1\leqslant l<2\}\end{pmatrix}+\cdots+\\&\quad\pi_{Nk}\begin{pmatrix}x_{N1}P\{t-1\leqslant l<t\}+x_{N2}P\{t-2\leqslant l<t-1\}\\+\cdots+x_{Nt-1}P\{1\leqslant l<2\}\end{pmatrix}\\&=\sum_{i=1}^{N}\pi_{ik}\sum_{j=1}^{t}x_{ij}[F(t-j+1)-F(t-j)]\end{aligned} \tag{9-6}$$

其中，式（9-2）中 π_{ik} 可以通过 $\pi_{ik}\sim U[a_{ik},\ b_{ik}]$ 平均值表示。将拆解操作时间 l 和需求视为随机变量，并假定其服从正态分布。式（9-1）为总成本最小化的目标函数，包括采购成本、拆卸作业成本、缺货成本和库存成本。式（9-2）为 t 期叶项目 k 的产量公式，式（9-3）为 t 期叶项目 k 的库存公式，式（9-4）为 t 期根项目 i 的拆卸量范围，式（9-5）为 t 期的拆卸能力约束。

t 期叶项目 k 的库存成本按以下公式（9-7）计算：

$$c_o \cdot E[I_{kt}^+] + c_s \cdot E[I_{kt}^-] = c_o\int_0^{I_{kt-1}+Q_{kt}} (I_{kt-1} + Q_{kt} - y)g(y)\mathrm{d}y + c_s\int_{I_{kt-1}+Q_{kt}}^{\infty} (y - I_{kt-1} - Q_{kt})g(y)\mathrm{d}y = c_o(I_{kt-1} + Q_{kt} - E[D_{kt}]) + (c_o + c_s)\int_{I_{kt-1}+Q_{kt}}^{\infty} (y - I_{kt-1} - Q_{kt})g(y)\mathrm{d}y \tag{9-7}$$

其中 $I_{kt}^+ = \max(I_{kt-1} + Q_{kt} - y, 0)$，$I_{kt}^- = \max(y - I_{kt-1} - Q_{kt}, 0)$，$y$ 是一个表示需求的随机变量，$g(y)$ 是需求的概率密度函数。

然后，式（9－1）中总成本最小化的原始目标函数变为以下公式（9－8）：

$$\sum_{i=1}^{N}\sum_{t=1}^{T} pc_{it}x_{it} + \sum_{i=1}^{N}\sum_{t=1}^{T} cd_iE[L_i]x_{it} + \sum_{t=1}^{T}\sum_{k=1}^{k}\left\{c_o(I_{kt-1} + Q_{kt} - E[D_{kt}]) + (c_o + c_s)\int_{I_{kt-1}+Q_{kt}}^{\infty}(y - I_{kt-1} - Q_{kt})g(y)\mathrm{d}y\right\} \tag{9-8}$$

9.4 算法设计

拆卸调度问题被证明是完全 NP 问题（Ji 等，2015），而混合遗传算法（HGA）全局搜索能力较强，故采用该方法解决拆卸调度问题，采用 GA 算法寻找最优拆卸调度方案。此外，通过局部搜索策略生成新的种群来提高局部搜索能力，采用 Monte Carlo 模拟的固定样本抽样策略处理随机规划模型中的随机变量。为了提高全局搜索能力并避免陷入局部最优的情况，在遗传算法中嵌入了自适应模拟降温运算。基于启发式的混合进化算法如图 9.2 所示。

9.4.1 基于 GA 的遗传操作

（1）染色体编码

遗传算法是一种基于启发式的进化算法，广泛应用于生产调度模型和管

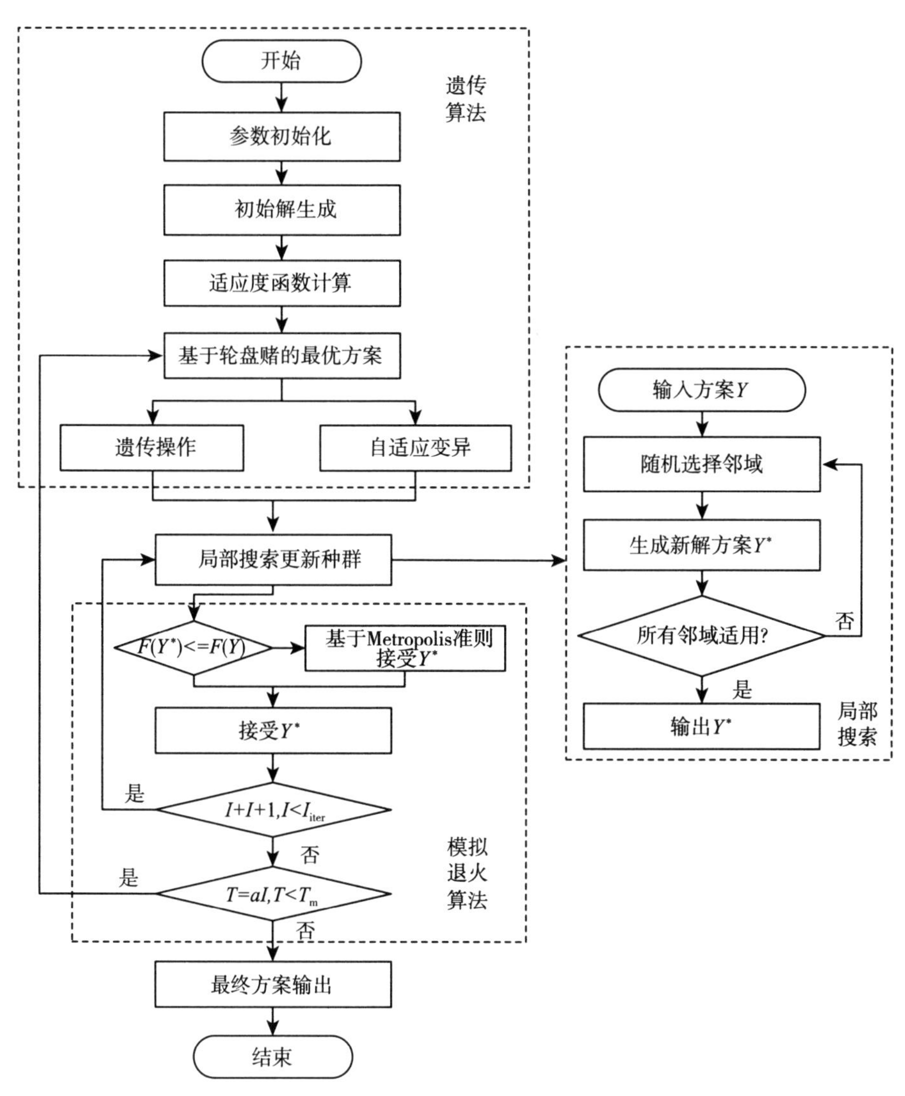

图9.2　设计的混合遗传算法实施步骤

理应用。染色体用数值求解方案编码，映射到实际的拆卸调度方案。在所建立的拆卸调度模型中，根据决策变量的特点采用实数编码技术来表示实际解。多周期拆卸调度解决方案的染色体代码如图9.3所示。每个时期有 N 个根项目，元素“2”表示根项目1在第一个时期的拆卸数量为2。其他基因与实数有相似的意义，一条染色体代表一个拆卸方案。

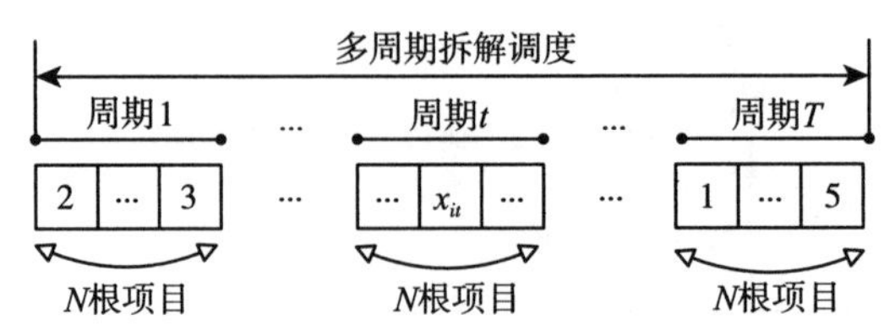

图9.3 基于实数编码的染色体图示

（2）适应度函数构建

适应度函数反映了迭代解的性能，用于在进化搜索过程中对解进行评估。基于式（9-1）中的目标函数，我们设计了如式（9-9）所示的适应度函数。

$$
\begin{aligned}
fitness(x_{it}) &= 1/TC \\
&= 1\Big/\{\sum_{i=1}^{N}\sum_{t=1}^{T}pc_{it}x_{it}+\sum_{i=1}^{N}\sum_{t=1}^{T}cd_{i}E[L_{i}]x_{it}+ \\
&\sum_{k=1}^{K}\sum_{t=1}^{T}(c_{o}\cdot E[I_{kt}^{+}]+c_{s}\cdot E[I_{kt}^{-}])\}
\end{aligned}
\tag{9-9}
$$

（3）自适应遗传操作

利用遗传算子生成并过滤新解，保持解的多样性。

①选择操作。在本研究中，采用轮盘赌轮选择策略来创建新一代解，并通过式（9-10）计算自适应复制概率。由适应度函数度量出的性能较好的个体解将以概率 $p(S_j)$ 复制到下一代解中。

$$
p(S_j)=f_j(S_j)/\sum_{j=1}^{G_n}f_j(S_j) \tag{9-10}
$$

式中，S_j 为单个拆卸解方案，$p(S_j)$ 为复制到下一代的选择概率，$f_j(S_j)$ 为个体解 S_j 方案的适应度函数值。

②两点交叉操作。选择算子致力于找到更好的解方案，而交叉算子可以帮助扩展解域。两点交叉算子通过交叉运算生成新的解方案，如图9.4所示。交叉概率对启发式算法的性能有重要影响。高概率有助于提高所设计算法的搜索效率，但也可能导致优良基因的丢失。因此，采用自适应交叉算子来实现交叉运算，该交叉运算基于更新的个体解的适应度性能进行调整，如式（9-11）。新的子代解将以一定的概率从两个父代解方案中获得。

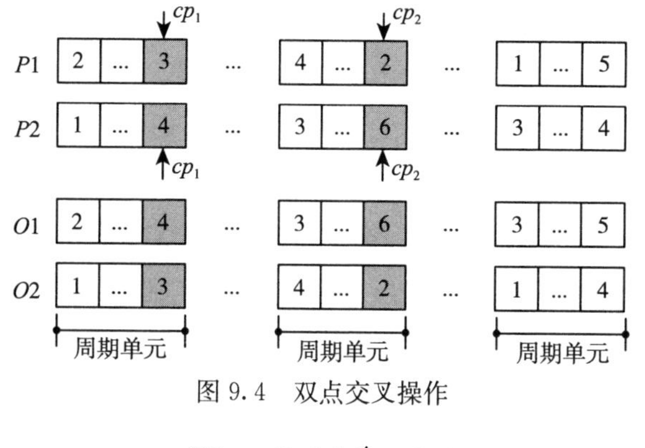

图 9.4　双点交叉操作

$$P_c=\begin{cases}P_{c1}-\dfrac{(P_{c1}-P_{c1})(f'-f_{avg})}{f_{max}-f_{avg}}, & f'\geqslant f_{avg}\\ P_{c1}, & f'<f_{avg}\end{cases}\tag{9-11}$$

式中，f_{avg}是种群的平均适应度值，f_{max}是最大适应度值。一般来说，$P_{c1}=0.9$，$P_{c2}=0.6$。

③多点变异操作。另一种遗传算子是选择具有一定概率变异的染色体进行变异操作。此处根据拆卸调度问题的特点采用了多点变异算子进行运算，如图 9.5 所示。此外，执行自适应变异操作以产生新的解方案，其变异概率的计算如式（9－12）所示。

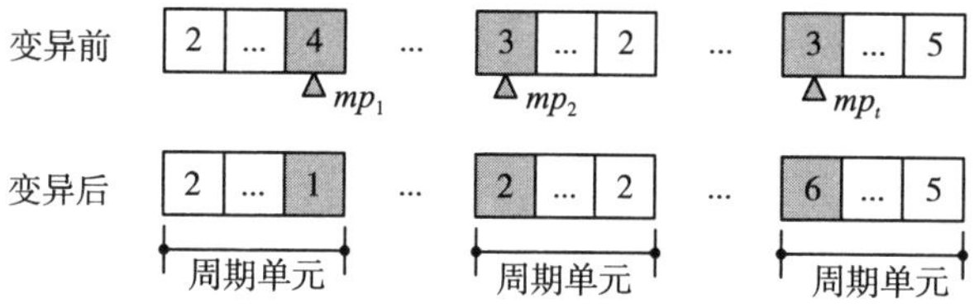

图 9.5　多点变异操作

$$P_m=\begin{cases}P_{m1}-\dfrac{(P_{m1}-P_{m2})(f_{max}-f')}{f_{max}-f_{avg}}, & f'\geqslant f_{avg}\\ P_{m1}, & f'<f_{avg}\end{cases}\tag{9-12}$$

式中，P_m 是突变概率，一般来说 $P_{m1}=0.1$，$P_{m2}=0.001$（F. Zhou，X. Wang，et al.，2019）。

9.4.2　局部搜索策略

为了提高算法的搜索效率，加快算法的进化过程，采用局部搜索策略，通过搜索空间内的不同区域来寻找局部最优解。LS 策略的性能取决于邻域搜索的结构和初始解（L. Zhou 等，2019）。根据已建立的拆卸调度模型的特点，提出基于邻域交换的搜索结构来实现局部搜索策略。随机选择基因，并选择最接近的解方案来测试性能是否比前者更好，最终确定适应性最好的个体解方案。基于所建立的模型，提出以下两种局部搜索策略，以提高基于缺货惩罚成本和库存成本的搜索效率：①如果当前解方案的缺货成本项足够大，则需要在一定时期内增加采购量；②如果当前解方案的库存成本足够大，则在此期间应减少采购量。根据这两种优化策略，采用 LS 操作提高搜索效率。

9.4.3　模拟退火技术

为了提高全局搜索能力，采用模拟降温技术避免局部最优（Vahdani 等，2017）。SA 中存在一个初始温度，新的解 Y 由初始状态 X 随机产生，如式（9-13）所示。

$$p=\begin{cases}1, & f(Y^*)\geqslant f(Y)\\ \exp[(-f(Y)-f(Y^*))/KT], & f(Y^*)<f(Y)\end{cases} \tag{9-13}$$

详细的 SA 过程如图 9.2 所示，I_{iter} 为特定温度下的迭代次数，T_m 为最终温度，α 为冷却系数，K 为 Metropolis 常数。

9.4.4　固定样本抽样策略

固定样本量（FSS）抽样策略模拟随机因素的方法被证明是解决随机规划问题的有效工具，本研究采用该方法处理随机变量。在 FSS 策略中使用容量为 N 的固定样本，并通过 Monte-Carlo 模拟执行所设计的算法生成 N 个样本的最佳解（Ferrenberg 等，2018）。然后，根据大样本 N' 通过目标值对生成的解方案进行评价。解的精度与样本量有关，样本量越大，算法的性能越好。但是，样本量的增加同时也会导致算法的效率降低。因此，我们需要关注随机规划过程中精度和效率之间的平衡。

9.5 算例分析

为了验证本书的规划模型和混合启发式算法，通过数值实验得到最优拆卸解。实验研究在 Windows 8 系统环境下，采用 3.3GHz 的 $i7$ 处理器的笔记本电脑进行。利用商业求解软件 IntelliJ-IDEA 对所设计的混合启发式算法进行了编码和实现。文中给出了不同问题规模下的实验实例，并给出了计算结果和对比分析。

9.5.1 固定样本抽样策略

生成数值实例以验证所建立的模型，并执行所提出的算法以优化拆卸解。我们在不同的根项目数量（5、10 和 20）和生产周期数（10、20 和 30）情况下设置不同规模的实验算例（Kim，Xirouchakis，2010）。参考以往的文献，将规划模型中的参数设置如下：

生产周期 20；

根项目数 $N=5$；

叶项目数 $K=5$；

拆解操作时间 l_i：服从正态分布 $N(\mu_i,\sigma_i^2)$；

$N(\mu_i,\sigma_i^2)|\{N(1.5,0.5);N(1.7,0.5);N(1.9,0.5);N(2.0,0.5);N(1.6,0.5)\}$；

采购价格 $pc_i(1.0,1.2,1.4,1.5,1.1)$；

需求 D：服从正态分布 N（70，5）；

拆解产量 π：服从均匀分布［2，4］；

产量约束 CP：35；

初始库存水平 IV_{k0}通过公式 $IV_{k0}=\beta D_{k0}$（$\beta\in$［0.8，1.2］）随机生成。

9.5.2 FSS 策略的样本量实验

采用 FSS 抽样策略对随机规划模型进行处理，合适的样本容量对启发式算法的精度和效率具有重要意义。故这里通过不同样本量对算法性能的影响实验测试来确定合适的样本量。我们针对不同的样本量（分别为 10、20、

50、100、200）测试了 HGA 在各实验场景下的性能和效率。

在 20 个生产周期中，我们根据根项目（5、10 和 20）和拆解叶项目（5 和 10）的数量设置了 6 个实验实例。不同样本容量下算法的 CPU 运行时间如图 9.6 所示。

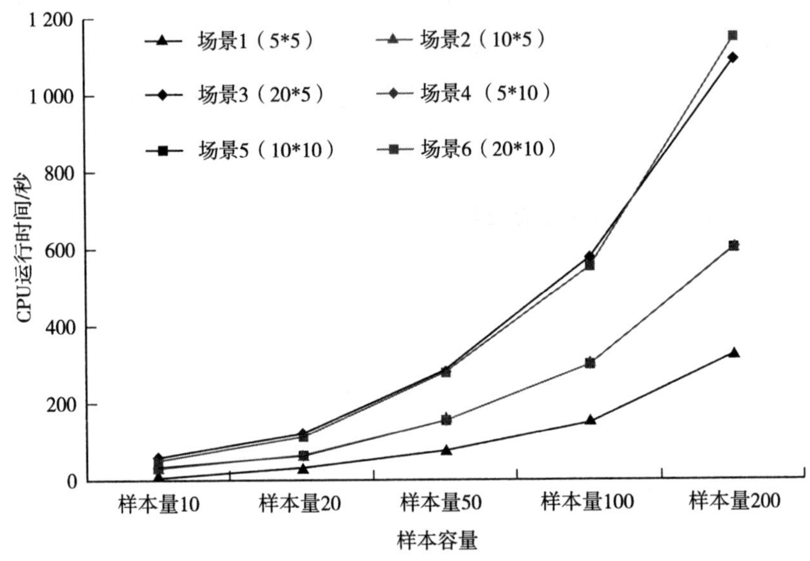

图 9.6 不同 FSS 抽样的样本规模下 CPU 运行时间

从图 9.6 可以看出，对于实验实例，HGA 的 CPU 运行时间随着 FSS 策略样本量的增加而增加，尤其是当样本量增加超过 100 时，算法的效率开始急剧下降。最佳解决方案在不同的样本容量下的最小总拆卸成本和 CPU 运行时间如表 9.2 所示。

表 9.2 不同抽样情景下的算法性能

样本量 \ 算例	场景 1（5＊5＊20）		场景 2（10＊5＊20）		场景 3（20＊5＊20）	
	CPU 运行时间/秒	最优值	CPU 运行时间/秒	最优值	CPU 运行时间/秒	最优值
样本量 10	15	11 019.55	33	9 447.88	58	8 636.45
样本量 20	33	10 883.53	63	9 146.44	118	8 354.18
样本量 50	77	11 023.37	153	9 172.41	279	8 079.58
样本量 100	157	10 705.56	303	8 769.02	573	8 105.99
样本量 200	325	11 044.09	604	9 218.65	1 089	8 216.41

（续）

样本量＼算例	场景4（5*10*20）		场景5（10*10*20）		场景6（20*10*20）	
	CPU运行时间/秒	最优值	CPU运行时间/秒	最优值	CPU运行时间/秒	最优值
样本量10	34	25 230.30	32	23 125.25	58	19 114.51
样本量20	62	25 160.20	61	22 677.91	117	18 770.06
样本量50	152	25 170.08	152	22 610.55	280	18 705.39
样本量100	307	25 052.04	296	22 576.06	556	18 784.74
样本量200	607	24 883.82	600	22 609.10	1 152	18 750.30

在场景3和场景6的实验测试中，样本量为50时客观值最佳，而其他四个实验场景下，样本量为100时客观值最佳。从表9.2可以看出，随着样本量的增加，最优目标函数值总体呈下降趋势，表现出较好的性能。然而，当样本量超过100时，计算解的质量没有进一步的改善，CPU运行时间急剧增加。因此，本研究选取样本量100来执行FSS抽样策略。

9.5.3 结果分析与实验对比

该算法以场景1（样本量=100）下的逻辑步骤为基础，通过目标函数的最小化生成最优拆卸调度解方案。为了验证所提出的HGA的有效性，将其与传统GA算法和TS算法在CPU运行时间和目标值方面进行比较（Cesaret等，2012；Ojstersek等，2020；Senécal，Dimitrakopoulos，2020）。目标函数在不同算法之间迭代的收敛过程如图9.7所示。

从图9.7所示的收敛曲线可以看出，所提出的HGA在精度和效率方面比传统GA和TS方法有更好的性能。具体来说，TS算法即使有较好的初始解，收敛速度也很慢；相比GA算法，HGA能够更快进入收敛。从计算效率来看，三种算法（GA、HGA、TS）在系统下的运行时间分别为91s、157s和118s。GA和TS都显示出比HGA更好的计算效率，但是解的质量不如HGA算法。实验验证了遗传算子在遗传算法和混合遗传算法中的快速收敛优势。

9.5.4 模型对比

根据上述实验分析，这里同时考虑两个随机因素对废旧产品拆卸调度问

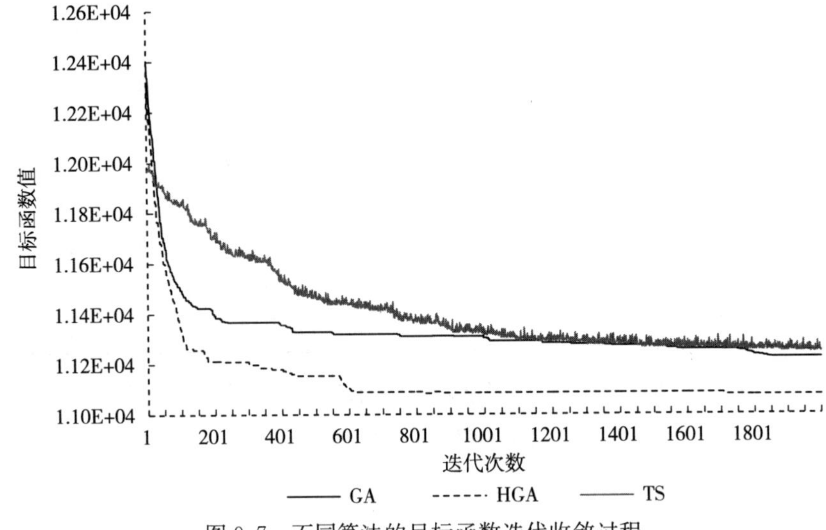

图 9.7　不同算法的目标函数迭代收敛过程

题进行了创新性研究，考虑到需求和拆解时间不确定性，这些不确定因素在工业工厂中很常见，对拆卸过程起着重要作用，这里所考虑的不确定变量使得所建立的规划模型更符合工业拆卸工厂的实际情况。为了验证不确定性因素在拆卸调度问题中的重要性，我们从 CPU 运行时间和最佳目标值两个方面对确定性和非确定性调度模型进行了比较分析。根据根项目和叶项目的数量生成了四个实例（5-5、5-10、10-5 和 10-10）。此外，本实验还将拆卸调度问题的三个周期（10、20 和 30）进行了组合，得到了 12 个实例，比较结果如表 9.3 所示。

表 9.3　确定性与不确定性环境下最优目标分析

算例 \ 问题类型	确定性 DSP		不确定性 DSP	
	CPU 运行时间/秒	最优值	CPU 运行时间/秒	最优值
场景 1-1（5*5*10）	5	5 454.51	42	5 156.07
场景 1-2（5*5*20）	5	10 930.57	87	10 628.48
场景 1-3（5*5*30）	9	17 010.69	129	16 269.5
场景 2-1（5*10*10）	5	12 377.34	44	12 016.7
场景 2-2（5*10*20）	6	25 177.81	87	24 628.88
场景 2-3（5*10*30）	7	37 752.6	133	37 048.91

（续）

问题类型 / 算例	确定性 DSP		不确定性 DSP	
	CPU 运行时间/秒	最优值	CPU 运行时间/秒	最优值
场景 3－1（10＊5＊10）	4	4 792.99	71	4 273.89
场景 3－2（10＊5＊20）	7	9 934.57	153	9 172.41
场景 3－3（10＊5＊30）	10	14 639.76	230	13 744.38
场景 4－1（10＊10＊10）	6	11 798.3	70	11 027.17
场景 4－2（10＊10＊20）	8	23 538.65	145	22 669.08
场景 4－3（10＊10＊30）	9	35 134.88	228	34 003.63

表 9.3 给出了 12 组不同实例下确定性 DSP 和非确定性 DSP 的对比分析。从表 9.3 可以看出，忽略这些不确定因素会导致总成本增加，非确定性模型有助于在每个实例中以较少的总拆卸成本获得更好的性能。随着拆解生产周期的增加，从 CPU 和总成本指标上反映的算法规模增大。与非确定性 DSP 模型相比，确定性 DSP 所需的时间更少。尽管为非确定性实例推导出最佳解决方案需要更多的 CPU 运行时间，但它们都比确定性方案表现出更好的性能，并且对所有实例都有更好的目标值。这一比较结果验证了非确定性拆卸调度模型在可接受范围的 CPU 运行时间对工业拆卸工厂具有较好的性能和实际意义。

9.5.5　灵敏度分析

在所建立的非确定性拆卸调度模型中存在两个不确定因素（需求和拆卸作业时间）。为了评估不确定性对所建立模型的最佳解的影响，对这两个不确定性变量进行了灵敏度分析的实验测试。在 20 个生产周期内，基于上一小节中的 6 个实验实例（场景 1 至场景 6），设置不同的需求标准差（$\sigma_d=1$，3，5，7，9）和拆解操作实践标准差（$\sigma_l=0.1$，0.3，0.5，0.7，0.9）进行了实验测试。求解五个实验条件下六个实例的目标函数值变化，两个不确定变量的灵敏度分析分别如图 9.8 和图 9.9 所示。

从图 9.8 和图 9.9 可以看出，最佳目标函数值随不确定变量的变化而波动。从图 9.8 中对需求变量的灵敏度分析来看，除场景 6 外，其他 5 个实例中的最佳目标函数值均有轻微波动。当拆卸作业时间变化时，图 9.9 中六个实验实例的最佳目标函数值的变化都较小，呈现相对稳定的趋势。对这两个不确定因素的灵敏度分析表明，即使其对总拆卸成本有一定影响，但对拆卸调度的影响并没有想象的显著。

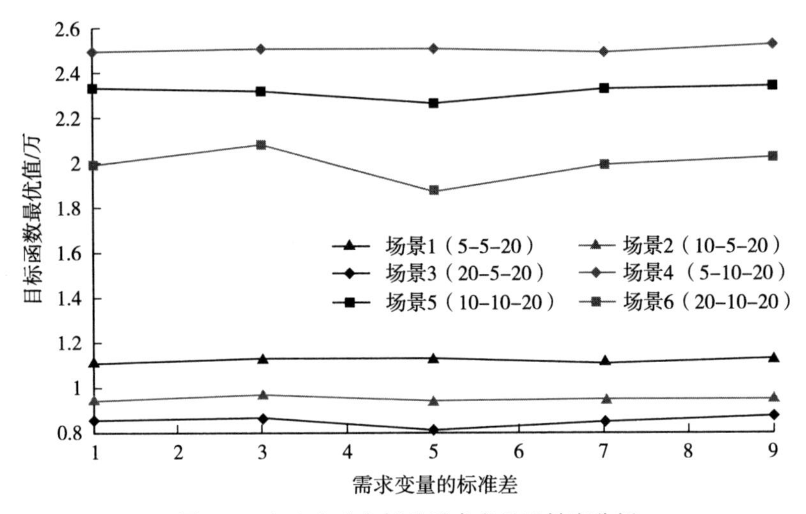

图 9.8　六个实验实例的需求变量灵敏度分析

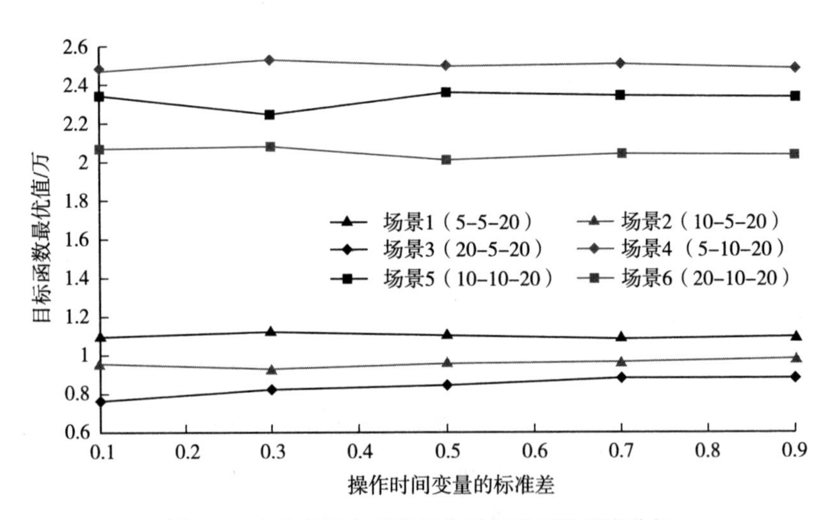

图 9.9　六个实验实例的操作时间变量灵敏度分析

9.5.6　结果讨论与管理启示

本章为拆卸管理提供了一些理论上的启示和管理上的见解，为拆卸管理提供了科学和实践上的贡献。在这一节中我们讨论了拆卸调度问题的理论意义，并为工业应用提供了管理启示。

本章同时考虑需求和拆卸作业时间的不确定性，提出了解决非确定性拆卸调度问题的方案框架，为理论知识的积累做出了贡献。根据工业企业的拆卸作业实际，将这两个不确定因素视为随机变量，提出了具有能力约束的新型非确定性拆卸调度规划模型。此外，为了提高算法的局部搜索能力，设计了将 SA 和 LS 策略与遗传算子相结合的 HGA 启发式算法。通过 Monte Carlo 操作模拟固定样本量（FSS）抽样策略来求解相关随机变量。

本章通过考虑不确定需求和多周期拆卸作业时间因素，扩展了条件约束下的拆卸调度问题。由于对这两个不确定性因素的考虑，所建立的非确定性规划模型更接近于拆卸生产实际，为解决条件约束下的拆卸调度问题提供了有效的解决方案。

本章亦提供了一些实务上的启示和管理上的见解，以协助回收工业部门通过所建立的随机规划模型来改善精益作业。该拆卸调度模型为回收企业的拆卸作业管理提供了技术和方法上的支持，有助于企业降低成本、提高效率、提升社会知名度。

从管理的角度来看，非确定性拆卸调度模型能够让工业管理者在考虑不确定因素的情况下确定最佳拆卸方案。数值算例的结果显示，所设计的 HGA 启发式算法的性能优于比较基准启发式算法。数值算例的实验结果表明，非确定性模型比确定性模型具有更好的求解性能。实验测试的灵敏度分析表明，这两个不确定因素对最佳目标函数值的影响有限，其对拆卸调度的影响并不像实际中假定的十分显著。在实际场景中，如果资源有限，可以将需求和拆卸操作时间参数视为一定的变量。这些有趣的发现将有助于工业管理者更好地进行不确定性拆卸调度决策，并进行拆卸管理实践。

9.6 本章小结

本章以总拆卸调度成本（采购成本、拆卸作业成本、出库成本和库存成本）优化为目标函数，通过建立一个新的随机规划模型研究了需求和操作时间不确定环境下受产能约束的拆卸调度问题。将一个多周期拆卸调度问题推广到两级拆卸产品结构中，以确定满足分离条件的废旧拆卸产品数量。

针对这一新的拆卸调度问题，设计了一种混合启发式进化算法（HGA）来求解。此外，在启发式步骤中，采用固定样本量（FSS）抽样策略对随机变量进行 Monte Carlo 模拟处理，然后通过算例对所建立的模型和所设计的 HGA 算法的有效性进行验证。计算结果表明，所提出的混合启发式算法的性能优于现有的大多数启发式算法。令人惊讶的是，对这两个不确定变量的灵敏度分析表明，这两个变量对最优目标函数值的影响并不像实际拆卸作业中想象的那么显著。如果工厂在实践生产中条件有限，可将这两个参数视为确定性变量。

当然，本章研究也存在一定的局限性，可以有更深一步的研究。首先，可以研究多级结构下受条件约束的更为复杂的拆卸调度问题，更贴合工业应用的实际。其次，其他随机因素或细节的不确定性对进一步研究也有重要意义，如废旧产品的提前期、缺陷件或到货不确定等。最后，可以根据新的拆卸调度问题特点设计其他精确算法和智能启发式算法。

第10章　考虑再制造成本和消费者环保意识的回收模式研究

废旧汽车回收活动涉及制造商、零售商和第三方再生资源企业，为促进废旧汽车产业的可持续性，提倡供应链参与者共同参与废旧汽车回收活动，其均可以作为废旧汽车回收者。然而不同参与者展开回收活动，对于再制造品的定价影响显著，且由于不同参与者在供应链中的地位与作用差异，如何在不同参与者回收情况下，通过供应链协调，实现废旧汽车回收供应链利益最大化是至关重要的问题。本章重点研究不同回收模式下的再制造产品定价问题，研究考虑制造成本和消费者环保意识的废旧汽车回收模式，通过不同参与者回收情况下的利润函数建模，确定不同情景下的定价问题，有利于废旧汽车回收模式选择，实现废旧汽车回收供应链利益最大化，为废旧汽车回收管理过程中的模式研究奠定理论基础。

10.1　引言

绿色环境是我们的生态财富，都是需要我们珍惜保护的丰富资源。近年来，我国生态文明建设工作成为全局工作的重中之重，全社会积极响应“两山”理念，并将此作为行动指南，人们的环保意识水平得到了极大的提升。同时，环境问题促使消费者在购买产品时会关注产品的绿色度和使用后的回收再制造问题，所以消费者环保意识对回收模式的影响日渐显著。不难发现，我国环境保护成效显著，但同时我国生态文明建设仍然面临诸多矛盾和挑战，环境保护依旧任重而道远。

我国十大类别的再生资源分为废钢铁、废有色金属、废塑料、废轮胎、废纸、废弃电器电子产品、报废机动车、废旧纺织品、废玻璃、废电池，根据商务部发布的《中国再生资源回收行业发展报告（2022）》近几年的报告数据，可以得出我国再生资源行业回收态势稳中有进，稳中向好，如图 10.1 所示。

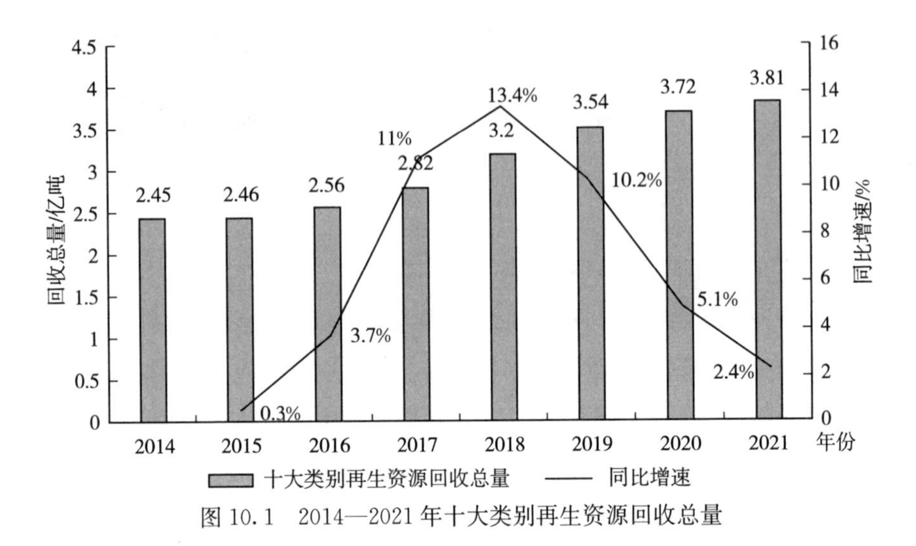

图 10.1　2014—2021 年十大类别再生资源回收总量

由于技术的快速发展和消费者对电子产品的要求逐渐增高，电子产品的寿命比以往任何时候都要短，最近几年废旧产品尤其是电子产品数量不断增多。根据中国家用电器研究院数据结合图 10.2 可知，2016 年以来，我国废弃电器电子产品理论报废数量整体逐年上升。

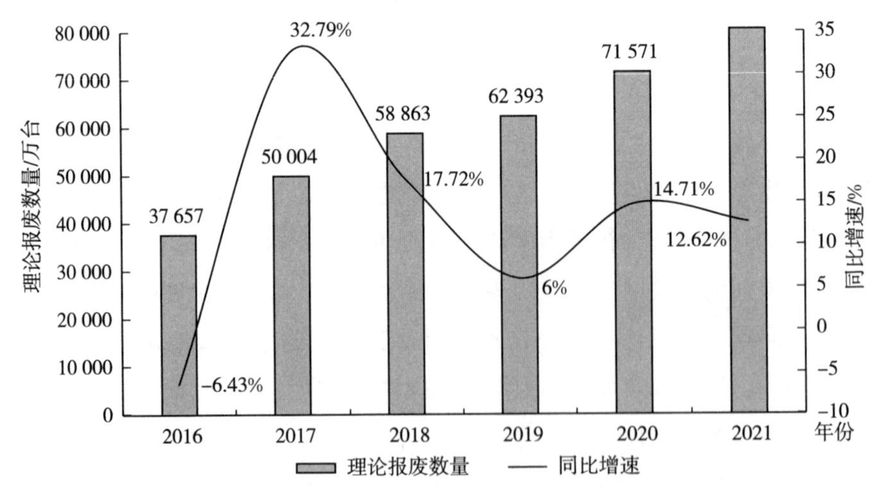

图 10.2　2016—2021 年中国废弃电器电子产品理论报废数量

虽然废弃电器电子产品的报废数量巨大而回收情况十分乐观，但不可否认的是，仍有大量的废弃电器电子产品有待合理的回收再制造，而电子垃圾中含有多种有毒有害的物质材料，如果不能及时妥善处理，废弃电子产品会产生有害物质污染土壤、地下水和动植物等，如铅基合金焊料、砷和硒，对人类健康和生态环境构成威胁。

从废旧产品回收模式的选择研究来看，传统的回收主体往往是制造商、零售商和第三方回收商，在此基础上出现三类回收商主导模式。但是随着研究的不断推进，越来越多的学者也会考虑混合回收和多渠道回收模式。Savaskan 等（2004）对如何选择合适的供应链回收渠道来收集客户使用过的产品的问题进行研究，规定回收商为单一的制造商、零售商或第三方回收商，研究结果显示，离顾客更近的代理商（零售商）是制造商最有效的废旧产品回收活动的承受者。杨晓丽（2019）的研究重点为回收的垄断环境下和竞争环境下的回收渠道选择问题，结论表明垄断环境下再制造成本会影响回收决策，而零售商总会参与回收，竞争环境下，两者均不选择参与回收。周雄伟等（2017）对传统三种回收渠道下的最优决策差异和回收渠道选择问题进行深入分析研究，最终得出第三方回收为低级策略，最优回收渠道要从另两种回收模式决策。Atasu（2013）等则讨论了回收成本结构对最佳回收渠道选择的相关性，结果表明最佳回收渠道选择是由成本结构如何调节制造商引导零售商的销售量和回收数量的能力驱动决定的。除此之外，孙金香（2018）整合了传统的三种回收模式和政府参与的回收模式，并在此基础上将传统三种回收模式两两组合，构建出三个混合回收完全信息动态博弈模型，经过实证研究明确了不同回收模式下政府干预和废弃电器电子产品闭环供应链各成员最优策略。胡培等（2018）的研究内容为技术创新对再制造模式造成的效益变化的影响研究，通过逆向归纳的分析法对再制造模式选择进行分析，分析的角度有经销商回收和第三方回收，分析结果显示产品技术创新成本与经销商回收再制造呈正相关，第三方回收再制造与消费者效用和消费者福利呈正相关。

从回收模式下闭环供应链效益角度来看，Behrooz 等（2021）的研究内容为价格、绿化和广告决策对供应链绩效造成的影响机制，同时将供应链协调考虑在内，通过拉格朗日松弛算法对大规模实例进行分析，分析结果显示在绿化和广告决策可以有效改善经济和环境目标的绩效。梁喜和熊中楷

(2009) 的研究内容为产品回收再利用率和供应链利润之间的相关性关系，研究对象为正向、逆向和闭环供应链下的利润模型，所用的研究方法为 Stackelberg 博弈方法，分析结果表明回收品再利用率越高，对闭环供应链管理系统越有利。梁晓豪（2018）通过对产品定价问题在双渠道闭环供应链下的研究得出，在双渠道的闭环供应链中，供应链各成员的利润及渠道总利润受消费者需求偏好系数、废旧产品回收率和再制造成功率等因素的影响。Fuan 和 Kongfa（2019）基于博弈论分析传统零售商与线上零售商竞争下闭环供应链的系统效率分析，结果显示当制造商主导市场结构时，制造商的利润最高，供应链其他成员和整个系统的利益较小。而零售商回收时，零售商和整个系统中所获得的利益更高。与此同时，杜玮浩（2013）的研究整合了闭环供应链的环境效益和经济效益，通过比较不同再制造策略，并结合再制造供应链综合效益，得出了再制造行业未来发展路径。

随着绿色消费需求的快速发展，越来越多的消费者选择购买绿色产品。将消费者的环保意识纳入回收模式影响中的研究，成为大量学者探索的重点。在消费者环保意识作为单因素影响方面，陈海英（2018）研究的消费者环保意识从影响需求量和回收量两个角度分析，探讨了多种混合回收模型，经过算例仿真明确了消费者环保意识提升会增加供应链的各成员利润，回收率也会随着增大。葛静燕等（2007）运用纵向差异模型，并区别开了新产品和再制造产品，分析了制造商回收和零售商回收模型，研究表明消费者环保意识与供应链成员的最优决策集和利润呈正相关。熊中楷和梁晓萍（2014）在对比分析三种回收模式最优决策变量时考虑了消费者环保意识这一因素，探讨了最优策略集受消费者环保意识的变化是如何变化的。许民利等（2020）研究了 WEEE 双渠道回收模式下不同消费群体对决策变量的影响，结果表明在双渠道共同作用时，供应链的利润与一般消费者的环保意识成正比，与环保消费者成反比。Chitra（2007）的研究背景为人们在环保方面逐渐增加对绿色产品需求，从消费者购买环保产品时考虑的类别、带来效用和认可度等方面出发，经过实证研究明确了消费者环保意识水平与消费者环保支付意愿呈正相关。

以消费者环保意识作为影响因素之一，Zhenglong 等（2020）在研究消费者环保意识的同时考虑了碳政策对回收决策的影响，结论表明，尽管采取不同的行动方式，碳税和补贴政策都使低碳产品受益，消费者环保意识和碳政策下企业联合定价策略分析为上游竞争下企业的决策调整提供参考。刘岩艳（2019）的研究内容为消费者环保意识及零售商关切和环保产品质量，以及批发和零售价格之间的相关性关系，所用的研究方法为逆向归纳的方法，分析结果表明，公平关切会显著影响批发价格和零售价格，但不会影响环保产品的环保质量。杨晓辉和游达明（2021）区分了绿色产品和普通产品，并在此基础上企业呈双寡头竞争，对绿色技术创新驱动因素进行分析，明确了消费者环保意识对提升企业利润和绿色产品市场份额是十分有利的。除此之外，Yu 等（2016）开发了一个考虑绿色偏好和补贴的寡头竞争下的优化模型，通过有限维变分不等式理论的收敛算法进行研究，分析结果显示，消费者环保意识的提高会激励制造商生产绿色度更高的产品。此外，随着消费者环保意识或补贴政策的变化，在竞争环境下，制造商也会获得更多利润。

在对绿色供应链的研究中，孙丫杰和侯文华（2020）对以旧换新下绿色供应链的相关问题进行研究，回收再制造策略、以旧换新下产品设计策略为主要研究内容，提出促进绿色高效回收和绿色供应链可持续发展的研究方向。张芳等研究的绿色供应链由一个制造商和一个零售商组成，在零售商履行社会责任的基础上解析政府补贴对绿色制造商研发投入和零售商履行社会责任的影响，结果表明政府补贴有利于促进绿色产品的研发、零售商承担更多社会责任和供应链的稳定性。Man 和 XiaoMin（2021）的研究内容为零售商互惠偏好下绿色供应链的决策与协调，分析结果表明，提高消费者的环保意识有利于整个供应链和环境的利润，在零售商相互偏好的合理范围内，零售商的互惠偏好值与实现环境保护和提高整个社会的经济福利呈正相关。

10.2　问题描述与研究假设

10.2.1　问题描述

本章的研究对象是闭环供应链系统，该供应链系统由一个制造商、一个零售商与一个第三方回收商组成。制造商为领导者，零售商与第三方回收商为追随者。供应链各方均为风险中性者，以追求自身利益最大化为目标，不同回收模式下的闭环供应链成员垄断式地提高各自服务。其中，制造商负责生产新产品和再制造品，零售商负责销售新产品和再制造品，而废旧产品可以由制造商、零售商或第三方回收商中的任一方进行回收。本章将基于再制造成本和消费者环保意识分析，分别得到不同回收模式下两因素的影响机制和最优均衡解。

首先绘制出集中式决策的一种回收模式示例图和分散式决策的三种回收模式示例图，如图 10.3（a）、（b）、（c）、（d）所示，分别表示集中式决策回收、制造商回收、零售商回收和第三方回收商回收的回收决策模式。在四种不同的回收模式下，都由销售产品的正向物流供应链和回收废旧产品的逆

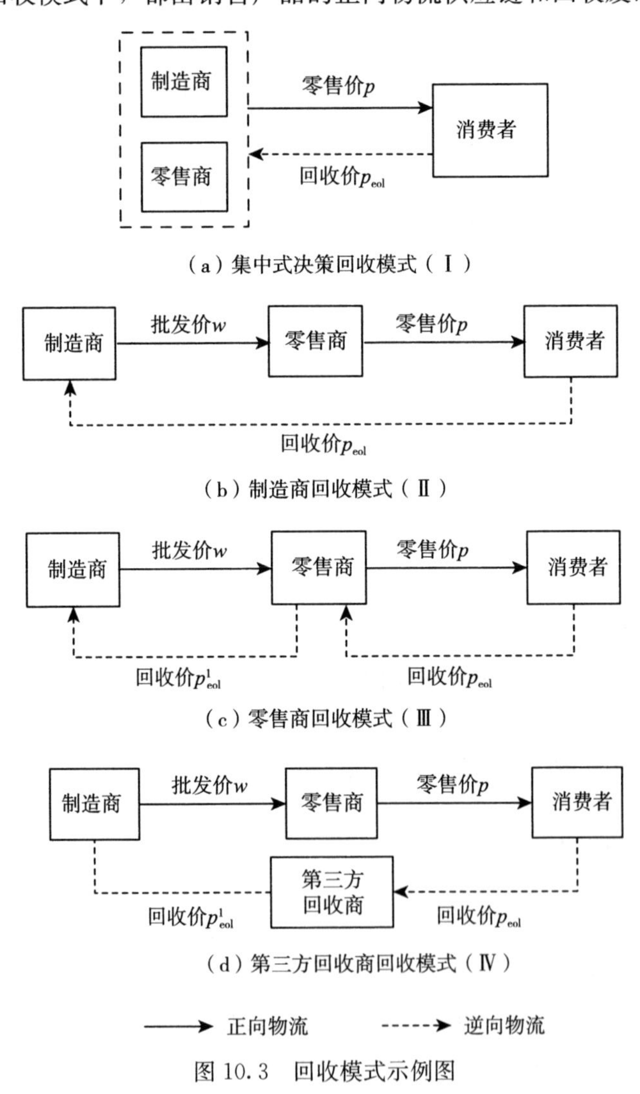

图 10.3　回收模式示例图

向物流供应链组成完整的闭环供应链系统。

10.2.2　基本假设

为了建立数学模型，做出以下假设，模型中所采用的变量与参数如表 10.1 所示。

假设一：闭环供应链的决策在单周期下进行，即考虑制造商、零售商和第三方回收商三者的单周期博弈，且市场完全开放，三者之间的信息是共享的，没有信息延迟等情况。研究内容和结果分析均以供应链处于稳定运营阶段为前提。

假设二：根据 MAJUMDER 和 GROENEVELT（2001）的假设，再制造品在质量和功能上与新产品无任何差异，制造商可以以相同的批发价 w 将新产品和再制造品批发给零售商，零售商可以以相同的零售价 p 将两类产品销售给消费者。

假设三：参考熊中楷和梁晓萍（2014）的研究，设市场需求函数为 $Q=a-bp+\beta e$，a、b 为常量且 $a>0$、$b>0$，其中 a 为市场潜在容量，b 为市场需求量对价格的灵敏度，β 为消费者的环保意识水平，e 表示制造商的环保努力程度，消费者环保意识越强，生产过程中制造商在环保方面做出的努力就会越大。

假设四：本章研究的消费者环保意识代表消费者对制造商生产出来的产品绿色环保性的敏感程度。借鉴 Hong 和 Guo（2018）的环保成本的假设形式，制造商考虑到市场中的消费者具备不同程度的环保意识水平，为确保生产出的产品更加绿色且环保，从而提升其环保努力程度所需要付出的单位成本为 he^2，h 表示与制造商环保努力程度相关的成本参数，e 表示制造商的环保努力程度，在特定的行业有确切的定义，例如，e 可表示为生产单位产品所加入的绿色环保成分，则 he^2 表示为了加入绿色环保成分 e 所耗费的成本。he^2 是 e 的二次函数，它表示制造商提高环保努力程度的成本是递增的。

假设五：生产再制造品时所耗费的物质能量与原材料都低于新产品，故再制造品的单位生产成本小于新产品的单位生产成本，即 $c_n>c_r$。假设 $\Delta=c_n-c_r$，代表生产再制造品的再制造成本节约。

假设六：假设废旧产品的回收再利用率为 λ，且 $0\leqslant\lambda\leqslant1$，当 $\lambda=0$ 时，

说明回收的产品完全无法用于再制造，当 $\lambda=1$ 时，说明回收的废旧产品全部符合再制造的要求，可完全用于再制造品。故制造商可用于生产再制造品的废旧产品数量为 λQ_{eol}。

假设七：本文假设从消费者处回收废旧产品的回收量 Q_{eol} 是关于回收价格 p_{eol} 的线性函数，即 $Q_{eol}=\beta+\alpha p_{eol}$，其中 α 为常数且 $\alpha>0$，α 表示回收量对市场回收价格的敏感系数，β 表示为消费者的环保意识水平，即零售商的回收价格定为零时，市场中的消费者愿意无偿交付的废旧产品数量。

假设八：参照梁喜和熊中楷（2009）的关于回收率的假设形式，令 $\tau=Q_{eol}/Q$ 表示为各回收者从消费者处回收废旧产品的回收率，即废旧产品的回收量占市场中产品总量的比率，且 $0<\tau\leqslant1$，当 $\tau=1$ 时，表示市场中的产品可以全部被回收。τ 值不等于零，否则本章的研究就无实际意义。

假设九：由于受到废旧产品质量和再制造技术等因素的限制，部分废旧产品可能存在不能参与再制造过程的风险，但无法利用的废旧产品可以经过一定的加工处理后转售出去，因此可获取的收益为 $W_s=(v_s-c_s)(1-\lambda)Q_{eol}$。

表 10.1　模型符号说明

模型符号	符号含义
a	市场潜在容量
b	市场需求量对零售价格的灵敏度
e	制造商的环保努力程度
h	制造商提高环保努力程度的相关成本系数
α	回收量对回收价格的敏感系数
β	消费者环保意识水平
λ	废旧产品的再利用率
τ	回收者从消费者处回收废旧产品的回收率
p	单位产品的零售价格
w	单位产品的批发价格
p_{eol}	回收者从消费者处收购废旧产品的市场回收价格
p_{eol}^1	制造商从零售商/第三方回收商回收废旧产品的转移价格
Q	产品的市场需求量
Q_{eol}	废旧产品的回收量
c_n	新产品的单位制造成本

（续）

模型符号	符号含义
c_r	再制造品的单位制造成本
c_s	无法利用的单位废旧产品的处理成本
v_s	无法利用的单位废旧产品的转售收入
π_k^j	闭环供应链回收模式 j 中渠道成员 k 获得的利润
$k\in$｛M，R，3P，T｝	依次表示制造商、零售商、第三方回收商、整条供应链
$j\in$｛Ⅰ，Ⅱ，Ⅲ，Ⅳ｝	依次表示集中决策模式、制造商回收模式、零售商回收模式和第三方回收商回收模式

10.3　废旧汽车回收再制造定价建模

10.3.1　集中式决策

集中式决策是指在闭环供应链系统中，把制造商、零售商和第三方回收商联合成一体，并以整体利益最优为目标进行决策。在集中式决策的回收模式中，整条供应链是一个整体，制造商、零售商和第三方回收商处于同一条供应链上参与共同的决策。把零售价格 p、市场回收价格 p_{eol} 和制造商的环保努力程度 e 当作此回收模式中的决策变量。

列出整个闭环供应链的利润模型，如式（10－1）。

$$\begin{aligned}\pi_T^{\mathrm{I}}&=\pi_M^{\mathrm{I}}+\pi_R^{\mathrm{I}}=(p-c_n-he^2)Q+(c_n-c_r)\lambda Q_{eol}+W_s-p_{eol}Q_{eol}\\&=(p-c_n-he^2)(a-bp+\beta e)+\lambda(c_n-c_r)Q_{eol}+\\&\quad(v_s-c_s)(1-\lambda)Q_{eol}-p_{eol}Q_{eol}\\&=(p-c_n-he^2)(a-bp+\beta e)+[\lambda(c_n-c_r)+\\&\quad(v_s-c_s)(1-\lambda)-p_{eol}](\beta+\alpha p_{eol})\end{aligned}\tag{10-1}$$

计算式（10－1），分别对制造商的环保努力程度 e、零售价格 p 和回收价格 p_{eol} 求导，并将各式进行联立，求得最优的零售价格、市场回收价格和制造商的环保努力程度。

$$e^{\mathrm{T}}=\frac{\beta}{2bh}\tag{10-2}$$

$$p^{\mathrm{T}}=\frac{a+bc_{\mathrm{n}}}{2b}+\frac{3\beta^{2}}{8b^{2}h} \tag{10-3}$$

$$p_{\mathrm{eol}}^{\mathrm{T}}=\frac{\lambda(c_{\mathrm{n}}-c_{\mathrm{r}})+(1-\lambda)(v_{\mathrm{s}}-c_{\mathrm{s}})}{2}-\frac{\beta}{2\alpha} \tag{10-4}$$

由 $\tau=Q_{\mathrm{eol}}/Q$ 可以计算出四种不同回收模式下的回收率，此时集中式决策回收模式中的最优回收量和回收率分别见式（10-5）和式（10-6）。

$$Q_{\mathrm{eol}}^{\mathrm{T}}=\frac{\lambda(c_{\mathrm{n}}-c_{\mathrm{r}})+(1-\lambda)(v_{\mathrm{s}}-c_{\mathrm{s}})}{2} \tag{10-5}$$

$$\tau^{\mathrm{T}}=\frac{4bh\{\alpha[\lambda(c_{\mathrm{n}}-c_{\mathrm{r}})+(1-\lambda)(v_{\mathrm{s}}-c_{\mathrm{s}})]+\beta\}}{4bh(a-bc_{\mathrm{n}})+\beta^{2}} \tag{10-6}$$

将上述求出的最优解代入整个闭环供应链的利润函数中，可以得出整条供应链总利润，见式（10-7）。

$$\begin{aligned}\pi_{\mathrm{T}}^{\mathrm{I}}=&\frac{\alpha[(1-\lambda)(v_{\mathrm{s}}-c_{\mathrm{s}})+\lambda(c_{\mathrm{n}}-c_{\mathrm{r}})]^{2}+bc_{\mathrm{n}}^{2}}{4}+\\&\frac{\beta[(1-\lambda)(v_{\mathrm{s}}-c_{\mathrm{s}})+\lambda(c_{\mathrm{n}}-c_{\mathrm{r}})]-ac_{\mathrm{n}}}{2}+\\&\frac{a^{2}}{4b}+\frac{\beta^{2}(a-bc_{\mathrm{n}})}{8b^{2}h}+\frac{\beta^{4}}{64b^{3}h^{2}}+\frac{\beta^{2}}{4\alpha}\end{aligned} \tag{10-7}$$

10.3.2 制造商回收模式模型

在制造商主导的回收模式中，由制造商直接向市场中的消费者回收废旧产品并进行再制造，回收价格为 p_{eol}，同时零售商按批发价 w 的价格从制造商购进新产品和再制造品，零售商再以零售价格 p 将两种产品销售给市场中的消费者。按照 Stackelberg 博弈模型，此时的博弈顺序为制造商作为领导者，先决定批发价格 w、市场回收价格 p_{eol} 和制造商环保努力程度 e，零售商作为追随者，再决定零售价格 p。决策问题建模如下。

制造商的利润模型见式（10-8）。

$$\begin{aligned}\pi_{\mathrm{M}}^{\mathrm{II}}&=(w-c_{\mathrm{n}}-he^{2})Q+(c_{\mathrm{n}}-c_{\mathrm{r}})\lambda Q_{\mathrm{eol}}+W_{\mathrm{s}}-p_{\mathrm{eol}}Q_{\mathrm{eol}}\\&=(w-c_{\mathrm{n}}-he^{2})(a-bp+\beta e)+[\lambda(c_{\mathrm{n}}-c_{\mathrm{r}})+\\&\quad(v_{\mathrm{s}}-c_{\mathrm{s}})(1-\lambda)-p_{\mathrm{eol}}](\beta+\alpha p_{\mathrm{eol}})\end{aligned} \tag{10-8}$$

零售商的利润模型见式（10-9）。

$$\pi_{\mathrm{R}}^{\mathrm{II}}=(p-w)Q=(p-w)(a-bp+\beta e) \tag{10-9}$$

计算公式（10－9），对零售价格 p 求导，按照零售商利润最大化的一阶条件，求得最优的零售价格，见式（10－10）。

$$p^{M}=\frac{a+bw+\beta e}{2b} \tag{10-10}$$

由式（10－10）可得，零售商的零售价格 p 与批发价格 w、消费者环保意识水平 β 和制造商环保努力程度 e 呈正相关。根据逆向归纳法可以求出制造商回收模式的各项最优解如下：

$$e^{M}=\frac{\beta}{2bh} \tag{10-11}$$

$$w^{M}=\frac{a+bc_{n}}{2b}+\frac{3\beta^{2}}{8b^{2}h} \tag{10-12}$$

$$p_{eol}^{M}=\frac{\lambda(c_{n}-c_{r})+(1-\lambda)(v_{s}-c_{s})}{2}-\frac{\beta}{2\alpha} \tag{10-13}$$

$$p^{M}=\frac{c_{n}}{4}+\frac{3a}{4b}+\frac{7\beta^{2}}{16b^{2}h} \tag{10-14}$$

由 $\tau=Q_{eol}/Q$ 可以计算出四种不同回收模式下的回收率，此时制造商回收模式中的最优回收量和回收率分别为：

$$Q_{eol}^{M}=\frac{\lambda(c_{n}-c_{r})+(1-\lambda)(v_{s}-c_{s})}{2} \tag{10-15}$$

$$\tau^{M}=\frac{8bh\{\alpha[\lambda(c_{n}-c_{r})+(1-\lambda)(v_{s}-c_{s})]+\beta\}}{4bh(a-bc_{n})+\beta^{2}} \tag{10-16}$$

将上述求出的最优解代入各利润函数，分别得出制造商利润、零售商利润和整条供应链的总利润：

$$\pi_{R}^{II}=\frac{[4bh(a-bc_{n})+\beta^{2}]^{2}}{256b^{3}h^{2}} \tag{10-17}$$

$$\pi_{M}^{II}=\frac{\alpha[(1-\lambda)(v_{s}-c_{s})+\lambda(c_{n}-c_{r})]^{2}+\frac{1}{2}bc_{n}^{2}+2\beta[(1-\lambda)(v_{s}-c_{s})+\lambda(c_{n}-c_{r})]-ac_{n}}{4}+\frac{a^{2}}{8b}+\frac{\beta^{2}(a-bc_{n})}{16b^{2}h}+\frac{\beta^{4}}{128b^{3}h^{2}}+\frac{\beta^{2}}{4\alpha} \tag{10-18}$$

$$\pi_{T}^{II}=\frac{\alpha[(1-\lambda)(v_{s}-c_{s})+\lambda(c_{n}-c_{r})]^{2}}{4}+\frac{3bc_{n}^{2}}{16}+\frac{3a^{2}}{16b}+\frac{3\beta^{2}(a-bc_{n})}{32b^{2}h}+\frac{3\beta^{4}}{256b^{3}h^{2}}+\frac{\beta^{2}}{4\alpha}+\frac{\beta[(1-\lambda)(v_{s}-c_{s})+\lambda(c_{n}-c_{r})]}{2}-\frac{8ac_{n}}{3} \tag{10-19}$$

10.3.3 零售商回收模式

在制造商委托零售商进行回收的回收模式中，制造商以回收价 p_{eol}^1 从零售商处回收废旧产品并进行再制造，再以批发价 w 将新产品和再制造品批发给零售商，零售商以回收价 p_{eol} 从消费者手中回收废旧产品，以 p 的市场零售价格将两种产品出售给消费者。按照 Stackelberg 博弈模型，此时的博弈顺序为制造商作为领导者，先决定批发价格 w 和制造商环保努力程度 e，零售商作为追随者，再决定零售价格 p 和市场回收价格 p_{eol}，决策问题建模如下。

制造商的利润模型见式（10-20）。

$$\begin{aligned}\pi_M^{III} &= (w-c_n-he^2)Q+(c_n-c_r)\lambda Q_{eol}+W_s-p_{eol}^1 Q_{eol}\\ &= (w-c_n-he^2)(a-bp+\beta e)+[\lambda(c_n-c_r)+\\ &\quad (v_s-c_s)(1-\lambda)-p_{eol}^1](\beta+\alpha p_{eol})\end{aligned} \tag{10-20}$$

制造商的利润模型见式（10-21）。

$$\begin{aligned}\pi_R^{III} &= (p-w)Q+(p_{eol}^1-p_{eol})Q_{eol}\\ &= (p-w)(a-bp+\beta e)+(p_{eol}^1-p_{eol})(\beta+\alpha p_{eol})\end{aligned} \tag{10-21}$$

计算式（10-21），对零售价格 p 和市场回收价格 p_{eol} 求导，按照零售商利润最大化的一阶条件，求得最优的零售价格和市场回收价格：

$$p^R=\frac{a+bw+\beta e}{2b} \tag{10-22}$$

$$p_{eol}^R=\frac{\alpha p_{eol}^1-\beta}{2\alpha} \tag{10-23}$$

由公式（10-22）可得，零售商的零售价格 p 与批发价格 w、消费者环保意识水平 β 和制造商环保努力程度 e 呈正相关。由式（3-23）可得，市场回收价格与消费者环保意识 β 呈负相关，与制造商从回收商处回收废旧产品的转移价格 p_{eol}^1 呈正相关。

根据逆向归纳法可以求出零售商回收模式的各项最优解如下：

$$e^R=\frac{\beta}{2bh} \tag{10-24}$$

$$w^R=\frac{a+bc_n}{2b}+\frac{3\beta^2}{8b^2h} \tag{10-25}$$

$$p^R=\frac{c_n}{4}+\frac{3a}{4b}+\frac{7\beta^2}{16b^2h} \tag{10-26}$$

由 $\tau = Q_{eol}/Q$ 可以计算出四种不同回收模式下的回收率，此时零售商回收模式中的最优回收量和回收率分别为：

$$Q_{eol}^{R} = \frac{\alpha p_{eol}^{1} + \beta}{2} \tag{10-27}$$

$$\tau^{R} = \frac{8bh(\alpha p_{eol}^{1} + \beta)}{4bh(a - bc_{n}) + \beta^{2}} \tag{10-28}$$

将上述求出的最优解代入各利润函数，分别得出零售商利润、制造商利润和整条供应链的总利润：

$$\begin{aligned} \pi_{R}^{\mathrm{III}} &= \frac{\alpha p_{eol}^{1\,2}}{4} + \frac{bc_{n}^{2}}{16} + \frac{4p_{eol}^{1}\beta - ac_{n}}{8} + \frac{a^{2}}{16b} + \frac{\beta^{2}(a - bc_{n})}{16b^{2}h} + \frac{\beta^{4}}{256b^{3}h^{2}} + \frac{\beta^{2}}{4\alpha} \\ &= \frac{4\alpha p_{eol}^{1\,2} + bc_{n}^{2} + 8p_{eol}^{1}\beta - 2ac_{n}}{16} + \frac{a^{2}}{16b} + \frac{\beta^{2}(a - bc_{n})}{16b^{2}h} + \frac{\beta^{4}}{256b^{3}h^{2}} + \frac{\beta^{2}}{4\alpha} \end{aligned} \tag{10-29}$$

$$\begin{aligned} \pi_{M}^{\mathrm{III}} = {} & \frac{bc_{n}^{2}}{8} + \frac{\beta[(1-\lambda)(v_{s} - c_{s}) + \lambda(c_{n} - c_{r}) - p_{eol}^{1}]}{2} - \frac{ac_{n}}{4} + \frac{a^{2}}{8b} + \frac{\beta^{2}(a - bc_{n})}{16b^{2}h} - \\ & \frac{\alpha p_{eol}^{1}[(1-\lambda)(v_{s} - c_{s}) + \lambda(c_{n} - c_{r}) - p_{eol}^{1}]}{2} + \frac{\beta^{4}}{128b^{3}h^{2}} \end{aligned} \tag{10-30}$$

$$\begin{aligned} \pi_{T}^{\mathrm{III}} = {} & \frac{\alpha[2(1-\lambda)(v_{s} - c_{s}) + 2\lambda(c_{n} - c_{r}) - p_{eol}^{1\,2}]}{4} + \\ & \frac{\beta[(1-\lambda)(v_{s} - c_{s}) + \lambda(c_{n} - c_{r})]}{2} + \frac{3bc_{n}^{2}}{16} - \\ & \frac{3ac_{n}}{8} + \frac{3a^{2}}{16b} + \frac{\beta^{2}(a - bc_{n})}{32b^{2}h} + \frac{3\beta^{4}}{256b^{3}h^{2}} + \frac{\beta^{2}}{4\alpha} \end{aligned} \tag{10-31}$$

10.3.4　第三方回收商回收模式

在制造商委托第三方回收商进行回收的回收模式中，制造商以回收价 p_{eol}^{1} 从第三方回收商处回收废旧产品并进行再制造，再以批发价 w 将新产品和再制造品批发给零售商，零售商以 p 的市场零售价将两种产品出售给消费者，第三方回收商以回收价 p_{eol} 从消费者手中回收废旧产品。按照 Stackelberg 博弈模型，此时的博弈顺序为制造商作为领导者，先决定批发价格 w、回收价格 p_{eol}^{1} 和制造商环保努力程度 e，零售商和第三方回收商是追随者，零售商决定零售价格 p，第三方回收商决定回收价格 p_{eol}。决策问题建模如下。

制造商的利润模型见式（10－32）。

$$\pi_{M}^{\text{IV}}=(w-c_{n}-he^{2})Q+(c_{n}-c_{r})\lambda Q_{eol}+W_{s}-p_{eol}^{1}Q_{eol}$$
$$=(w-c_{n}-he^{2})(a-bp+\beta e)+[\lambda(c_{n}-c_{r})+(v_{s}-c_{s})(1-\lambda)-p_{eol}^{1}](\beta+\alpha p_{eol}) \tag{10-32}$$

零售商的利润模型见式（10-33）。

$$\pi_{R}^{\text{IV}}=(p-w)Q=(p-w)(a-bp+\beta e) \tag{10-33}$$

第三方回收商的利润模型见式（10-34）。

$$\pi_{3P}^{\text{IV}}=(p_{eol}^{1}-p_{eol})Q_{eol}=(p_{eol}^{1}-p_{eol})(\beta+\alpha p_{eol}) \tag{10-34}$$

计算式（10-34），对市场回收价格 p_{eol} 求导，按照第三方回收商利润最大化的一阶条件求得最优的市场回收价格：

$$p_{eol}^{3P}=\frac{\alpha p_{eol}^{1}-\beta}{2\alpha} \tag{10-35}$$

由公式（10-35）可得，市场回收价格 p_{eol} 与消费者环保意识 β 呈负相关，与制造商从回收商处回收废旧产品的转移价格 p_{eol}^{1} 呈正相关。

根据逆向归纳法可以求出制造商回收模型下的各项最优解：

$$e^{3P}=\frac{\beta}{2bh} \tag{10-36}$$

$$w^{3P}=\frac{a+bc_{n}}{2b}+\frac{3\beta^{2}}{8b^{2}h} \tag{10-37}$$

$$p^{3P}=\frac{c_{n}}{4}+\frac{3a}{4b}+\frac{7\beta^{2}}{16b^{2}h} \tag{10-38}$$

由 $\tau=Q_{eol}/Q$ 可以计算出四种不同回收模式下的回收率，此时零售商回收模式中的最优回收量和回收率分别为：

$$Q_{eol}^{3P}=\frac{\alpha p_{eol}^{1}+\beta}{2} \tag{10-39}$$

$$\tau^{3P}=\frac{8bh(\alpha p_{eol}^{1}+\beta)}{4bh(a-bc_{n})+\beta^{2}} \tag{10-40}$$

将上述求出的最优解代入各利润函数，分别得出零售商利润、第三方回收商利润、制造商利润和整条供应链的总利润：

$$\pi_{R}^{\text{IV}}=\frac{[4bh(a-bc_{n})+\beta^{2}]^{2}}{256b^{3}h^{2}} \tag{10-41}$$

$$\pi_{3P}^{\text{IV}}=\frac{(\alpha p_{eol}^{1}+\beta)^{2}}{4\alpha} \tag{10-42}$$

$$\pi_{M}^{IV}=\frac{bc_{n}^{2}}{8}+\frac{\beta[(1-\lambda)(v_{s}-c_{s})+\lambda(c_{n}-c_{r})-p_{eol}^{1}]}{2}-\frac{ac_{n}}{4}+\frac{a^{2}}{8b}+\frac{\beta^{2}(a-bc_{n})}{16b^{2}h}-$$
$$\frac{\alpha p_{eol}^{1}[(1-\lambda)(v_{s}-c_{s})+\lambda(c_{n}-c_{r})-p_{eol}^{1}]}{2}+\frac{\beta^{4}}{128b^{3}h^{2}} \quad (10-43)$$

$$\pi_{T}^{IV}=\frac{\alpha[2(1-\lambda)(v_{s}-c_{s})+2\lambda(c_{n}-c_{r})-p_{eol}^{1}{}^{2}]}{4}+$$
$$\frac{\beta[(1-\lambda)(v_{s}-c_{s})+\lambda(c_{n}-c_{r})]}{2}+\frac{3bc_{n}^{2}}{16}- \quad (10-44)$$
$$\frac{3ac_{n}}{8}+\frac{3a^{2}}{16b}+\frac{\beta^{2}(a-bc_{n})}{32b^{2}h}+\frac{3\beta^{4}}{256b^{3}h^{2}}+\frac{\beta^{2}}{4\alpha}$$

在四种不同回收模式情况下，本节在考虑再制造成本和消费者环保意识两个因素的前提下，探讨这两个因素对整条闭环供应链的最优解以及供应链中各个成员效益的影响，并对集中式决策回收模式（Ⅰ）（模式 C）及分散决策下的三种回收模式，即制造商回收模式（Ⅱ）（模式 M）、零售商回收模式（Ⅲ）（模式 R）和第三方回收商回收模式（Ⅳ）（模式 3R）所涉及的有关变量进行对比分析，同时通过证明得出相应的结论。

根据以上各回收模式下的模型求解结果，首先分别列出四种不同的回收模式及各模式下涉及的相关决策变量，其次将所求出的结果按照四种不同模式将对应的分类划分，最终得出表 10.2。

表 10.2　四种回收模式下的最优均衡解结果汇总

	模式（Ⅰ）	模式（Ⅱ）	模式（Ⅲ）	模式（Ⅳ）
p	$\frac{a+bc_{n}}{2b}+\frac{3\beta^{2}}{8b^{2}h}$	$\frac{c_{n}}{4}+\frac{3a}{4b}+\frac{7\beta^{2}}{16b^{2}h}$	$\frac{c_{n}}{4}+\frac{3a}{4b}+\frac{7\beta^{2}}{16b^{2}h}$	$\frac{c_{n}}{4}+\frac{3a}{4b}+\frac{7\beta^{2}}{16b^{2}h}$
w		$\frac{a+bc_{n}}{2b}+\frac{3\beta^{2}}{8b^{2}h}$	$\frac{a+bc_{n}}{2b}+\frac{3\beta^{2}}{8b^{2}h}$	$\frac{a+bc_{n}}{2b}+\frac{3\beta^{2}}{8b^{2}h}$
p_{eol}	$\frac{1}{2}\lambda(c_{n}-c_{r})-\frac{\beta}{2\alpha}+\frac{1}{2}(1-\lambda)(v_{s}-c_{s})$	$\frac{1}{2}\lambda(c_{n}-c_{r})-\frac{\beta}{2\alpha}+\frac{1}{2}(1-\lambda)(v_{s}-c_{s})$	$\frac{\alpha p_{eol}^{1}-\beta}{2\alpha}$	$\frac{\alpha p_{eol}^{1}-\beta}{2\alpha}$
e	$\frac{\beta}{2bh}$	$\frac{\beta}{2bh}$	$\frac{\beta}{2bh}$	$\frac{\beta}{2bh}$
τ	$\frac{4bh\alpha[\lambda(c_{n}-c_{r})]}{4bh(a-bc_{n})+\beta^{2}}+\frac{4bh\alpha[(1-\lambda)(v_{s}-c_{s})]}{4bh(a-bc_{n})+\beta^{2}}+\frac{4bh\beta}{4bh(a-bc_{n})+\beta^{2}}$	$\frac{8bh\alpha[\lambda(c_{n}-c_{r})]}{4bh(a-bc_{n})+\beta^{2}}+\frac{8bh\alpha[(1-\lambda)(v_{s}-c_{s})]}{4bh(a-bc_{n})+\beta^{2}}+\frac{8bh\beta}{4bh(a-bc_{n})+\beta^{2}}$	$\frac{8bh(\alpha p_{eol}^{1}+\beta)}{4bh(a-bc_{n})+\beta^{2}}$	$\frac{8bh(\alpha p_{eol}^{1}+\beta)}{4bh(a-bc_{n})+\beta^{2}}$

通过表10.2和四种回收模式的构建与求解结果可得出以下结论。

结论1：最优零售价格满足 $p^{T}<p^{M}=p^{R}=p^{3P}$。

结论1表明：集中式决策下的最优零售价格低于分散式决策下的三种回收模式的最优零售价格，与集中式决策相比，分散式决策的供应链系统存在效率低的问题，消费者需要支付更高的市场零售价来购买新产品和再制造品，这需要制定相关协调策略来提高分散式决策供应链系统的效率，从而提升消费者购买效用。同时，分散式决策下的三种回收模式中最优零售价格相等说明了分散决策下的不同回收模式并不影响闭环供应链系统的市场零售价格。零售价格随着消费者环保意识水平的提高而上涨，但与再制造成本无关。

证明过程如下：

由表10.2易得，在分散式决策下的三种回收模式中，零售商的最优零售价均相等。通过做差法得到公式（10-45）。

$$
\begin{aligned}
p^{T}-p^{M}&=\frac{a+bc_{n}}{2b}+\frac{3\beta^{2}}{8b^{2}h}-\frac{c_{n}}{4}+\frac{3a}{4b}+\frac{7\beta^{2}}{16b^{2}h}\\
&=\frac{1}{4}c_{n}-\frac{1}{4}\frac{a}{b}-\frac{7}{16}\frac{\beta^{2}}{b^{2}h}
\end{aligned}
\tag{10-45}
$$

因为 a 代表市场潜在的容量，无论在现实中还是本文的假设中，其值是十分大的，故 $c_{n}<\frac{a}{b}$，所以 $p^{T}-p^{M}<0$，$p^{T}<p^{M}$。由于 $p^{M}=p^{R}=p^{3P}$，故结论1得证。

结论2：最优批发价格满足 $w^{M}=w^{R}=w^{3P}$。

结论2表明：分散决策下的三种不同回收模式，制造商的最优批发价格均相同。这说明了分散决策下的不同回收模式并不影响闭环供应链系统中制造商的批发价格。批发价格只受市场潜在容量、市场需求量对零售价格的灵敏度、消费者环保意识、新产品生产成本及制造商提高环保努力程度的成本系数的影响，且批发价格随着消费者环保意识水平的提高而上涨。

结论3：最优回收价格满足 $p_{eol}^{T}=p_{eol}^{M}>p_{eol}^{R}=p_{eol}^{3P}$。

结论3表明：模式（Ⅰ）和模式（Ⅱ）的最优回收价格大于模式（Ⅲ）和模式（Ⅳ）的最优回收价格。前两种回收模式中的最优回收价格均受废旧产品的再利用率、新产品和再制造品的生产成本、无法利用的单位废旧产品的处理成本和转售收入、消费者环保意识以及回收量对回收价格的敏感系数的影响。如果再制造成本增加，那么制造商会以降低市场回收价格的手段来相应地减少对废旧产品的回收数量。如果消费者环保意识水平提高，那么市场中的消费者愿意无偿交付的废旧产品数量会增加，制造商可以相应地降低市场回收价格来减少回收成本，故市场回收价格随着再制造成本和消费者环保意识的提高而下降。

后两种回收模式中的最优回收价格受制造商从零售商/第三方回收商回收废旧产品的转移价格、消费者环保意识和回收量对回收价格的敏感系数的影响。如果消费者环保意识增加，同理，制造商可以相应地降低市场回收价格来减少回收成本，故市场回收价格随着消费者环保意识的提高而下降。无论零售商回收还是第三方回收商回收，两者并不需要考虑再制造成本，故与再制造成本无关。

证明过程如下：

结合表 10.2，集中决策回收模式与制造商回收模式下的供应链系统都是制造商直接向市场中的消费者进行废旧产品的回收，故两者相等。零售商回收与第三方回收商回收都是经制造商委托向市场中的消费者回收废旧产品，另外不同回收模式的供应链系统都是垄断的，则零售商和第三方回收商扮演着相同的角色，故两者相等。再通过做差法得到式（10－46）。

$$\begin{aligned} p_{\mathrm{eol}}^{\mathrm{M}}-p_{\mathrm{eol}}^{\mathrm{R}} &= \frac{\lambda(c_{\mathrm{n}}-c_{\mathrm{r}})+(1-\lambda)(v_{\mathrm{s}}-c_{\mathrm{s}})}{2}-\frac{\beta}{2\alpha}-\frac{\alpha p_{\mathrm{eol}}^{1}-\beta}{2\alpha} \\ &= \frac{\lambda(c_{\mathrm{n}}-c_{\mathrm{r}})+(1-\lambda)(v_{\mathrm{s}}-c_{\mathrm{s}})}{2}-\frac{p_{\mathrm{eol}}^{1}}{2} \end{aligned} \tag{10-46}$$

因为 $\lambda(c_{\mathrm{n}}-c_{\mathrm{r}})+(1-\lambda)(v_{\mathrm{s}}-c_{\mathrm{s}})$ 代表着制造商对废旧产品产生再制造过程中的所有收益，一定大于单位市场回收价格，否则制造商无法获利，这样不符合实际情况且无现实意义，所以 $\lambda(c_{\mathrm{n}}-c_{\mathrm{r}})+(1-\lambda)(v_{\mathrm{s}}-c_{\mathrm{s}})>p_{\mathrm{eol}}^{1}$，$p_{\mathrm{eol}}^{\mathrm{M}}>p_{\mathrm{eol}}^{\mathrm{R}}$。由于 $p_{\mathrm{eol}}^{\mathrm{T}}=p_{\mathrm{eol}}^{\mathrm{M}}, p_{\mathrm{eol}}^{\mathrm{R}}=p_{\mathrm{eol}}^{\mathrm{3P}}$，故结论 3 得证。

结论 4： 最优制造商的环保努力程度满足 $e^{\mathrm{T}}=e^{\mathrm{M}}=e^{\mathrm{R}}=e^{\mathrm{3P}}$。

结论 4 表明：四种不同回收模式下，最优的制造商环保努力程度均相同，这说明了制造商的环保努力程度与回收模式无关。制造商的环保努力程度只受市场需求量对零售价格的灵敏度、消费者环保意识和制造商提高环保努力程度的成本系数的影响，且由于消费者环保意识越高，即消费者越愿意为环保的产品买单，故制造商的环保努力程度随着消费者环保意识水平的提高而增大。

结论5：整条供应链、制造商和零售商的最优利润满足 $\pi_T^{\mathrm{I}}>\pi_T^{\mathrm{II}}>\pi_T^{\mathrm{III}}=\pi_T^{\mathrm{IV}}$，$\pi_M^{\mathrm{II}}>\pi_M^{\mathrm{III}}=\pi_M^{\mathrm{IV}}$，$\pi_R^{\mathrm{III}}>\pi_R^{\mathrm{II}}=\pi_R^{\mathrm{IV}}$。

结论5表明：与分散式决策下的三种回收模式相比，集中决策模式下闭环供应链的总利润最高，三种分散回收模式下制造商回收的供应链的总利润大于零售商回收的供应链的总利润，而零售商回收与第三方回收商回收的供应链总利润相同。在分散决策下的三种回收模式中，制造商的最优利润在制造商回收模式中最高，零售商回收与第三方回收商回收模式中的制造商利润相同。零售商的最优利润在零售商回收模式中最高，制造商回收与第三方回收商回收模式中的零售商利润相同。

证明过程如下：

由于零售商与第三方回收商都是经制造商委托向消费者回收废旧产品，且不同回收模式的供应链系统都是垄断的，即零售商和第三方回收商扮演着相同的角色，故在供应链总利润和制造商利润中两者相等。由于零售商主导的回收模式中，零售商在销售产品给消费者的同时，也通过回收废旧产品再以转移回收价格转售给制造商赚取差价，获取利润，所以零售商的最优利润在零售商回收模式中最高，制造商回收与第三方回收商回收模式中的零售商只能通过销售产品获取利润，故两者相同；根据做差法得出式（10－46）。

$$\begin{aligned}
\pi_T^{\mathrm{I}}-\pi_T^{\mathrm{II}}=&\frac{\alpha[(1-\lambda)(v_s-c_s)+\lambda(c_n-c_r)]^2+bc_n^2}{4}+\\
&\frac{\beta[(1-\lambda)(v_s-c_s)+\lambda(c_n-c_r)]-ac_n}{2}+\\
&\frac{a^2}{4b}+\frac{\beta^2(a-bc_n)}{8b^2h}+\frac{\beta^4}{64b^3h^2}+\frac{\beta^2}{4\alpha}-\\
&\frac{\alpha[(1-\lambda)(v_s-c_s)+\lambda(c_n-c_r)]^2}{4}-\frac{3bc_n^2}{16}-\\
&\frac{3a^2}{16b}-\frac{3\beta^2(a-bc_n)}{32b^2h}-\frac{3\beta^4}{256b^3h^2}-\frac{\beta^2}{4\alpha}-\\
&\frac{\beta[(1-\lambda)(v_s-c_s)+\lambda(c_n-c_r)]}{2}+\frac{8ac_n}{3}
\end{aligned}$$

$$=\frac{bc_n^2}{16}+\frac{13ac_n}{6}+\frac{a^2}{16b}+\frac{\beta^2(a-bc_n)}{32b^2h}+\frac{\beta^4}{256b^3h^2} \tag{10-47}$$

因为各项均大于零，故 $\pi_T^{I}-\pi_T^{II}>0$，$\pi_T^{I}>\pi_T^{II}$。

$$\pi_T^{II}-\pi_T^{III}=\frac{\alpha[(1-\lambda)(v_s-c_s)+\lambda(c_n-c_r)]^2}{4}+\frac{3bc_n^2}{16}+\frac{3a^2}{16b}+\frac{3\beta^2(a-bc_n)}{32b^2h}+$$

$$\frac{3\beta^4}{256b^3h^2}+\frac{\beta^2}{4\alpha}+\frac{\beta[(1-\lambda)(v_s-c_s)+\lambda(c_n-c_r)]}{2}+$$

$$\frac{3ac_n}{8}-\frac{\alpha[2(1-\lambda)(v_s-c_s)+2\lambda(c_n-c_r)-p_{eol}^{1}{}^2]}{4}-$$

$$\frac{\beta[(1-\lambda)(v_s-c_s)+\lambda(c_n-c_r)]}{2}-\frac{8ac_n}{3}-\frac{3bc_n^2}{16}-$$

$$\frac{3a^2}{16b}-\frac{\beta^2(a-bc_n)}{32b^2h}-\frac{3\beta^4}{256b^3h^2}-\frac{\beta^2}{4\alpha}$$

$$=\frac{[(1-\lambda)(v_s-c_s)+\lambda(c_n-c_r)]\{\alpha[(1-\lambda)(v_s-c_s)+\lambda(c_n-c_r)]-2\beta\}}{4}+$$

$$\frac{2\beta^2(a-bc_n)}{32b^2h}+\frac{\alpha p_{eol}^{1}{}^2}{4}-\frac{55ac_n^2}{24} \tag{10-48}$$

易得 $\pi_T^{II}-\pi_T^{III}>0$，$\pi_T^{II}>\pi_T^{III}$。由于 $\pi_T^{III}=\pi_T^{IV}$，故 $\pi_T^{I}>\pi_T^{II}>\pi_T^{III}=\pi_T^{IV}$。同理，通过一定的数学运算，可证明结论 5。

10.4　算例分析

10.4.1　参数设置

为了确保本章研究更有现实意义，以废旧汽车行业为例，参考行业现状和模型假设，参考刘旭（2020）的研究，对模型中涉及的各项参数进行赋值，具体数值分别为 $a=100$，$b=10$，$h=50$，$\alpha=20$，$\lambda=0.9$，$p_{eol}^1=40$，$c_n=80$，$c_s=20$，$v_s=40$，把再制造成本和消费者环保意识两个因素作为变量，将以上这些参数数值代入决策变量最优解的各个表达式中，分别做出在两因素共同影响的前提下闭环供应链系统的零售价格、回收价格、供应链各成员利润和整条供应链总利润的变化图。

10.4.2　仿真分析

(1) 通过对模型的构建求解与比较分析，分散决策下的三种回收模式的零售价格相等，且零售价格只受消费者环保意识的影响，而与再制造成本无关，故只讨论消费者环保意识影响下集中决策与分散决策回收模式两者间零售价格的变动情况。

由图 10.4（a）可知，模式（Ⅰ）中的零售价格与消费者环保意识正相关，即零售价格随着消费者环保意识水平的提高而上涨。从图 10.4（b）可以看出，模式（Ⅱ）、模式（Ⅲ）和模式（Ⅳ）中的零售价格也均随着消费者环保意识水平的提高而上涨。为了两类回收模式零售商价格的变动趋势更清晰地进行对比，将两者共同放在一张图内表示出来，如图 10.4（c）所示，两类回收模式的零售价格都与消费者环保意识呈正相关关系，且模型（Ⅰ）中的零售价格小于分散式决策下的三种回收模式的零售价格。

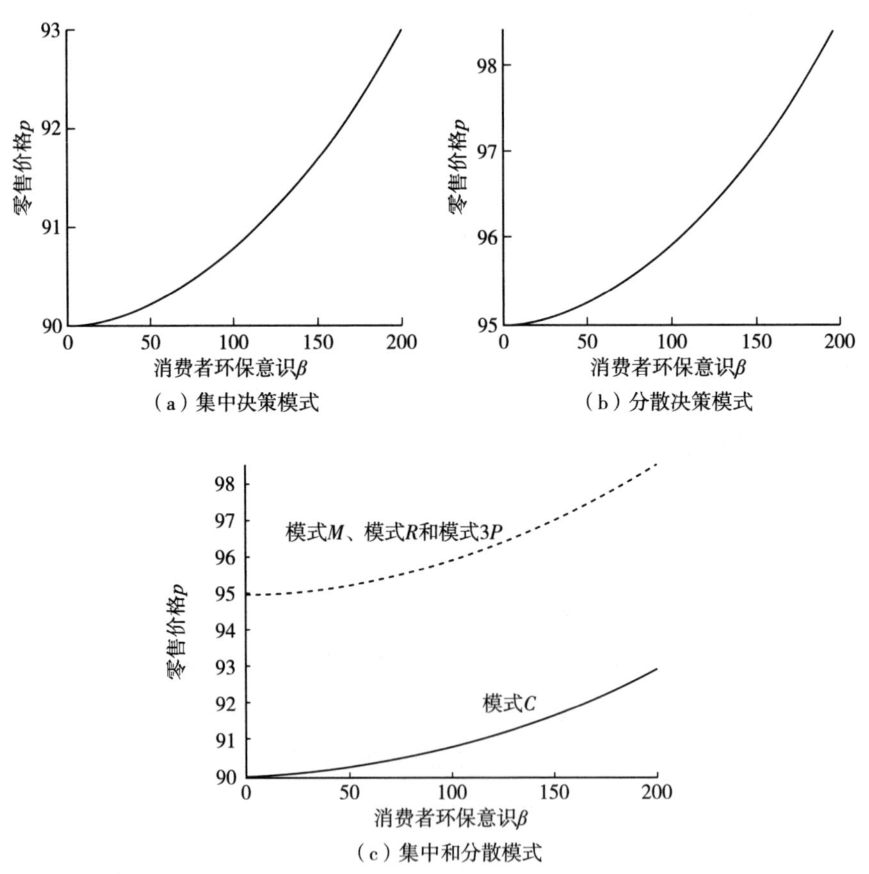

图 10.4　消费者环保意识影响下各零售价格变动曲线

（2）通过对模型的构建求解与比较分析，模式（Ⅰ）和模式（Ⅱ）的最优回收价格相等，模式（Ⅲ）和模式（Ⅳ）的最优回收价格相等。集中决策和制造商回收模式的市场回收价格受再制造成本和消费者环保意识共同影响，而零售商和第三方回收商回收模式的市场回收价格只受消费者环保意识的影响。故讨论再制造成本和消费者环保意识同时影响下模式（Ⅰ）和模式（Ⅱ）回收价格变动情况，以及消费者环保意识影响下模式（Ⅲ）和模式（Ⅳ）回收价格的变动情况。

由图 10.5（a）可知，在模式（Ⅰ）和模式（Ⅱ）情况下，两种因素单独作用时，如果再制造成本增加，则制造商不需要更多的废旧产品数量，其会以降低市场回收价格的手段来相应地减少废旧产品的回收数量。如果消费者环保意识水平提高，那么市场中的消费者愿意无偿交付的废旧产品数量会增加，制造商可以相应地降低市场回收价格来减少回收成本，故市场回收价格均随着再制造成本和消费者环保意识的提高而下降。两因素共同作用时，回收价格都是下降的，且共同作用时的下降速度高于两因素单独作用时的下降速度。从图 10.5（b）可以看出，模式（Ⅲ）和模式（Ⅳ）中的回收价格与消费者环保意识水平成反比，随着消费者环保意识水平的提高而下降。

由于两类回收模式下的回收价格都受消费者环保意识影响，为了将变动趋势更清晰地进行对比，绘制出图 10.5（c），可以看出两类回收模式的市场都与消费者环保意识成反比，且模式（Ⅰ）和模式（Ⅱ）下的最优回收价格大于模式（Ⅲ）和模式（Ⅳ）下的最优回收价格。

（3）通过对模型的构建求解与比较分析，模式（Ⅲ）和模式（Ⅳ）的闭环供应链总利润相等，故在绘图过程中将零售商回收和第三方回收商回收用同一个三维图表示。由于四种不同的回收模式下的闭环供应链总利润同时受再制造成本和消费者环保意识的影响，故讨论再制造成本和消费者环保意识同时影响下四种回收模式的供应链总利润变动情况。

为更直观地展示不同回收模式下供应链总利润的变动趋势，将各回收模式绘制在同一图中，如图 10.6 所示，上图代表集中决策模式，中图代表制造商回收模式，下图代表零售商/第三方回收商回收模式。从图 10.6 可以看出，与分散式决策下的三种回收模式相比，集中决策模式下闭环供应链的总利润最高，在分散决策中，制造商回收的供应链总利润最高，零售商回收与第三方回收商回收次之。

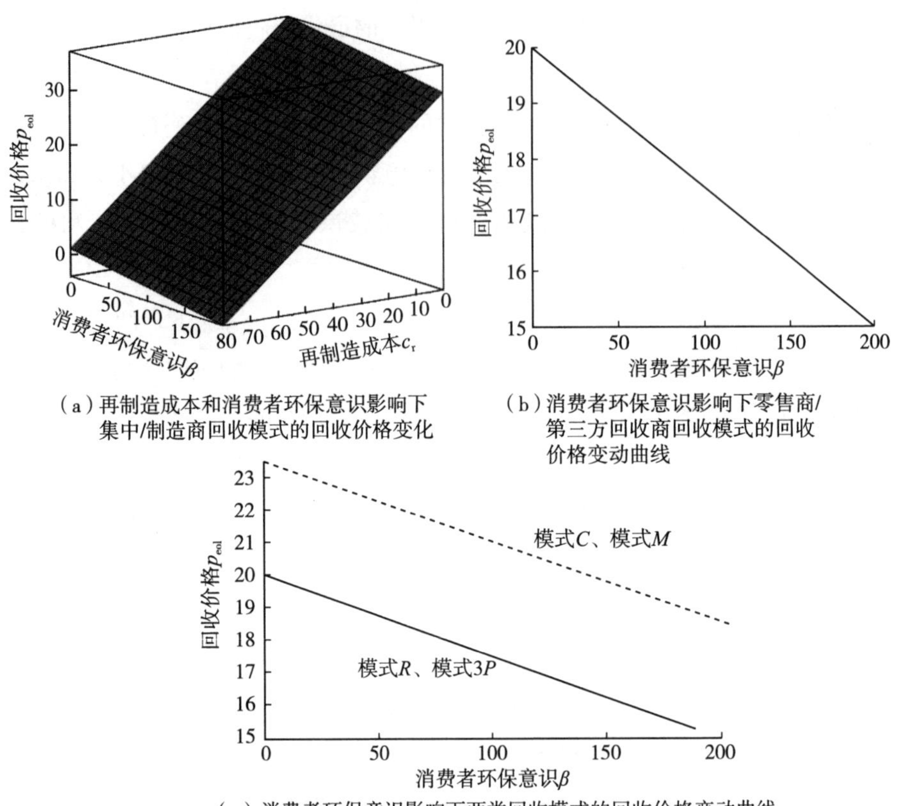

（a）再制造成本和消费者环保意识影响下集中/制造商回收模式的回收价格变化

（b）消费者环保意识影响下零售商/第三方回收商回收模式的回收价格变动曲线

（c）消费者环保意识影响下两类回收模式的回收价格变动曲线

图 10.5　各回收模式在不同因素影响下的价格变动曲线

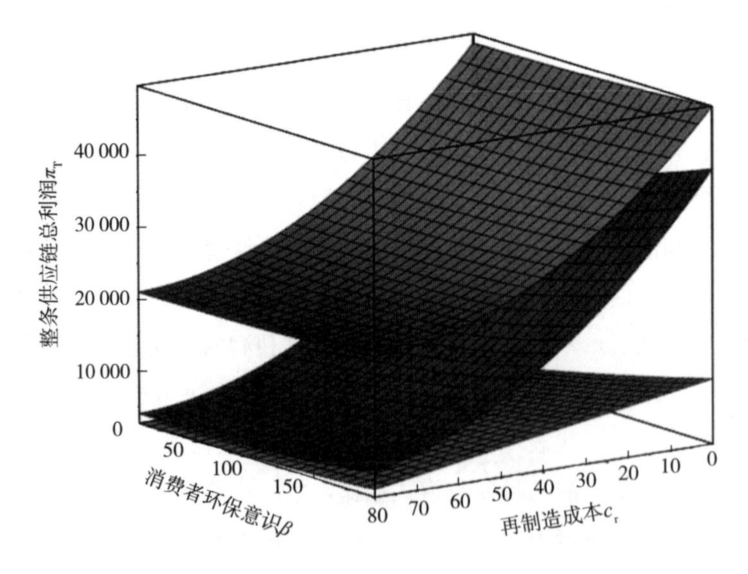

图 10.6　再制造成本和消费者环保意识影响下各回收模式的总利润变动图

无论哪个回收模式，两因素单独作用时，供应链系统的总利润都随着再制造成本的增加而减少，随着消费者环保意识的提高而增加。两因素共同作用时，与单因素的影响机制一致，但随再制造成本的下降速度和消费者环保意识的增长速度都更快。

（4）通过对模型的构建求解与比较分析，模式（Ⅲ）和模式（Ⅳ）的制造商利润相等，故在绘图过程中将零售商回收和第三方回收商回收用同一个三维图表示。由于分散决策下不同回收模式的制造商利润同时受再制造成本和消费者环保意识的影响，故讨论再制造成本和消费者环保意识同时影响下制造商利润变动情况。

为更直观地展示不同回收模式下制造商利润的变动趋势，将各回收模式绘制在同一图中，如图 10.7 所示，上图代表制造商回收模式，下图代表零售商/第三方回收商回收模式。从图 10.7 可以看出，制造商回收模式中的制造商利润最高，零售商回收与第三方回收商回收次之。

两因素单独作用时，分散式决策的三种回收模式下，制造商利润都随着再制造成本的增加而减少。而模式（Ⅱ）中制造商利润随着消费者环保意识的提高而增加，模式（Ⅲ）和模式（Ⅳ）中制造商利润随消费者环保意识的提高而降低，原因在于制造商的回收转移价格一定的情况下，回收量会随消费者环保意识提高而增多，则制造商回收成本增高，制造商利润降低。两因

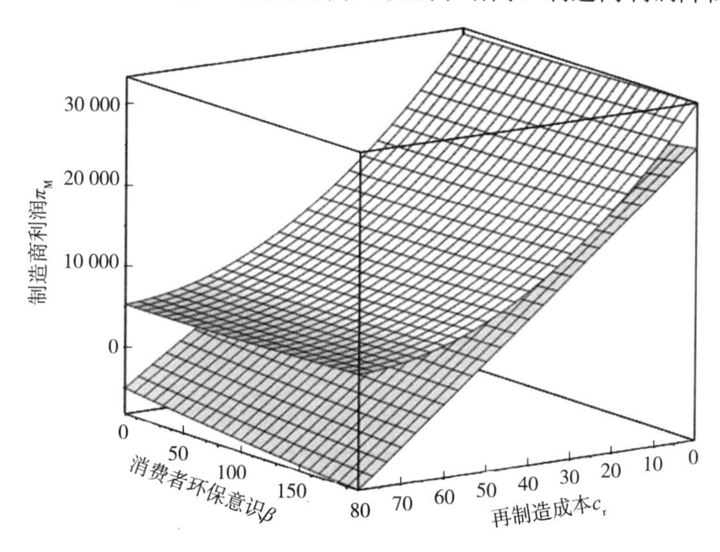

图 10.7　再制造成本和消费者环保意识影响下分散回收模式的制造商利润变动图

素共同作用时，与单因素的影响机制一致，但随再制造成本的下降速度和消费者环保意识的变动速度都更快。

（5）通过对模型的构建求解与比较分析，模式（Ⅱ）与模式（Ⅳ）中的零售商利润相等，故制造商回收和第三方回收商回收图形重合。由于零售商利润只受消费者环保意识的影响，而与再制造成本无关，故只讨论消费者环保意识影响下分散决策回收模式的零售商利润的变动情况。

由图10.8（a）可知，零售商回收模式中的零售商利润与消费者环保意识正相关，即零售商利润随着消费者环保意识水平的提高而增加。从图10.8（b）可以看出，制造商/第三方回收商回收模式中的零售商利润也与消费者环保意识水平呈正相关。为了两类回收模式零售商利润的变动趋势更清晰地进行对比，将两者共同放在一张图内表示，如图10.8（c）所示，两

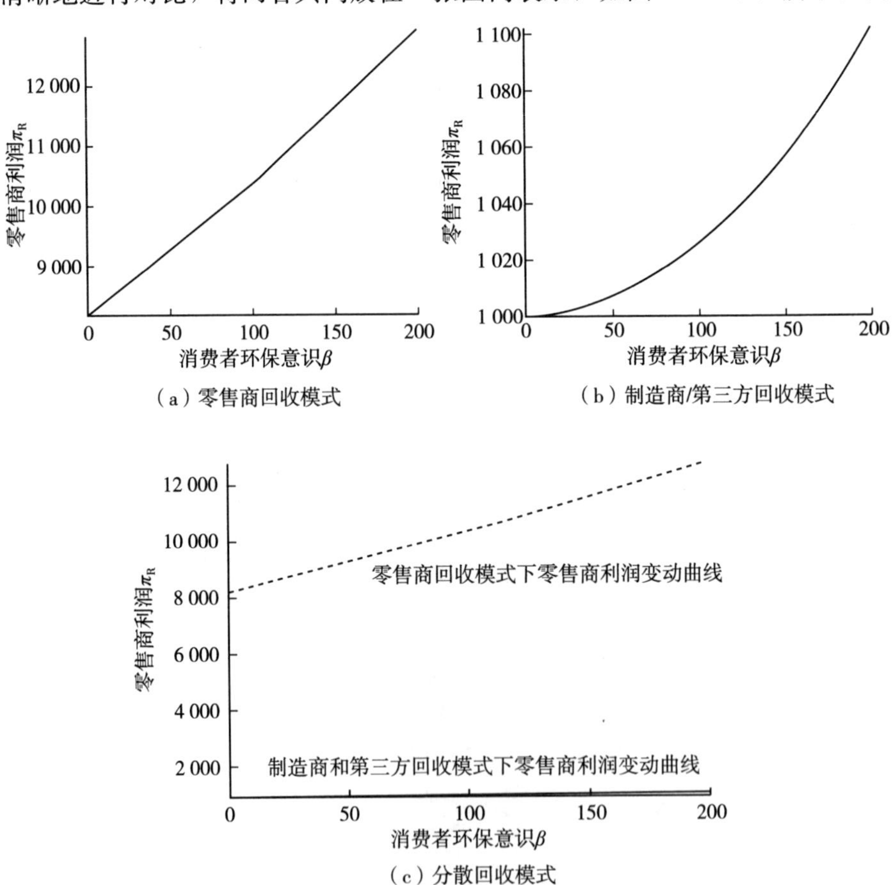

图10.8　消费者环保意识影响下各回收模式的零售商利润变动曲线

类回收模式的零售商利润都与消费者环保意识呈正相关，且零售商回收模式下的零售商利润大于制造商/第三方回收模式下的零售商利润。

10.5　管理启示

本章的研究对象是闭环供应链系统，供应链系统在四种不同的回收模式表现出不同的形式，回收模式分别为集中式决策回收模式（Ⅰ）、制造商回收模式（Ⅱ）、零售商回收模式（Ⅲ）和第三方回收商回收模式（Ⅳ）。基于再制造成本和消费者环保意识两个因素，对四种回收模式下的最优零售价格 p、批发价格 w 、回收价格 p_{eol}、四种模式下供应链利润 π_k^j 进行了对比分析，并通过算例仿真，更直观地观察两因素对相关变量的影响机制。

最优零售价格在集中模式（Ⅰ）下低于分散式决策下的模式（Ⅱ）、模式（Ⅲ）、模式（Ⅳ），零售价格都与消费者环保意识呈正相关关系，但与再制造成本无关。

最优回收价格在模式（Ⅰ）和模式（Ⅱ）下相等且高于模式（Ⅲ）和模式（Ⅳ）下相等的最优回收价格。模式（Ⅰ）和模式（Ⅱ）中的最优回收价格同时受到再制造成本和消费者环保意识的影响，如果再制造成本增加，那么制造商会以降低市场回收价格的手段来相应地减少对废旧产品的回收数量；如果消费者环保意识水平提高，那么市场中的消费者不收钱而给出的废旧产品数量会增加，制造商可以相应地降低市场回收价格来减少回收成本。故模式（Ⅰ）和模式（Ⅱ）中的市场回收价格与再制造成本和消费者环保意识呈负相关，且两因素共同作用时，市场回收价格随着再制造成本和消费者环保意识的提高而下降的速度高于两因素单独作用时的下降速度。

供应链总利润在模式（Ⅰ）下最高，模式（Ⅱ）下次之，模式（Ⅲ）和模式（Ⅳ）最低且相等。无论哪个回收模式，两因素共同作用时，总利润都随着再制造成本的增加而减少，随消费者环保意识的提高而增加，但随再制造成本下降的速度和消费者环保意识增长的速度都更快。

制造商利润在模式（Ⅱ）下达到最高，模式（Ⅲ）和模式（Ⅳ）下制造商利润小于模式（Ⅱ）且相等。无论哪种模式下，制造商利润都随着再制造成本的增加而减少，而模式（Ⅱ）中制造商利润随着消费者环保意识的提高而增加，模式（Ⅲ）和模式（Ⅳ）中制造商利润随消费者环保意识的提高而降低，这与 Yu 等（2016）的研究一致，原因在于制造商的回收转移价格一定的情况下，回收量会随消费者环保意识提高而增多，则制造商回收成本增高，制造商利润降低。两因素共同作用时，与单因素的影响机制一致，但随再制造成本的下降速度和消费者环保意识的变动速度都更快。

零售商利润在模式（Ⅲ）下达到最高，模式（Ⅱ）和模式（Ⅳ）下制造商利润小于模式（Ⅱ）且相等。无论哪种模式下，零售商利润随消费者环保意识的提高而上升，而与再制造成本无关，因为零售商不参与再制造过程。

在模式（Ⅱ）、模式（Ⅲ）、模式（Ⅳ）中，最优零售价格、最优批发价格和最优制造商环保努力程度均相同。这说明了分散决策下的不同回收模式并不影响闭环供应链的零售价格、批发价格和制造商环保努力程度。以上三个最优决策变量均随着消费者环保意识的提高而上涨，且都与再制造成本无关。

10.6　本章小结

本章的研究对象是闭环供应链系统，供应链系统在四种不同的回收模式表现出不同的形式，回收模式分别为集中式决策回收模式（Ⅰ）、制造商回收模式（Ⅱ）、零售商回收模式（Ⅲ）和第三方回收商回收模式（Ⅳ）。构建考虑再制造成本和消费者环保意识因素下四种模式的供应链效用函数，推导四种回收模式下的最优零售价格、批发价格、和回收价格，并对四种模式下供应链利润进行了对比分析。最后通过算例仿真，分析各变量对废旧汽车回收供应链利润函数的影响规律，指导废旧汽车回收供应链管理中回收模式的选择与协调。

第 11 章　考虑风险规避的废旧汽车回收再制造定价

针对我国废旧汽车回收产业发展现状，当前处于废旧汽车回收的初级阶段，还未形成大规模的产业化。同时政策法规的不健全对废旧汽车回收管理实践带来一定的不确定性，同时由于回收质量、再制造成本的不确定导致决策者的风险不确定性，废旧汽车回收供应链参与者对于回收活动，由于其风险意识导致处于犹豫阶段，因此，风险因素在废旧汽车回收管理中异常重要，可将废旧汽车回收供应链参与者看作风险规避者。本章重点研究考虑风险规避的废旧汽车回收再制造定价问题，通过废旧汽车回收供应链效用建模，研究风险系数和废旧汽车回收质量对再制造产品的定价影响机制，为废旧汽车回收再制造定价提供现实依据，促进供应链参与者积极参与废旧汽车回收再制造活动，推动废旧汽车回收的产业化进程。

11.1　引言

汽车行业作为国民经济的支柱产业，其高质量可持续发展是实现整个国民经济可持续、健康发展的重要因素之一，随着合资模式和自主品牌整车企业的发展，自 2009 年，我国已连续 14 年蝉联全球第一产销大国。庞大的汽车保有量使得汽车行业发展更加注重环境效应和可持续发展策略（Chen 等，2020）。日益增长的汽车消费与尾气排放对环境造成巨大压力，尤其对于超过一定使用年限的废旧汽车，过度使用存在着一定的安全隐患，会对环境造成极大损害。废旧汽车回收再制造作为提升汽车产业链循环可持续性的有效手段，已成为学术界和工业界的关注重点（Fuli Zhou 等，2019）。汽车工业发达国家的汽车报废率平均约为 6%，虽然我国现在的汽车报废率还远未达到这个水平，但根据 2017 年《机动车强制报废标准》，载客汽车以及载货汽车的使用寿命一般为12～15年，所以在2007年之前进入使用的车辆开始进入报废期，未来10年将以每年20%左右的速度增长，因此研究废旧汽车的回收管理日益重要。由于汽车属于耐用装配产品，整车报废时，仍有大量核心件存在质量冗余，若仅通过粗放的破碎处理进行材料回收，会造成极大浪费与环境污染，因此，提出面向再用、恢复、再制造和材料与能量回收的ELV回收管理路径，其中回收再制造作为主要的回收路径，已逐步开始产业化（龚本刚等，2019b；高攀，丁雪峰，2020）。再制造是以废旧产品（如报废的手机、汽车、机床等复杂装配产品）为毛坯，运用高新再制造技术对其加工，使再制造产品性能恢复甚至超过新品的过程。对废旧汽车进行拆解、回收利用是保护环境、节约资源、减少资源成本的有效途径，回收的汽车发动机和零部件的再利用为大众节省了70%的成本。如果所有废旧汽车零部件都能完全回收和再制造，中国可能每年减少能源消耗70亿～94亿千瓦时和667万～969万吨二氧化碳（Ozceylan等，2017）。通过对不同冗余废旧汽车的多路径回收管理，不仅能够提升回收效率，同时也能提高资源利用率，精准化的多路径ELV回收管理有利于汽车产业循环可持续发展。当前对废旧汽车回收管理的研究主要集中在回收模式、回收路径、拆解优化、逆向回收物流、回收定价及政策补贴等方面（温小琴，董艳茹，2016；公彦德等，2020）。

废旧汽车回收再制造定价是废旧汽车通过再制造商回收进行再制造，以一定的价格销售于零售商，废旧汽车回收再制造一般从政府补贴、回收模式以及权利结构等方面研究对再制造定价的影响，但很少有文章涉及ELV质量差异对废旧汽车回收再制造定价的影响。对于废旧汽车的定义一般通过使用年限或累计使用里程来确定，不同品牌、区域、使用习惯下的ELV产品冗余质量具有显著差异；同时，由于汽车产品的复杂结构特征，在冗余质量异质性基础上，不同类型零部件由于其固有属性差异，也导致ELV回收质量不确定。汽车的报废并不代表着汽车中所有的零部件都已经不能再被使用。例如，再制造的汽车部件保存了原产品85%的能源，再制造的发动机仅要求新发动机生产时所需要能源的50%（张玲等，2011）。废旧汽车经过长期的使用，其组成零部件的磨损程度也不尽相同。对于不同的废旧汽车零部件，需要不同的处理方式。对于ELV中的疲劳件，由于磨损严重，可能在回收处理前需要预处理，经过翻新再制造后使用；对于ELV某些不可拆解的零部件，例如双离合变速箱中的夹片，由钢混合纤维材料以及橡胶材料，在回收过程中很难分离三种材料；对于ELV中不可再用的零部件，直接报废处置。不同报废程度和冗余质量的废旧汽车，由于回收路径的差异，造成回收价值及收益不同，因此会影响废旧汽车回收定价及再制造成本，而鲜有文献考虑ELV质量差异对废旧汽车回收管理的影响。本章重点针对废旧汽车回收再制造环节，引入ELV回收质量参数，探究废旧汽车回收再制造的定价问题。

国内外学者对废旧汽车回收管理做了深入的研究。许多学者对废旧汽车回收供应链进行了研究，研究问题主要为定价决策和回收效率两方面。李芳等研究政府规制在信息不对称下对闭环供应链各成员差别定价和利益的影响（李芳等，2019）。Mohammad-Ali Gorji等研究当政府向废旧汽车的回收中心提供补贴时，政府补贴对废旧汽车回收供应链的影响（Gorji等，2021）。侯艳辉等研究主要由互联网平台和拆解商组成的回收供应链，互联网平台回收废旧产品，拆解商进行拆解，分析政府补贴拆解商与互联网平台进行宣传对定价的影响（侯艳辉等，2019）。杜鹏琦等研究在“以旧换再”和“以旧换新”策略对制造品和再制品定价的影响（杜鹏琦，景熠，2020）。Chen等探究了由制造商、零售商与具有环保意识的客户组成的逆向物流的定价问题。为了激励绿色供应链企业能够再制造出更加环保和可持续的产品（Chen等，2020），夏西强等（2017）分析正规回收渠道和非正规渠道下，政府补贴、监管力度对废旧汽车回收定价、回收量以及利润的影响。王文宾等建立博弈论模型研究如何通过制定制造商竞争环境下逆向供应链的政府惩罚机制来提高制造商与回收商废旧产品的回收率（王文宾等，2014）。朱庆华等基于消费者价格敏感度和市场竞争，探究政府补贴和政府规范对废旧汽车回收率的影响（朱庆华，李幻云，2019）。以上文献从政府补贴、制定激励合同、平台宣传等方面研究废旧汽车定价和回收效率的问题。

随着资源的匮乏和环境污染越来越严重，更多的企业和消费者开始关注废旧汽车的回收再制造。曹柬等基于再制造成本分别从企业收益、消费者剩余、回收率角度分析不同回收渠道的优劣，进而得出闭环供应链回收渠道的最优决策（曹柬等，2020）。孙嘉轶等基于消费者偏好及消费者公平关切，研究单渠道和双渠道中消费者对再制品的接受程度以及公平关切程度对成员的决策（孙嘉轶等，2021）。唐飞等基于消费者对零售渠道和直销渠道的偏好，研究专利许可零售商实施再制造的双渠道闭环供应链定价决策和协调问题（唐飞，许茂增，2019）。刘家国等考虑再制造产品与新产品之间存在质量差异，分析其对集中决策以及分散决策下的再制造品与新产品定价的影响（刘家国等，2013）。楼振凯等研究政府补贴对供应链中新产品和再制品的定价的影响。高鹏等研究具有品牌忠诚度的消费者对品牌制造商开展再制造市场策略的影响（高鹏等，2021）。Chen 等考虑一个零售商负责回收与一个制造商负责再制造的逆向供应链，研究顾客环保意识对三种博弈模型（Stackelberg 和 Nash 均衡的非合作博弈、合作博弈）定价的影响（Chen 等，2019）。陈章跃等以制造商主导的再制造闭环供应链为研究对象，研究产品模块化对闭环供应链回收模式选择的影响（陈章跃等，2020）。以上主要是从消费者偏好、再制造品与新品的竞争等方面研究废旧汽车回收再制造供应链。

不同退化程度的废旧汽车会造成再制造成本的差异，而上述文献中鲜有考虑 ELV 质量差异对废旧汽车回收管理的影响。对于废旧汽车回收产业，由于其并未产业化，也未形成规模效益，导致废旧汽车回收供应链参与者多为风险规避者，而风险因素是供应链参与者决策运营时必定考虑的，由于废旧汽车回收质量不确定导致的风险不确定，更加剧了供应链决策过程的复杂性。同时上述相关文献都假设废旧汽车回收供应链的主体是风险中性者，鲜有文章涉及风险规避问题，因此本章重点引入风险规避至废旧汽车回收再制造环节，考虑 ELV 回收质量及个体质量差异性，建立一个再制造商与一个零售商的博弈模型，其中认为再制造商与零售商是风险规避者，探讨风险规避度及 ELV 回收质量对成员决策以及对供应链利润的影响。

11.2 问题描述与研究假设

11.2.1 问题描述

本节以再制造商、零售商、消费者组成的废旧汽车回收再制造供应链为研究对象。废旧汽车回收再制造供应链中，再制造商负责回收废旧汽车和对废旧汽车进行再制造。在此供应链中，再制造商向消费者以价格 p 回收废旧汽车，对废旧汽车回收再制造之后以价格 p_m 全部供应给零售商，最后零售商以价格 p_r 销售给消费者。废旧汽车回收再制造供应链如图 11.1 所示。

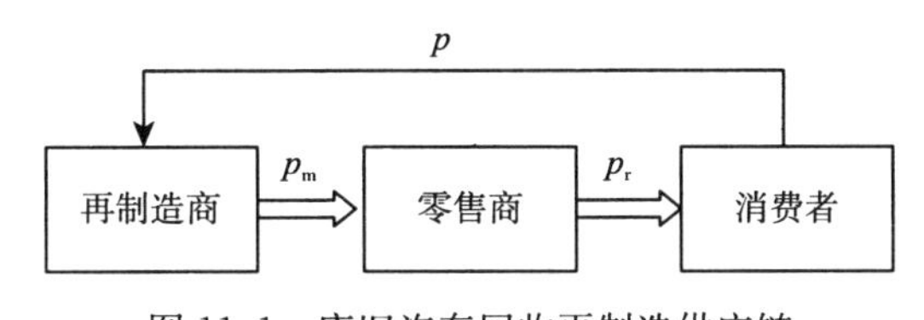

图 11.1　废旧汽车回收再制造供应链

本节出现的变量及符号如表 11.1 所示。

表 1.1　变量符号与定义

变量符号	变量含义	变量符号	变量含义
p	废旧汽车回收价格	c_n	生产成本
p_m	再制造商销售价格	c_r	再制造生产成本
p_r	零售商零售价格	Q_0	不依赖价格的基本回收量
k	ELV 回收质量	λ	价格弹性系数
p_0	制造商愿意支付的最高价格	a	努力成本参数
η_m	再制造商风险规避度	η_r	零售商风险规避度

11.2.2　基本假设

为了建立数学模型，本文做出以下假设：

（1）假设再制造商从消费者回收废旧汽车的价格为 $p=kp_0$ $(0<k<1)$，k 为 ELV 回收质量，p_0 表示再制造商愿意支付的最高价格。这个式子表明废旧汽车损耗程度越大，再制造商愿意回收的价格就越低。

（2）废旧汽车由再制造商从消费者处回收之后，需要经过拆解、零件修复、替换新零部件、再组装等过程。废旧汽车回收的质量越高，再制造成本就会越低。因此，可以假设一辆汽车的生产成本为 c_n，再制造生产成本为

c_r，则两者满足的关系为 $c_r=(1-k)c_n$。

(3) 假设回收的废旧汽车的数量是关于回收价格的线性增函数，即 $Q=Q_0+\lambda\times k\times p_0+\varepsilon$（侯艳辉等，2019）。其中 Q_0 为不依赖价格的基本回收量，是一个常数；λ 为价格弹性系数且 $\lambda>0$；ε 代表回收数量的不确定性，它是均值为零、方差为 σ^2 的随机变量，服从正态分布。

(4) 假设 p_m 为再制造商的销售价格，p_r 为零售商的零售价格。

(5) 为提高回收的质量水平，负责回收废旧汽车的再制造商需要付出更多的努力。努力成本 $I=ak^2$，a 为努力成本参数。

11.3 废旧汽车回收再制造定价建模

根据上述的假设，再制造商与零售商的利润函数分别可以表示为：

$$\pi_m=(p_m-p-c_r)\times Q-I=[p_m-kp_0-(1-k)c_n]\times(Q_0+\lambda\times k\times p_0+\varepsilon)-ak^2$$

$$\pi_r=(p_r-p_m)\times Q=(p_r-p_m)\times(Q_0+\lambda\times k\times p_0+\varepsilon)$$

在废旧汽车回收再制造供应链中，面对废旧汽车的回收质量不确定引起的风险时，由于废旧汽车回收供应链的参与者会规避风险并在决策中考虑风险因素，所以再制造商与零售商都是风险规避者，两者的风险规避度分别为 η_m、η_r（$\eta_r>0$，$\eta_m>0$）；$\eta_m=\eta_r=0$ 表示风险中性，η_m、η_r 的值越大表示风险规避度越大（许民利等，2016）。根据均值-方差理论，再制造商与零售商的期望效用如式（11-1）和式（11-2）。

$$\begin{aligned}U(\pi_m)&=E(\pi_m)-\eta_m\times \mathrm{Var}(\pi_m)\\&=[p_m-kp_0-(1-k)\times c_n]\times(Q_0+\lambda\times k\times p_0)-\\&\quad ak^2-[p_m-kp_0-(1-k)\times c_n]^2\times\eta_m\times\sigma^2\end{aligned}\tag{11-1}$$

$$U(\pi_r)=(p_r-p_m)\times(Q_0+\lambda\times k\times p_0)-\eta_r\times(p_r-p_m)^2\times\sigma^2\tag{11-2}$$

11.3.1 集中决策建模

集中决策模型是指废旧汽车回收再制造供应链中的再制造商与零售商进行合作，在综合考虑风险和收益的基础上，共同决定合适的销售价格和零售价格使废旧汽车回收再制造供应链的期望效用最大。在集中决策下，废旧汽车回收再制造供应链的期望效用可以表达为：

$$\max U(\pi_c)=U(\pi_m)+U(\pi_r)$$

即：

$$\begin{aligned}\max U(\pi_c)=&[p_m-kp_0-(1-k)c_n]\times(Q_0+\lambda kp_0)-ak^2-\\&[p_m-kp_0-(1-k)c_n]^2\times\eta_m\times\sigma^2+\\&(p_r-p_m)\times(Q_0+\lambda\times k\times p_0)-\eta_r\times(p_r-p_m)^2\times\sigma^2\end{aligned}\tag{11-3}$$

对式（11-3）分别求关于 k、p_r、p_m 的一阶偏导数，并令偏导数等于零可得：

$$\begin{aligned}&(c_n-p_0)\times(Q_0+\lambda kp_0)+\lambda p_0[p_m-kc_n-(1-k)p_0]-\\&2\eta_m\sigma^2[p_m-kp_0-(1-k)c_n]\times(c_n-p_0)-2ak+\lambda p_0(p_r-p_m)=0\end{aligned}\tag{11-4}$$

$$\lambda\times kp_0+Q_0-2\times\eta_r\times\sigma^2(p_r-p_m)=0\tag{11-5}$$

$$-2\eta_m\sigma^2[p_m-kp_0-(1-k)c_n]+2\eta_r\sigma^2(p_r-p_m)=0\tag{11-6}$$

联合式（11-4）、式（11-5）、式（11-6），可以得到集中决策模型中的最优 ELV 产品质量 k^*、最优再制造商销售价格 p_r^*、最优零售商零售价格 p_m^*。

$$\begin{aligned}p_m^*=&\frac{4a\sigma^2c_n\eta_m\eta_r-\lambda^2c_np_0^2(\eta_m+\eta_r)}{4a\sigma^2\eta_m\eta_r-\lambda^2\eta_mp_0^2-\lambda^2\eta_rp_0^2}-\\&\frac{Q_0(\lambda c_n\eta_mp_0+\lambda c_n\eta_rp_0-\lambda\eta_mp_0^2-\lambda\eta_rp_0^2-2a\eta_r)}{4a\sigma^2\eta_m\eta_r-\lambda^2\eta_mp_0^2-\lambda^2\eta_rp_0^2}\end{aligned}\tag{11-7}$$

$$\begin{aligned}p_r^*=&\frac{4a\sigma^2c_n\eta_m\eta_r-\lambda^2c_np_0^2(\eta_m+\eta_r)}{4a\sigma^2\eta_m\eta_r-\lambda^2\eta_mp_0^2-\lambda^2\eta_rp_0^2}-\\&\frac{Q_0(\lambda c_n\eta_mp_0+\lambda c_n\eta_rp_0-\lambda\eta_mp_0^2-\lambda\eta_rp_0^2-2a\eta_r-2a\eta_m)}{4a\sigma^2\eta_m\eta_r-\lambda^2\eta_mp_0^2-\lambda^2\eta_rp_0^2}\end{aligned}\tag{11-8}$$

$$k^*=\frac{Q_0\lambda p_0(\eta_m+\eta_r)}{4a\sigma^2\eta_m\eta_r-\lambda^2\eta_mp_0^2-\lambda^2\eta_rp_0^2}\tag{11-9}$$

此时废旧汽车回收再制造供应链最优期望效用 U（π_c^*）为：

$$U(\pi_c^*)=\frac{4a^2Q_0^2\sigma^2\eta_m\eta_r(\eta_m+\eta_r)-aQ_0^2\lambda^2p_0^2(\eta_m+\eta_r)^2}{4a\sigma^2\eta_m\eta_r-\lambda^2\eta_mp_0^2-\lambda^2\eta_rp_0^2}\tag{11-10}$$

命题 1　废旧汽车回收再制造供应链效用函数具有极大值且有唯一性。

证明　废旧汽车回收再制造供应链效用函数的 Hessian 矩阵为：

$$\boldsymbol{H}(U)=\begin{pmatrix}\dfrac{\partial^2U}{\partial p_{\mathrm{r}}^2} & \dfrac{\partial^2U}{\partial p_{\mathrm{r}}\partial p_{\mathrm{m}}} & \dfrac{\partial^2U}{\partial p_{\mathrm{r}}\partial k}\\ \dfrac{\partial^2U}{\partial p_{\mathrm{m}}\partial p_{\mathrm{r}}} & \dfrac{\partial^2U}{\partial p_{\mathrm{m}}^2} & \dfrac{\partial^2U}{\partial p_{\mathrm{m}}\partial k}\\ \dfrac{\partial^2U}{\partial k\partial p_{\mathrm{r}}} & \dfrac{\partial^2U}{\partial k\partial p_{\mathrm{m}}} & \dfrac{\partial^2U}{\partial k^2}\end{pmatrix}$$

$$=\begin{pmatrix}-2\times\eta_{\mathrm{r}}\times\sigma^2 & 2\times\eta_{\mathrm{r}}\times\sigma^2 & \lambda p_0\\ 2\eta_{\mathrm{r}}\sigma^2 & -2\eta_{\mathrm{r}}\sigma^2-2\eta_{\mathrm{m}}\sigma^2 & -2\eta_{\mathrm{m}}\sigma^2(c_{\mathrm{n}}-p_0)\\ \lambda p_0 & -2\eta_{\mathrm{m}}\sigma^2(c_{\mathrm{n}}-p_0) & 2\lambda p_0(c_{\mathrm{n}}-p_0)-2\eta_{\mathrm{m}}\times\sigma^2\times(c_{\mathrm{n}}-p_0)^2-2a\end{pmatrix} \tag{11-11}$$

由式（11-11）可得，该Hessian矩阵的一阶顺序主子式 $M_1=-2\times\eta_{\mathrm{r}}\times\sigma^2<0$，二阶顺序主子式 $M_2=4\times\eta_{\mathrm{r}}\eta_{\mathrm{m}}\times\sigma^4>0$，三阶顺序主子式 $M_3=2\lambda^2p_0^2\sigma^2(\eta_{\mathrm{r}}+\eta_{\mathrm{m}})-8a\eta_{\mathrm{r}}\eta_{\mathrm{m}}\times\sigma^4$。如果 $M_1<0$、$M_2>0$、$M_3<0$，则该矩阵为负定矩阵，即当 $\lambda^2>\dfrac{4a\eta_{\mathrm{r}}\eta_{\mathrm{m}}\sigma^2}{p_0^2(\eta_{\mathrm{r}}+\eta_{\mathrm{m}})}$ 该供应链的效用函数有极大值。所以该供应链的效用函数是关于ELV产品质量 k、再制造商销售价格 p_{r}、零售商零售价格 p_{m} 的凹函数。

命题2 集中决策模型下，再制造商的销售价格随着ELV产品质量 k 的增加而增加，而且零售商的零售价格随着ELV产品质量 k 的增加而增加；当 $\lambda>\dfrac{2\sigma^2\eta_{\mathrm{m}}\eta_{\mathrm{r}}(c_{\mathrm{n}}-p_0)}{p_0(\eta_{\mathrm{m}}+\eta_{\mathrm{r}})}$ 时，零售商的零售价格也随着再制造商的销售价格的增加而增加；当 $\lambda<\dfrac{2\sigma^2\eta_{\mathrm{m}}\eta_{\mathrm{r}}(c_{\mathrm{n}}-p_0)}{p_0(\eta_{\mathrm{m}}+\eta_{\mathrm{r}})}$ 时，零售商的零售价格随着再制造商的销售价格的增加而减少。

证明 根据式（11-5）、式（11-6）可以得出：

$$p_{\mathrm{m}}=\frac{\lambda p_0}{2\eta_{\mathrm{m}}\sigma^2}\times k+\frac{Q_0-2k\sigma^2c_{\mathrm{n}}\eta_{\mathrm{m}}+2k\sigma^2\eta_{\mathrm{m}}p_0+2\sigma^2c_{\mathrm{n}}\eta_{\mathrm{m}}}{2\eta_{\mathrm{m}}\sigma^2}$$

$$p_{\mathrm{r}}=\frac{\lambda p_0(\eta_{\mathrm{m}}+\eta_{\mathrm{r}})+2\sigma^2\eta_{\mathrm{m}}\eta_{\mathrm{r}}(p_0-c_{\mathrm{n}})}{2\sigma^2\eta_{\mathrm{m}}\eta_{\mathrm{r}}}\times k+$$

$$\frac{Q_0(\eta_{\mathrm{m}}+\eta_{\mathrm{r}})-2k\sigma^2c_{\mathrm{n}}\eta_{\mathrm{m}}+2k\sigma^2\eta_{\mathrm{m}}p_0+2\sigma^2c_{\mathrm{n}}\eta_{\mathrm{m}}}{2\sigma^2\eta_{\mathrm{m}}\eta_{\mathrm{r}}}$$

那么容易得出$\frac{\delta p_m}{\delta k}>0$，$\frac{\delta p_r}{\delta k}>0$。

根据式（11－7）和式（11－8）可以得出：

$$p_r=-\frac{2\sigma^2\eta_m\eta_r(c_n-p_0)-\lambda p_0(\eta_m+\eta_r)}{\eta_r(\lambda p_0-2\sigma^2c_n\eta_m+2\sigma^2c_np_0)}\times p_m+\frac{Q_0\eta_m(c_n-p_0)+\lambda c_n\eta_m p_0}{\eta_r(\lambda p_0-2\sigma^2c_n\eta_m+2\sigma^2c_np_0)}$$

可以得出当$\lambda>\frac{2\sigma^2\eta_m\eta_r(c_n-p_0)}{p_0(\eta_m+\eta_r)}$，$\frac{\delta p_r}{\delta p_m}>0$；当$\lambda<\frac{2\sigma^2\eta_m\eta_r(c_n-p_0)}{p_0(\eta_m+\eta_r)}$，$\frac{\delta p_r}{\delta p_m}<0$。因此，命题 2 得证。

命题 3　再制造商的风险规避度越大，ELV 产品质量就越低；零售商的风险规避度越大，ELV 产品质量就越低。

证明　根据（11－9）可得：

$$\begin{aligned}\frac{\delta k^*}{\delta\eta_r}&=\frac{Q_0\lambda p_0}{4a\sigma^2\eta_m\eta_r-\lambda^2\eta_m p_0^2-\lambda^2\eta_r p_0^2}-\frac{Q_0\lambda p_0(\eta_m+\eta_r)(4a\sigma^2\eta_r-\lambda^2p_0^2)}{(4a\sigma^2\eta_m\eta_r-\lambda^2\eta_m p_0^2-\lambda^2\eta_r p_0^2)^2}\\&=\frac{-4a\lambda\sigma^2Q_0\eta_m^2p_0}{(4a\sigma^2\eta_m\eta_r-\lambda^2\eta_m p_0^2-\lambda^2\eta_r p_0^2)^2}\end{aligned}\quad(11-12)$$

$$\begin{aligned}\frac{\delta k^*}{\delta\eta_r}&=\frac{Q_0\lambda p_0}{4a\sigma^2\eta_m\eta_r-\lambda^2\eta_m p_0^2-\lambda^2\eta_r p_0^2}-\frac{Q_0\lambda p_0(\eta_m+\eta_r)(4a\sigma^2\eta_r-\lambda^2p_0^2)}{(4a\sigma^2\eta_m\eta_r-\lambda^2\eta_m p_0^2-\lambda^2\eta_r p_0^2)^2}\\&=\frac{-4a\lambda\sigma^2Q_0\eta_m^2p_0}{(4a\sigma^2\eta_m\eta_r-\lambda^2\eta_m p_0^2-\lambda^2\eta_r p_0^2)^2}\end{aligned}\quad(11-13)$$

由此可以得出$\frac{\delta k^*}{\delta\eta_m}<0$，$\frac{\delta k^*}{\delta\eta_r}<0$，ELV 产品质量与再制造商和零售商风险规避度呈负相关。因此，命题 3 得证。

11.3.2　分散决策建模

分散决策中，再制造商与零售商以自身利益最大化为原则进行决策。实践上，分散决策是现实生活中最为常见的一种模式。

在零售商领导的 Stackelberg 模型中，零售商占主导地位，再制造商为追随者。废旧汽车回收再制造供应链的决策顺序为：首先零售商根据自己的效用最大化原则确定其最优零售价格；然后再制造商在零售商的基础上，根据其效用最大化原则确定其最优销售价格和最优 ELV 回收质量，其数学模型表达如公式（11－14）。

$$\max U(\pi_r)$$

$$
\text{s.t.}\begin{cases} p_{\mathrm{m}}=\operatorname{argmax} U(p_{\mathrm{m}}) \\ p_{\mathrm{m}}=\operatorname{argmax} U(p_{\mathrm{m}}) \\ p_{\mathrm{r}}>p_{\mathrm{m}} \\ p_{\mathrm{m}}>(1-k)c_{\mathrm{n}}+kp_0 \end{cases} \tag{11-14}
$$

式（11－14）为再制造商的利润函数。首先对式（11－1）求关于 p_{m}、k 的一阶偏导数，并令其等于零，可以得到：

$$
\lambda kp_0+Q_0-2\eta_{\mathrm{r}}\sigma^2(p_{\mathrm{r}}-p_{\mathrm{m}})=0 \tag{11-15}
$$

$$
(c_{\mathrm{n}}-p_0)\times(Q_0+\lambda\times k\times p_0)+\lambda p_0[p_{\mathrm{m}}-kc_{\mathrm{n}}-(1-k)p_0]-2\eta_{\mathrm{m}}\times\sigma^2[p_{\mathrm{m}}-kp_0-(1-k)c_{\mathrm{n}}]\times(c_{\mathrm{n}}-p_0)-2ak=0 \tag{11-16}
$$

求解得到：

$$
p_{\mathrm{m}}^{**}=\frac{4a\sigma^2c_{\mathrm{n}}\eta_{\mathrm{m}}-\lambda^2c_{\mathrm{n}}p_0^2-\lambda Q_0c_{\mathrm{n}}p_0+\lambda Q_0p_0^2+2aQ_0}{4a\sigma^2\eta_{\mathrm{m}}-\lambda^2p_0^2} \tag{11-17}
$$

$$
k^{**}=\frac{\lambda Q_0p_0}{4a\sigma^2\eta_{\mathrm{m}}-\lambda^2p_0^2} \tag{11-18}
$$

其次，把式（11－17）、式（11－18）代入式（11－2），并对其求关于 p_{r} 的一阶偏导数，可以得出均衡解最优零售商的零售价格为：

$$
p_{\mathrm{r}}^{**}=\frac{4a\sigma^2c_{\mathrm{n}}\eta_{\mathrm{m}}\eta_{\mathrm{r}}-\lambda^2c_{\mathrm{n}}\eta_{\mathrm{r}}p_0^2+\lambda Q_0\eta_{\mathrm{r}}p_0(p_0-c_{\mathrm{n}})+2aQ_0(\eta_{\mathrm{m}}+\eta_{\mathrm{r}})}{(4a\sigma^2\eta_{\mathrm{m}}-\lambda^2p_0^2)\eta_{\mathrm{r}}} \tag{11-19}
$$

此时废旧汽车回收再制造供应链最优期望效用 U（π_{c}^{**}）为：

$$
U(\pi_{\mathrm{c}}^{**})=\frac{4a^2Q_0^2\sigma^2\eta_{\mathrm{m}}\eta_{\mathrm{r}}(\eta_{\mathrm{m}}+\eta_{\mathrm{r}})-aQ_0^2\lambda^2p_0^2\eta_{\mathrm{r}}^2-p_0^2c_{\mathrm{n}}^2(\eta_{\mathrm{r}}-1)^4\lambda^4\eta_{\mathrm{r}}\sigma^2}{(4a\sigma^2\eta_{\mathrm{m}}-\lambda^2p_0^2)\eta_{\mathrm{r}}} \tag{11-20}
$$

命题 4 在集中决策模型中与零售商主导的分散决策模型中，再制造商的风险规避度越大，ELV 回收质量就越低。

证明 根据式（11－18）可得：

$$
\frac{\delta k^{**}}{\delta\eta_{\mathrm{m}}}=-\frac{4\lambda Q_0p_0a\sigma^2}{(4a\sigma^2\eta_{\mathrm{m}}-\lambda^2p_0^2)^2}
$$

由此可以得出$\frac{\delta k^{**}}{\delta\eta_{\mathrm{m}}}<0$，ELV 回收质量与再制造商风险规避度呈负相关。因此，命题 4 得证。

命题 5　当 $\frac{aQ_0^2(\eta_m^2+2\eta_m\eta_r)}{4a\sigma^2\eta_m\eta_r-\lambda^2\eta_m p_0^2-\lambda^2\eta_r p_0^2} < \frac{c_n^2\sigma^2\lambda^2(\eta_r-1)^4}{4a\sigma^2\eta_m-\lambda^2 p_0^2}$ 时，集中决策下废旧汽车回收再制造供应链效用大于分散决策下情景；当 $\frac{aQ_0^2(\eta_m^2+2\eta_m\eta_r)}{4a\sigma^2\eta_m\eta_r-\lambda^2\eta_m p_0^2-\lambda^2\eta_r p_0^2} > \frac{c_n^2\sigma^2\lambda^2(\eta_r-1)^4}{4a\sigma^2\eta_m-\lambda^2 p_0^2}$ 时，集中决策下废旧汽车回收再制造供应链效用小于分散决策下废旧汽车回收再制造供应链效用。

证明　根据式（11－20）和式（11－10）可得：

$$U(\pi_c^*)-U(\pi_c^{**})=\frac{aQ_0^2(\eta_m^2+2\eta_m\eta_r)}{4a\sigma^2\eta_m\eta_r-\lambda^2\eta_m p_0^2-\lambda^2\eta_r p_0^2}-\frac{c_n^2\sigma^2\lambda^2(\eta_r-1)^4\eta_r}{(4a\sigma^2\eta_m-\lambda^2 p_0^2)\eta_r}$$

可以得出，当 $\frac{aQ_0^2(\eta_m^2+2\eta_m\eta_r)}{4a\sigma^2\eta_m\eta_r-\lambda^2\eta_m p_0^2-\lambda^2\eta_r p_0^2} < \frac{c_n^2\sigma^2\lambda^2(\eta_r-1)^4}{(4a\sigma^2\eta_m-\lambda^2 p_0^2)}$ 时，$U(\pi_c^*) > U(\pi_c^{**})$；当 $\frac{aQ_0^2(\eta_m^2+2\eta_m\eta_r)}{4a\sigma^2\eta_m\eta_r-\lambda^2\eta_m p_0^2-\lambda^2\eta_r p_0^2} > \frac{c_n^2\sigma^2\lambda^2(\eta_r-1)^4}{(4a\sigma^2\eta_m-\lambda^2 p_0^2)}$ 时，$U(\pi_c^*) < U(\pi_c^{**})$。因此，命题 5 得证。

11.4　算例分析

11.4.1　参数设置

为了更好地研究风险规避度对废旧汽车回收再制造供应链的影响，用 Maple 软件对模型进行数值分析，以便得到更加准确的结论。假设模型中的参数取值为 $Q_0=10$，$\lambda=1$，$a=2$，$\sigma=2$，$p_0=2$，$c_n=3$。

11.4.2　仿真分析

图 11.2 为再制造商风险规避度 η_m 与再制造商销售价格、零售商零售价格的关系；图 11.3 为零售商风险规避度 η_r 与再制造商销售价格、零售商零售价格的关系。

图 11.2 中取 $\eta_r=0.5$，η_m 在 [0.1，1) 的范围内变动，步长为 0.1。由图 11.2 可以看到，随着再制造商风险规避度的增加，再制造商销售价格与零售商零售价格一直下降，η_m 在 0.2～0.3 之内下降速度最快。表明再制造商风险规避度的增加会造成再制造商的销售价格和零售商的零售价格的降低。再制造商越害怕风险，对废旧汽车回收的价格就会越低，随着再制造商

风险规避度的增加，其销售价格降低，进而造成零售商的零售价格也降低。

图 11.3 中取 $\eta_m=0.5$，η_r 在 [0.1，1) 的范围内变动，步长为 0.1。根据图 11.3 看出，随着零售商规避度的增大，再制造商的销售价格增加，并且在零售商的风险规避度为 $\eta_r<0.6$ 时，再制造商的销售价格增加的幅度较大，而零售商的零售价格随着零售商规避度的增大一直降低。说明零售商越怕风险，越愿意以较低的零售价格来增加市场需求，而针对零售商的这种行为，再制造商就会采取提高销售价格来控制零售商的降价行为。

图 11.2 与图 11.3 进行对比，可以得出零售商的风险规避度对废旧汽车回收再制造供应链的参与者影响较大。图 11.2 中随着再制造商风险规避度的增加，再制造商的销售价格与零售商的零售价格分别稳定在 6、2。而图 11.3 中随着零售商风险规避度的增加，再制造商的销售价格与零售商的零售价格最终趋近于 4。并且只有当零售商的风险规避度 $\eta_r>0.28$ 时，再制造商的销售价格才为正数。

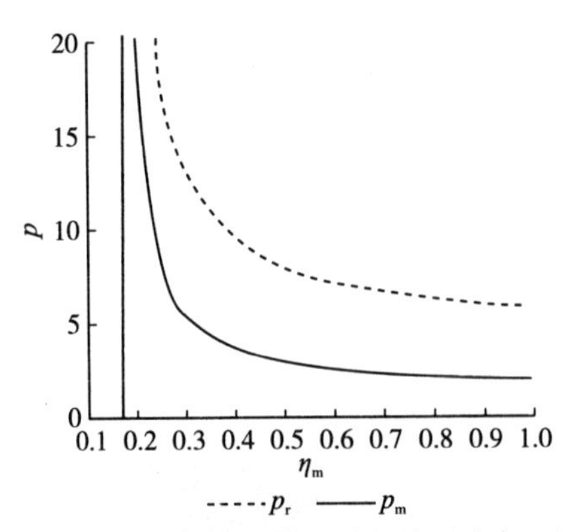

图 11.2 再制造商风险规避程度与再制造商销售价格、零售商零售价格的关系

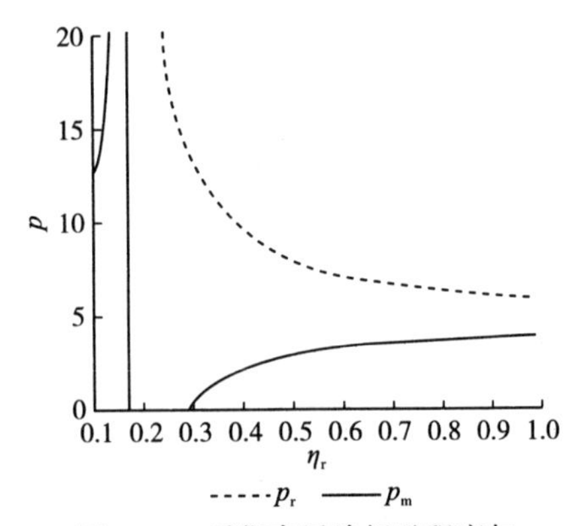

图 11.3 零售商风险规避程度与再制造商销售价格、零售商零售价格的关系

图 11.4 中在再制造商风险规避度较小时，废旧汽车回收再制造供应链的期望效用最大，而且供应链期望效用随着再制造商风险规避度的增加而减少。这主要是因为再制造商厌恶风险，回收废旧汽车的质量较低导致回收废旧汽车的数量也随之减少，此时再制造商销售价格与零售商零售价格会降低，最终废旧汽车回收再制造供应链的期望效用会降低。图 11.5 为零售商风险规避度对废旧汽车回收再制造供应链期望效用的影响与图 11.4 类似。

随着零售商风险规避度的增加，废旧汽车回收再制造供应链的期望效用越大。

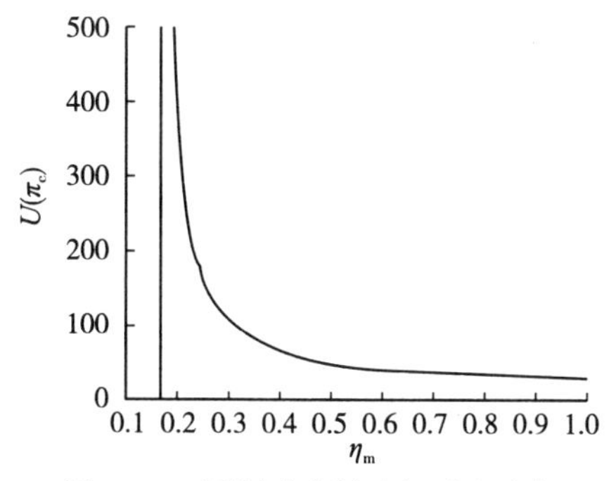

图 11.4　再制造商风险规避程度与废旧汽车回收再制造供应链期望效用的关系

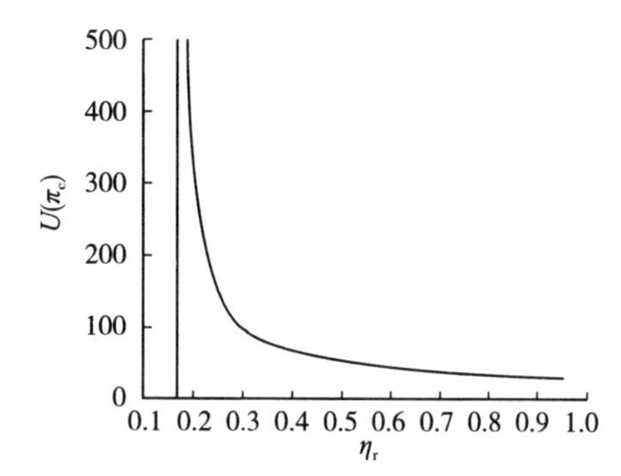

图 11.5　零售商风险规避程度与废旧汽车回收再制造供应链期望效用的关系

此时，$\eta_m=0.3$，$\eta_r=0.6$，从图 11.6 可以看出，随着 ELV 回收质量的增加，废旧汽车回收再制造供应链的期望效用也增加。说明 ELV 回收质量水平高时，虽然回收成本会增加，但废旧汽车回收再制造供应链的期望效用会越高。

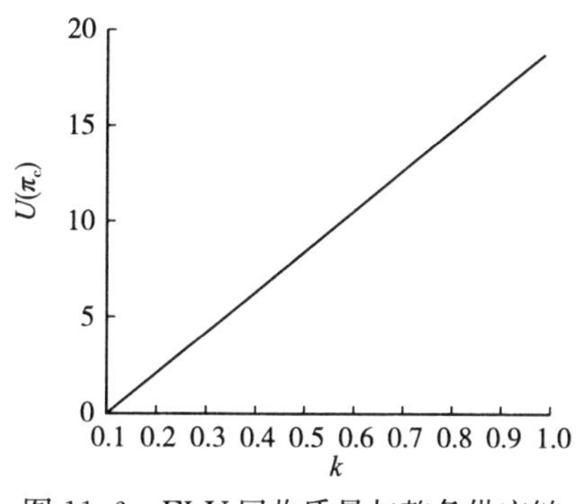

图 11.6　ELV 回收质量与整条供应链期望效用之间的关系

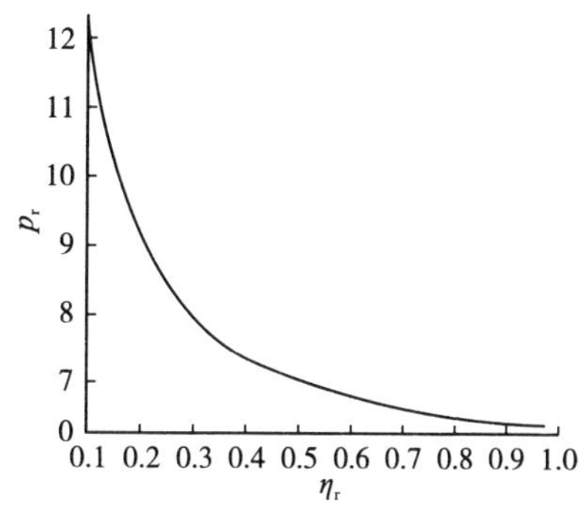

图 11.7　零售商风险规避程度与零售商零售价格的关系

在零售商领导的 Stackelberg 模型中，再制造商根据零售商的行为来决定最优 ELV 回收质量和销售价格，因此先需要讨论零售商风险规避对各因素的影响。取 $\eta_m=0.8$，η_r 在 [0.1，1) 的范围内变动，步长为 0.1。从图 11.7 可以得出，此时，零售商的风险规避程度只对零售商的零售价格有影响，且零售商的零售价格随着零售商风险规避程度的增加而减少。再制造商的最优销售价格 $p_m=3.9$，最优 ELV 回收质量 $k=0.9$。

图 11.8、图 11.9 分别为集中与分散两种决策情境下供应链效用偏差与再制造商、零售商风险规避的关系。

图 11.8 中 $\eta_r=0.8$，在图 11.8 中可以看出，当 $\eta_m<0.15$ 时，$U(\pi_c^*)=U(\pi_c^{**})$，即集中决策供应链效用等于分散决策供应链效用。当 $\eta_m>0.15$ 时，集中决策供应链效用大于分散决策供应链效用。图 11.9 中 $\eta_m=0.8$，随着 η_r 的不断增大，集中决策供应链效用大于分散决策供应链效用。由图 11.8 和图 11.9 可知，无论是集中决策或分散决策的情景下，再制造商与零售商的风险规避系数如何变化，集中决策模型废旧汽车回收再制造供应链效用大于或等于分散决策下废旧汽车回收再制造供应链效用。

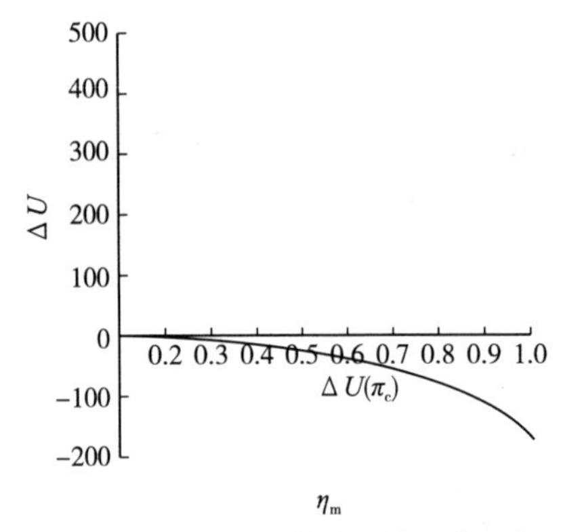

图 11.8　两种决策情境下效用偏差与再制造商风险规避的关系

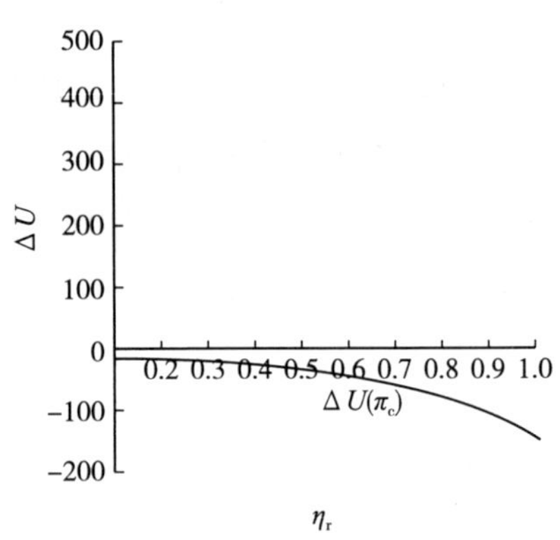

图 11.9　两种决策情境下效用偏差与零售商风险规避的关系

11.5　管理启示

本章在废旧汽车再制造商与零售商均为风险规避者的情境下，构建并求解废旧汽车回收再制造定价模型，证明了存在唯一的均衡解。通过算例仿真和灵敏度分析说明了 ELV 回收质量和风险规避度等因素对废旧汽车价格以及供应链期望效用的影响，研究结果表明：

（1）再制造商与零售商的风险规避度越小，废旧汽车回收再制造供应链的期望效用越大。再制造商与零售商越厌恶风险，对于废旧汽车回收再制造供应链越不利，主要是因为再制造商厌恶风险时，会回收较低质量的废旧汽车，而废旧汽车回收质量与废旧汽车回收再制造供应链的期望效用呈正相关，因此导致废旧汽车回收再制造供应链整体效用降低。

（2）再制造商应降低自己的风险规避度回收较高质量的废旧汽车，增加废旧汽车回收再制造供应链的整体效用。因此，政府可以对废旧汽车回收再制造商实施补贴策略，降低再制造商的风险规避度，提高废旧汽车回收质量，吸引更多的企业进入废旧汽车回收再制造这个行业，减少废旧汽车回收对环境的污染。

（3）随着 ELV 回收质量增加，废旧汽车回收再制造供应链期望效用也会增加。因此，政府可以加大回收废旧汽车宣传，促进人们形成汽车超过驾驶年限就会产生危险的潜意识，提倡正确处理废旧汽车，及时将废旧汽车进行回收再制造；废旧汽车回收供应链的参与者可以采取实施以旧换新等措施回收高质量的废旧汽车。

（4）废旧汽车回收再制造供应链效用越大，就越能引来更多的企业加入废旧汽车的回收。而再制造商与零售商进行合作才能使整个供应链的效用增大，因此要鼓励废旧汽车回收再制造供应链的参与者合作。例如，再制造商与零售商之间可以制定合作契约或者机制，促进双方的合作。

本节的研究成果可以帮助废旧汽车回收供应链中的参与者更好地认识和理解风险规避程度对废旧汽车回收再制造供应链整体期望效用以及产品定价的影响，以及吸引更多的企业可以加入这个行业，减少废旧汽车对环境的污染。在后续的工作中，可以将废旧汽车问题拓展为废旧产品，探讨废旧产品风险规避对回收模式的影响。

11.6　本章小结

废旧汽车回收再制造作为提升汽车产业可持续性的有效实践，由于回收质量、再制造成本的不确定导致决策者的风险不确定性，以废旧汽车回收再制造环节为对象，考虑废旧汽车回收质量的不确定及决策者的风险规避特性，运用 Stackelberg 博弈模型分析了再制造商与零售商的风险规避度对废旧汽车回收再制造供应链定价策略、参与者利润、ELV 回收质量以及供应链整体利润的影响。研究表明：随着零售商风险规避度的增大，再制造商的销售价格增加，而零售商的零售价格持续减低；随着再制造商风险规避度的增加，再制造商销售价格与零售商零售价格保持下降趋势；ELV 回收质量与再制造商与零售商的风险规避度呈负相关的关系，且 ELV 回收质量越低，废旧汽车回收再制造供应链的期望效用越小。研究结果建议，废旧汽车回收时的定价决策要综合考虑再制造商与零售商的风险规避度以及废旧汽车回收质量，为面向废旧汽车回收供应链效用最大的再制造产品定价提供理论指导。

第12章　基于解释性结构建模的废旧汽车回收多层次结构策略研究

随着汽车保有量激增，在循环经济和可持续高质量发展策略的驱动下，愈来愈多的机构开始关注废旧汽车回收行业，随着拆解技术和数字化智能设备驱动的先进制造技术发展，废旧汽车回收行业得到了长足发展。废旧汽车行业的发展离不开消费者个体、企业组织和当地政府的积极参与，因此，本章从多利益相关者视角研究影响我国废旧汽车行业发展的驱动因素，进而研究废旧汽车多路径回收策略，有助于推动 ELV 回收行业和汽车供应链的可持续发展。

12.1　引言

能源过度消费与环境友好型经济的迫切需求激励着制造业的绿色供应链管理和实践（Taticchi 等，2015；Cai 等，2018）。随着国内汽车工业的不断发展，中国自 2009 年以来一直是汽车产量最高的国家，导致废旧汽车行业蓬勃发展（Tang 等，2018b）。此外，由于汽车消费是废气排放和能源枯竭的主要来源，汽车供应链行业的绿色环保和可持续管理一直是最近研究的热点（Phuc 等，2017；Bulach 等，2018）。为应对环境影响、气候变化、资源枯竭和能源枯竭，废旧零部件的有效回收被视为同时应对上述事项的关键措施。

为促进汽车工业的可持续发展，新能源汽车（NEV）和混合动力电动汽车（HEV）被视为解决人口和货物生态流动问题的替代方案（Zhang，Bai，2017）。研究了促进生态友好型汽车产业发展的技术、影响因素和政策（Su 等，2018）。此外，汽车行业的可持续供应链实践也有助于实现这一目标，包括可持续材料、可持续性设计、绿色生产组装和其他可持续供应链活动（Kirwan，Wood，2012；Govindan，Chaudhuri，2016；Sunil Luthra等，2017；Yang等，2017）。

为提高资源利用率和应对资源枯竭的问题，废旧产品回收逐渐受到制造业的关注，并已经广泛应用于废旧船舶回收、废旧飞机回收、废旧机床回收和废旧汽车回收等行业（Sawyer-Beaulieu，Tam，2006；Lu等，2014；Ahmed等，2015；Sergio Manzetti，Florin Mariasiu，2015；Mahdi Sabaghi等，2015）。循环经济的理念激励废旧车辆（ELV）行业的再利用、回收和再循环等可持续性活动。然而，由于中国区域的不均衡特征，绝大多数ELV作为二手车涌入发展中地区的黑市，尤其是中西部地区（F. Zhou等，2016；Hou等，2018b）。中国市场相关法律法规的缺失阻碍了ELV回收行业的良性发展。因此，工业组织和学术机构正试图从政策法规视角，通过政府补贴、行业规范，协助当地政府刺激ELV回收活动（Li等，2016）。最近，有相关研究对保修政策和延长的3R（再利用、回收和再循环）原则进行了规范，以激励汽车制造商负责其产品的正常运行、消费和再循环（Pan，Li，2016；F. Zhou，X. Wang，Ming K. Lim等，2018）。

现有对废旧汽车回收行业的研究多集中在局部领域，包括政策制定、运营绩效、成本效益分析和回收机制等（Cheng等，2012；Wang，Chen，2013；Zhiguo Chen等，2015；Tang等，2018b）。此外，与ELV回收行业相关的类似主题还有拆卸、关键部件再制造、材料回收和可再生资源等，也受到学术界和产业界关注，在循环经济背景下通过回收管理进而促进国内汽车工业的循环回收（Yang等，2017；Bulach等，2018；Elwert等，2018；Fang等，2018）。虽然已经有文献对汽车供应链可持续发展的驱动因素进行研究，但对ELV回收行业的系统性文献回顾，及驱动性要素分析的管理实践很少。

发达汽车工业国家，随着汽车保有量的提升和技术进步，具有相对成熟的废旧产品回收流程和体系（Binnemans等，2013）。不同汽车工业强国具有不同的ELV回收策略，在美国废旧汽车作为一种可回收资源，凭借先进的回收技术和完善的ELV回收体系实现了以市场为导向的良性运营（Jawi

等，2017）。日本对有限资源和生态友好型发展的充分认识，促使当地政府激励汽车工厂回收汽车产品，通过国家政府监管，完全拆解和回收，延长了关键汽车零部件的使用寿命（Che 等，2011）。为了提高 ELV 回收效率，促进汽车工业的可持续发展，废旧汽车的回收机制和处理技术成为日本学者关注的焦点。欧盟试图通过实施存款制度和市场准入许可来规范约束 ELV 回收行业，从而提高回收效率（Chen，Zhang，2009；Simic，Dimitrijevic，2013；Simic，2016）。

与绝大多数发达的汽车工业国家相比，中国、印度、南非等新兴汽车工业国家的 ELV 回收行业仍处于起步阶段（Fuli Zhou 等，2016）。废旧汽车回收行业的发展涉及多方主体，由于利益相关者的多样性和复杂的成分，很难确定影响 ELV 回收行业发展的关键驱动因素。

Warfield 于 1974 年提出的解释性结构建模（ISM）方法为探讨复杂系统的各种因素提供了有效的途径（Warfield，2010）。ISM 方法是解释性的，其能够将一个混乱的系统分解为一个多层次的结构模型。此外，它还可以通过确定驱动因素来提高管理效率（Diabat，Govindan，2011；Tseng 等，2015）。Chaple 等（2018）采用 ISM 建模方法来分析精益实践的驱动因素，帮助管理者更好地了解精益管理实施情况。为了改善新鲜水果供应链的绩效，Raut 和 Gardas（2018）采用 ISM 建模方法来确定可持续运输的关键障碍因素。综上，ISM 方法作为一种系统的方法，已在各种行业被证明是提高可持续管理绩效的有效管理工具。为了促进绿色制造管理实践，Seth 等（2018）采用 ISM 建模方法来挖掘绿色制造的驱动因素及其复杂交互关系。为改善印度废旧电子产品回收行业现状，Kumar 和 Dixit（2018）提出了一种新的 ISM-DEMATEL 方法，以探究废旧电子产品回收行业发展的主要障碍，帮助提供更好的了解行业发展的障碍因素。不仅对于发达汽车工业国家而言，对于发展中国家，绿色需求和可持续发展理念一直是汽车制造行业方面的重点（F. Zhou 等，2016；Fuli Zhou 等，2018）。为了提高印度汽车零部件制造行业的可持续性能，利用 ISM 模型分析绿色供应链对清洁生产的驱动因素（Mathiyazhagan 等，2013）。为了强调可持续供应链管理中知识管理的重要性，Ming 等（2017）采用 ISM 建模方法，在知识管理的背景下推导出 SSCM 中的驱动和依赖因素，为可持续供应链管理中知识管理的要素和作用提供借鉴。如上所述，ISM 建模方法可以帮助从业者更好地理解不同行业中的管理实践。

为了促进 ELV 回收行业的健康发展，本章采用解释性结构建模方法，从多利益相关者视角分析各影响因素之间的相互关系，为管理者提升 ELV 回收行业的管理效率提供参考。本章重点研究的问题如下：①ELV 回收行业的现状如何？②各因素之间的相互关系是什么？③通过综合驱动度和依赖度分析，明确提升 ELV 回收行业管理绩效的主要因素是什么？

12.2 理论和产业背景

12.2.1 汽车可持续供应链管理实践

汽车工业对社会和环境的可持续发展有重大影响，因此如何提升汽车产业的可持续性至关重要。Diabat 和 Govindan（2011）使用解释性结构模型调查了绿色供应链管理的各种驱动因素。Mathivathanan 等（2018）采用决策试验与评价实验室（DEMATEL）方法，从多方利益相关者角度研究汽车可持续实践中影响因素的相互关系及交互作用。Ahmed 等（2015）提出了一种扩展模糊 AHP 方法来评估报废车辆管理方案，通过定性定量相结合的综合评估，促进了 ELV 管理的可持续性。Deng 等（2017）采用问卷调查和模拟方法建立了 ELV 回收影响因素的逻辑关系，帮助地方政府激励产品消费者参与回收政策决策。

为实现汽车工业的可持续性，近期的文献对汽车供应链进行了可持续管理和实践（Tseng 等，2015；F. Zhou，X. Wang，Ming K. Lim 等，2018），汽车供应链的绿色管理活动，涉及可持续设计、采购、物流、组装、材料、设备、关键部件再制造和废旧车辆产品回收等（Govindan 等，2015；Govindan，Chaudhuri，2016；Sunil Luthra 等，2017）。ELV 回收管理作为一种有效的解决办法，已证明有利于资源利用率提升和可持续性的提高（Daniels 等，2004）。

12.2.2 ELV 回收管理产业现状

为研究我国报废汽车回收管理的影响因素，本研究总结了我国废旧汽车回收管理的产业背景现状。

(1) ELV 回收的关键活动

为了更好地了解 ELV 回收行业的驱动因素，首先需要对现行的 ELV 回收流程和关键活动进行调研。ELV 回收主要经历了图 12.1 所示的几个阶段，主要涉及 ELV 所有者、回收企业、拆解厂以及具体的再利用、回收和再循环活动（F. Zhou，X. Wang，Ming K. Lim 等，2018）。

如图 12.1 所示，废旧汽车产品或零部件流向回收车间，并根据废旧程度进行可拆解性评估（Börjeson 等，2000），可回收产品将交付拆除厂，主要包括简短的拆卸和回收（Magnus Andersson 等，2017）。M. Andersson 等（2017b）通过材料流分析，总结了瑞典 ELV 行业稀缺金属回收的现状，结果显示，尽管瑞典 ELV 回收行业的总体回收利用率很高，但仅有的少数稀缺金属具有很高的回收价值。Ortego 等（2018）开发了一种基于热力学稀有性的 SEAT LEIII 模型来评估废旧零部件的可拆解性。

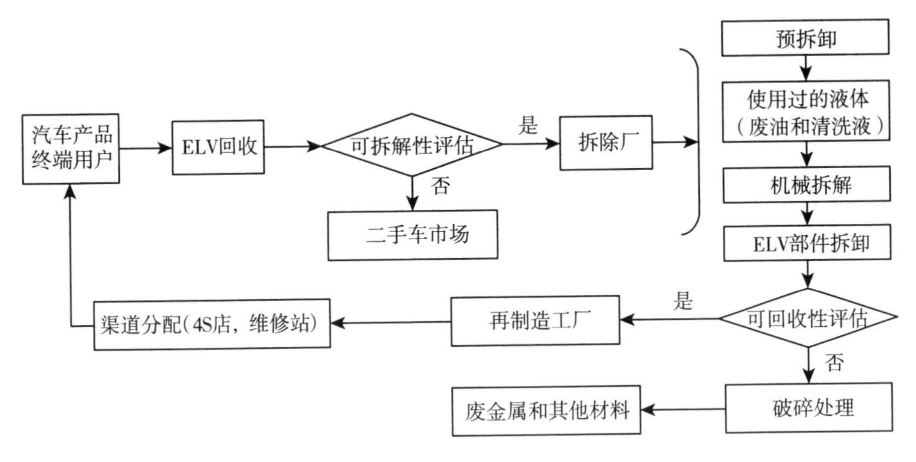

图 12.1　中国市场的 ELV 回收业务

如图 12.1 所示，由于二手车市场的盛行，ELV 大多来自个人消费者（包括汽车用户和二手车所有者），汽车制造厂和可再生企业负责 ELV 回收，有效的拆解为 ELV 回收奠定了基础。此外，由于拆解技术的限制，ELV 能否实现完全拆解，对回收效率的影响也至关重要（F. Zhou，X. Wang，Ming K. Lim 等，2018）。通过拆解后的冗余部件将流向再制造工厂，其他有用的部件可以通过材料回收或能源回收以可持续的方式进行加工。再制造渠道作为最有效的方式，被认为是中国汽车工业提高汽车供应链可持续性的一大举措，并取得显著成效。

ELV回收行业的发展是通过ELV回收活动在每个阶段的可持续实践来实现的。拆解作为最关键的阶段，对回收效率有显著影响，这与拆卸技术密切相关。Wang等（2005）提出了一种分类方法，通过将ELV部件分为三种形式，即直接再用、再制造和丢弃处置，多途径的回收方式有助于提高ELV的回收效率。Mohan、Amit（2018）在建立仿真模型的基础上，应用系统动力学建模方法识别当前拆解阶段的主要障碍，以印度废旧汽车回收市场为例，研究结果表明，不受管制的市场将导致拆除能力下降。

为反映ELV回收的可持续性绩效，提出了一种考虑多尺度和多维度的可持续性指数，以描述经济和环境方面的长期可持续发展绩效（Pan，Li，2016）。同时在ELV回收网络阶段也需要考虑其可持续性。Sun等（2018）提出了一个双层优化模型，以优化ELV的配送中心网络，降低配送成本。为了提高回收效率，Wang等（2018）构建了双层物流路径优化模型，并设计一种改进非支配遗传算法，从而提高了ELV回收活动的利用效率，并提出了集成废旧产品回收和建筑行业可持续发展的整体框架。

为了提高回收效率，通常开发先进的技术和具有成本效益的工具来处理废旧部件。固态剪切铣削（S-3M）技术是为了提高汽车碎纸机残渣的回收效率而开发的，这已被证明是一种简单、具有成本效益、绿色和潜在的非结构性废旧产品（Yang等，2017）。面对汽车产品和材料的多样性，Soo等（2017）等人提出了联合技术以减少ELV回收浪费。

（2）可再生资源分配

具有成本效益的ELV回收模式主要包括直接再利用和回收，特别是对于那些可靠性多余的高价值关键部件（F. Zhou等，2016），此外，再制造车间也为可持续回收提供了一种替代方案。然而，所有这些活动都是以完全拆解作为基础，需要先进的拆卸技术和特殊设备（Mohan，Amit，2018）。

除了零部件的再利用、回收和再制造外，材料和能源活动还有助于该行业实现可持续性。从资源节约和环境保护的角度来看，报废产品和部件都可以回收利用（Fang等，2018）。在ELV回收流程分析基础上，图12.2展示了废旧汽车回收过程中各类回收成分占比，可知钢、铁、铝和铂等可回收金属是主要的可再生资源，而塑料和稀有金属等其他材料的回收率较低（Magnus Andersson 等，2017）。随着拆卸技术和磨削技术的发展，工业工厂试图提高多种可回收金属的回收利用率。

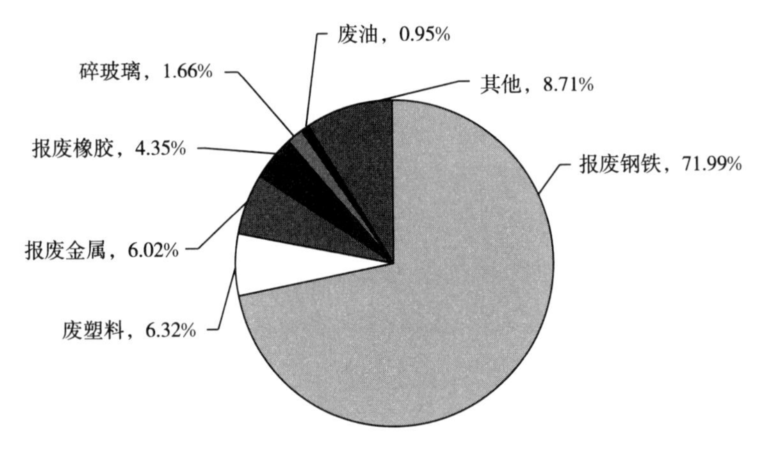

图 12.2　中国 ELV 回收的可再生资源

从图 12.2 可以看出，报废的钢铁是主要成分，然后是废塑料。由于拆卸技术的局限性，与发达国家相比，钢铁的回收率较低，回收情况并不乐观（Miller 等，2014）。汽车轻量化趋势给塑料回收带来了挑战，导致塑料填埋更多，因此，ELV 回收利用行业需要开发更先进的回收技术和设备，以提高再生资源的利用率。

（3）政策和法规

地方政府的政策支持是 ELV 回收行业可持续发展不可或缺的。对政策驱动的措施和生态友好要求进行了规范，以促进工业实践中的可持续发展（Shijiang Xiao 等，2018）。由于商业、市场和监管气氛的差异，不同区域的政策和条例通常多种多样（Sawyer-Beaulieu，Tam，2006）。欧盟国家通常采用基于生产者责任制原则的立法（Sergio Manzetti，Florin Mariasiu，2015），其中一些国家还采用了扩大的生产者责任制原则。Wang 和 Chen（2013）通过与发达国家的比较，为中国政府提出了一些关于 ELV 回收行业的发展策略，并提出中国政府应该把重点集中在新的替代和扩大生产者责任制策略中，同时敦促生产者责任制和 3R 原则逐步实施。Tian 和 Chen（2014）认为，汽车工业应以可持续的方式突出组装设计，并通过 Stackberg

博弈设计一种关于ELV回收的奖励处罚机制。

ELV回收效率对监管政策非常敏感。Simic和Dimitrijevic（2013）考虑到不确定的欧盟立法背景，从长远来看制定了ELV回收规划问题的规划模型，为提高不确定环境下解方案的健壮性，提出了一种区间参数两阶段随机全有限规划方法来处理ELV分配管理。Ohno（2017）构建了一个线性规划模型，通过分析优化废钢和ELV回收的合金化元素提升ELV回收效率。Ogushi和Kandlikar（2006）研究了ELV回收法对日本市场汽车回收、技术创新、材料回收和部分再利用的影响。

国内汽车生产蓬勃发展与ELV回收起步之间的实际差距，要求我们需要更深入地理解我国废旧汽车回收行业（Pan，Li，2016）。根据我国的ELV回收流程和管理实践，ELV回收行业涉及汽车工厂、再生资源企业、二手车消费者、ELV车主和地方政府等多利益相关者，很难确定各影响因素间的复杂关系。为更好地了解国内ELV回收行业，并提升其回收管理绩效和可持续性，采用ISM建模方法来描述多因素间的复杂关系（Fuli Zhou等，2019）。

12.3 多利益相关者视角的解释性结构建模理论模型

为促进报废汽车回收产业的发展，提高可持续发展绩效，列举了一系列涉及政府、行业组织和个人消费者的因素。通过基于ISM的层次描述和MICMAC分析，采用ISM方法识别驱动力和依赖力。

12.3.1 多利益相关者视角的影响因素

通过ELV回收业务，主要有三类参与者（政府、行业组织和个人消费者）（Zhiguo Chen等，2015）。从汽车厂、再生资源公司、汽车零部件厂、再制造机构、报废汽车所有者、二手车消费者、社会公众和地方政府等方面详细分析了影响我国报废汽车回收利用发展的因素，并通过文献综述，对影响我国报废汽车回收利用发展的因素进行了筛选，表12.1总结了政府、回收组织和消费个体视角的ELV回收产业影响因素。

表 12.1　多利益相关者视角 ELV 回收产业的影响因素分析

（Fuli Zhou 等，2019）

利益相关者	符号	列出的成分因素及其说明	文献来源
政府	C1	《汽车厂回收条例》（“3R”原则：再利用、回收和回收）：现行政策下汽车代理商对报废汽车回收业务延伸责任原则的实施情况及积极性	（Sawyer-Beaulieu，Tam，2006；Zhiguo Chen 等，2015；Wong 等，2018c；F. Zhou，X. Wang，Ming K. Lim 等，2018）
	C2	报废汽车回收厂的回收规定，包括再生资源组织和再制造公司等	（Sawyer-Beaulieu，Tam，2006；Pan，Li，2016；Ortego 等，2018）
	C3	对报废汽车所有者的回收法规和动机，以及立法政策促使汽车消费者向回收厂交付报废汽车	（Sawyer-Beaulieu，Tam，2006）
	C4	二手车消费者的补贴和动机	（Wang，Chen，2013；Jawi 等，2017）
	C5	回收和二手车市场的法规和标准：回收材料和零部件等应用的监管政策	（Sawyer-Beaulieu，Tam，2006）
企业组织	C6	汽车制造厂的生态友好意识和责任意识，以及清洁生产和可持续实践的需求	（Pan，Li，2016；Hou 等，2018b）
	C7	可回收性设计与装配：汽车零部件与总成的设计是从可持续的角度进行拆卸与回收的	（Go 等，2011a；Mohan，Amit，2018）
	C8	可再生资源产品回收利用率，包括技术成熟度和回收活动的经济价值	（Fang 等，2018）
	C9	汽车关键零部件的再利用状况，以及冗余或再制造零部件的流行	（Ogushi，Kandlikar，2006；Go 等，2011a；Li 等，2016）
	C10	汽车零部件可再制造性：报废零部件能否由再制造厂加工	（Ogushi，Kandlikar，2006；M Andersson 等，2017b；Anthony，Cheung，2017）
	C11	EOL 汽车产品的材料可回收性：材料回收的流行	（Ahmed 等，2015；Anthony，Cheung，2017）
	C12	拆解回收技术水平：汽车零部件能否完全拆解	（Börjeson 等，2000；Ortego 等，2018）
个人消费者	C13	弱电车主的可持续回收意识	（Pan，Li，2016；F. Zhou，X. Wang，Ming K. Lim 等，2018）
	C14	二手车消费者对再利用零部件和回收汽车产品的接受程度	（Zhiguo Chen 等，2015；Salvado 等，2015；Magnus Andersson 等，2017；F. Zhou，X. Wang，Ming K. Lim 等，2018）
	C15	可回收部件的经济质量和报废汽车回收活动	（Miller 等，2014；Sergio Manzetti，Florin Mariasiu，2015）
	C16	可持续循环需求与社会公众意识	（Pan，Li，2016；Hu，Wen，2017）
	C17	可回收材料的价值与汽车零部件再制造的流行	（Miller 等，2014；Magnus Andersson 等，2017；Anthony，Cheung，2017；Sica 等，2018）
	C18	旧件和回收产品的市场认可	（Grieger，2003；F. Zhou 等，2016）

ELV回收行业的发展是受汽车保有量、可持续性要求和政府立法的推动，从以往我国报废汽车回收管理的研究来看（Wang，Chen，2013），涉及的主要是消费者、汽车制造商和回收拆解机构。这三种类型的个人有助于从报废汽车回收业务到部分再利用的成功实施，从而形成循环经济。此外，地方政府的参与对循环利用实践起到了很大的作用（Zhiguo Chen 等，2015）。在本研究中，主要从政府、行业组织和个人消费者等多个视角研究影响废旧汽车回收行业中的具体驱动因素。根据以往的文献和中国市场的实际回收部门总结了与三个利益相关者相关的具体因素。

12.3.2 解释性结构建模方法

基于解释性结构建模（ISM）的方法可用于分析工业发展的障碍和驱动因素（Govindan 等，2014；Sunil Luthra 等，2017）。采用ISM方法描述了影响ELV回收产业发展的因素之间的相互作用（Ming 等，2017；Kumar，Dixit，2018）。

根据ISM，推导出各因素之间的交互关系，并将其描述为一个层次结构。具体步骤如图12.3所示，在之前的出版物中ISM方法的特点如下（Ming 等，2017）：①ISM方法具有解释性和结构性。因此，可以从交错变

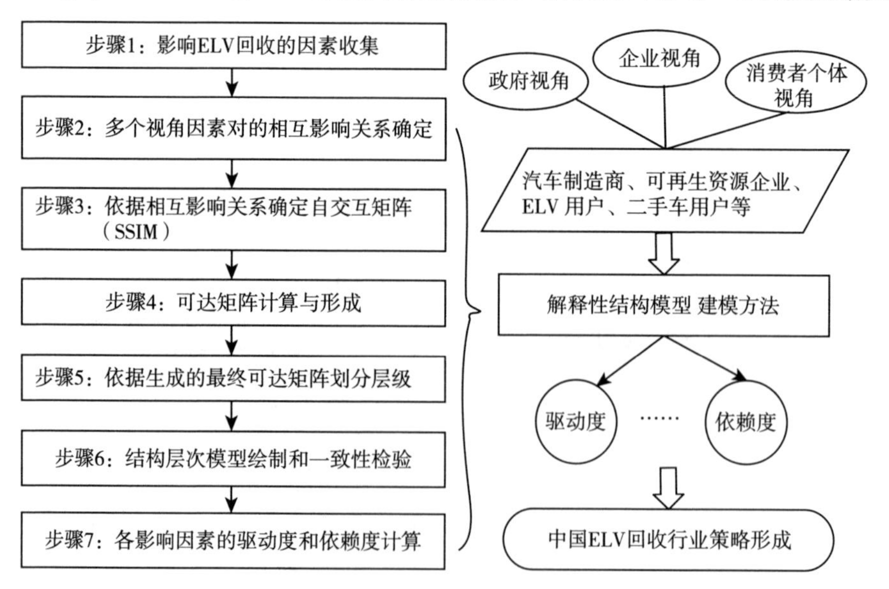

图12.3 ISM建模实施步骤（Ming 等，2017；Kumar，Dixit，2018）

量的复杂集合中提取整体结构。②该方法用于对这些变量之间的复杂关系施加次序和方向（Ali 等，2018）。③虽然它被视为一个集体学习过程，但个人也可以使用它。此外，这些成分之间的驱动因素和障碍可以从所描绘的结构中识别出来。

如图 12.3 所示，ISM 方法的具体实现步骤如下。

（1）成分因素的确定影响 ELV 回收行业。以上列出的因素是基于多个利益相关者的观点，根据以前的文献生成的。

（2）根据专家组的意见建立和收集每组中每两个成对因素之间的上下文关系。当一个因素导致另一个变量时，选择“导向”项的上下文关系。

（3）相应的结构自交互矩阵（SSIM）是根据专家的判断来评估和制定的，表明了成对关系。

（4）可达性矩阵的计算。通过将定性意见转化为二进制码，由 SSIM 生成初始可达性矩阵。通过结合 ISM 方法的传递性，得出了因子的最终可达性矩阵（Mathiyazhagan 等，2013）。SSIM 表示直接关系，可达矩阵不仅揭示了所列因素之间的直接关系，同时也揭示了所列因素之间的间接关系。

（5）步骤（4）中制定的可达性矩阵可以通过每个因子的可达性和先行集划分为不同的层次。单个因素的可达性集包括它本身和它可以帮助到达的其他成分。而先行集则由自身因素和其他有助于实现先行集的因素组成。之前的研究中跟踪了分区级别的规则，可以得到每个因素的最终级别（Diabat，Govindan，2011）。

（6）基于 ISM 的层次模型的形成。在分区层次的协助下，从政府、组织和个人的角度建立了一个驱动报废汽车回收管理的各要素层次模型。

（7）审查步骤（6）中开发的 ISM 模型，以检查概念上的不一致性，必要时进行必要的修改。然后对各因素的驱动功率和依赖功率进行了计算和分析。

12.4　结果与讨论

12.4.1　数据收集

在汽车协同创新中心（ACIC）的协助下，建立了基于配对比较因子的专家组。专家组来自汽车工业、废旧产品回收、再制造、SSCM和二手车营销领域等相关的实际行业和学术机构，根据ELV再循环程序和多个角色的参与，将这些因素基于多个利益相关者进行分类，即基于政府、回收再利用组织和个人消费者视角（Zhiguo Chen等，2015）。

这些因素之间的上下文关系是从已建立的专家小组的学术和行业专业人员那里收集的。数据收集分两个阶段进行：①确定多个利益相关者列出的因素；②根据专家小组的意见，采用头脑风暴法和常规技术，评估影响ELV回收行业的各因素项成对比较结果（Ming等，2017；Moktadir等，2018）。

为了描述每个系统中各因素之间的层次结构和相互作用，预先定义了以下符号（表12.2），说明了各成对因素（因素i和j）之间关系的方向。

表12.2 两对因子关系的符号

符号	意义
V	因子i将帮助实现因子j
A	因子j将有助于实现因子i
X	因子i和因子j将帮助实现彼此
O	因子i和因子j无关

12.4.2 自交互矩阵构建

ISM方法的实现来源于结构自交互矩阵，它是通过每对因素之间的上下文相互关系生成的。由于专家小组的判断决定了因素是否以及如何通过图形描绘相互作用，因此将专家评价信息作为ISM多层次模型的原始数据（Singh，Kant，2008）。

本节的收据调研专家库依托2011汽车协同创新中心的专家库，主要由国内学者、专家、企业技术人员及科研院所工程技术人员组成。本研究主要选取5名来自汽车协同创新中心（automobile collaborative innovation center，ACIC）的专家，按要求判断所列出因素之间的相互关系。首先，将来自多个利益相关者的列出的因素提交给专家组，并进一步确认；其次，要求所有五位专家进行配对比较，同时回答“你认为因素i直接影响因素j吗?”然而，在同一对因素的比较中，可能会出现不同的判断。根据“少数服从多数”的原则（Shen 等，2016；Gan 等，2018），如果三个或三个以上专家同意，则确定每组所列因素之间的相互关系。根据已建立的专家小组的共识，在表 12.3、表 12.4 和表 12.5 中咨询了每两个成对因素之间的上下文影响。

表 12.3　因素对的相互影响关系（政府视角）

因素项	要素（政府视角）	影响关系（政府视角）			
		C5	C4	C3	C2
C1	汽车工厂政策	O	V	V	V
C2	报废汽车回收公司政策	V	V	V	
C3	政府对 ELV 车主的政策	V	O		
C4	二手车消费者补贴	V			
C5	回收市场政策	X			

表 12.4　因素对的相互影响关系（企业视角）

因素项	要素（企业视角）	影响关系（企业视角）					
		C12	C11	C10	C9	C8	C7
C6	汽车厂意识	A	A	A	A	O	V
C7	可回收性设计/组装	A	V	V	V	O	
C8	可再生能源利用率	O	A	A	A		
C9	关键部件的再利用	A	O	X			
C10	ELV 关键零件的再制造性	A	O				
C11	可回收性	A					
C12	拆卸和回收技术	X					

表 12.5　因素对的相互影响关系（消费个体视角）

因素项	要素（消费个体视角）	影响关系（消费个体视角）				
		C18	C17	C16	C15	C14
C13	ELV 车主的回收意识	A	A	V	O	A
C14	二手车消费者的态度	V	A	V	A	
C15	ELV 活动的经济质量	V	A	V		
C16	公众的可持续意识	A	A			
C17	可回收材料和零件的价值	V				
C18	旧件市场认可	X				

12.4.3 可达矩阵计算

在这一阶段，可达性矩阵是从自交互矩阵推导而来。首先通过将 SSIM 中每个单元的值转换为二进制值，建立了初始可达性矩阵格式，其次通过前文计算步骤获得不同视角的最终可达矩阵，分别如表 12.6、表 12.7 和表 12.8 所示。

表 12.6 最终可达矩阵（政府视角）

因素项	影响 ELV 行业的要素（政府视角）	因素项					驱动度
		C1	C2	C3	C4	C5	
C1	汽车工厂政策	1	1	1	1	0	4
C2	ELV 回收公司政策	0	1	1	1	1	4
C3	政府对 ELV 车主的政策	0	0	1	0	1	2
C4	二手车消费者补贴	0	1	0	1	1	3
C5	回收市场政策	0	0	0	0	1	1
	依赖度	1	3	3	3	4	14

表 12.7 最终可达矩阵（企业视角）

因素项	影响 ELV 行业的要素（企业视角）	因素项							驱动度
		C6	C7	C8	C9	C10	C11	C12	
C6	汽车厂意识	1	1	0	0	0	0	0	2
C7	设计/装配的可回收性	0	1	0	1	1	1	0	4
C8	可再生能源利用率	0	0	1	0	0	0	0	1
C9	关键部件的可再利用性	1	0	1	1	1	0	0	3
C10	ELV 关键零件的再制造性	1	0	1	1	1	0	0	4
C11	材料的可回收性	1	0	1	0	0	1	0	3
C12	拆卸和回收技术	1	1	0	1	1	1	1	6
	依赖度	5	3	4	4	4	3	1	23

表 12.8　最终可达矩阵（消费个体视角）

因素项	影响 ELV 行业的要素（消费个体视角）	因素项						驱动度
		C13	C14	C15	C16	C17	C18	
C13	ELV 用户的回收意识	1	0	0	1	0	0	2
C14	二手车消费者的态度	1	1	0	1	0	1	4
C15	ELV 活动的质量经济性	0	1	1	1	0	1	4
C16	公众的可持续发展意识	0	0	0	1	0	0	1
C17	可回收材料和零件的价值	1	1	1	1	1	1	6
C18	二手部件市场的认可情况	1	0	0	1	0	1	3
	依赖度	4	3	2	5	1	4	20

12.4.4　影响因素的多层次划分

最终可达矩阵有助于识别各因素的层次划分，同时可以通过最终可达矩阵获得每个因素项的可达性和先行集，如表 12.9、表 12.10 和表 12.11 所示。

表 12.9　政府视角的影响因素层次划分结果

因素项	可达集	先行集	交叉集	层级
C1	1，2，3，4，5	1	1	Ⅲ
C2	2，5	1，2	2	Ⅱ
C3	3，5	1，3	3	Ⅱ
C4	4，5	1，4	4	Ⅱ
C5	5	1，2，3，4，5	5	Ⅰ

表 12.10　企业视角的影响因素层次划分结果

因素项	可达集	先行集	交叉集	层级
C6	6，7，8，9，10，11	6，12	6	Ⅲ
C7	7，8，9，10，11	6，7，12	7	Ⅳ
C8	8	6，7，8，9，10，11，12	8	Ⅰ
C9	8，9，10	6，7，9，12	9，10	Ⅱ
C10	8，9，10	7，9，12	9，10	Ⅱ
C11	8，11	6，7，11，12	11	Ⅱ
C12	6，7，8，9，10，11，12	12	12	Ⅳ

表 12.11 消费个体视角的影响因素层次划分结果

因素项	可达集	先行集	交叉集	层级
C13	13，16	13，14，15，17，18	13	Ⅰ
C14	13，14，16，18	14，15，17	14	Ⅲ
C15	13，14，15，16，18	15，17	15	Ⅳ
C16	16	13，14，15，16，17，18	16	Ⅰ
C17	13，14，15，16，17，18	17	17	Ⅳ
C18	13，16，18	14，15，17，18	18	Ⅱ

12.4.5 ISM 模型构建

通过图 12.3 中解释性结构模型的建模步骤和前文步骤，逐步计算可达矩阵，并从政府、企业组织和消费者个体等多个利益相关者视角分析影响 ELV 回收行业的主要因素，通过多层级建模构建 ELV 回收行业的多层次解释性结构模型。

然后将代表传递性的 0 和 1 结合起来，计算每个指标因素的驱动度和依赖度（Ming 等，2017）。通过可达矩阵计算后，形成多利益相关者视角的有向影响结构图，如图 12.4 所示。

通过基于 ISM 的多个利益相关者的步骤来确定层级关系，这些步骤提供了有关影响因素的有意义的观察结果。从图 12.4 可以看出，从政府的角度来看，政府对汽车厂（C1）的政策法规进行规范，对于促进我国报废汽车回收产业的可持续发展至关重要。有关汽车厂的立法将有助于制定有关再生资源回收组织（C2）、报废汽车车主（C3）和二手车消费者（C4）的法规。随着我国基本立法的不断完善，循环利用市场法规得以实施和规范。

对于工业组织来说，改进拆卸技术（C12）对促进可持续发展具有重要意义。此外，受先进技术水平的影响，C6 汽车厂的生态友好意识和可持续发展意识对可持续发展成果也具有重要意义。在这些因素的推动下，国内汽车工业尝试设计和组装可回收性（C7），这为 ELV 回收产业奠定了基础。这刺激了具体的报废汽车回收业务，包括再利用（C9）、再制造（C10）和材料回收（C11）业务。循环利用率和可再生资源利用率的提高是通过上述因素的提高来实现的。附加值分析与发现（C17）是推动中国报废汽车回收

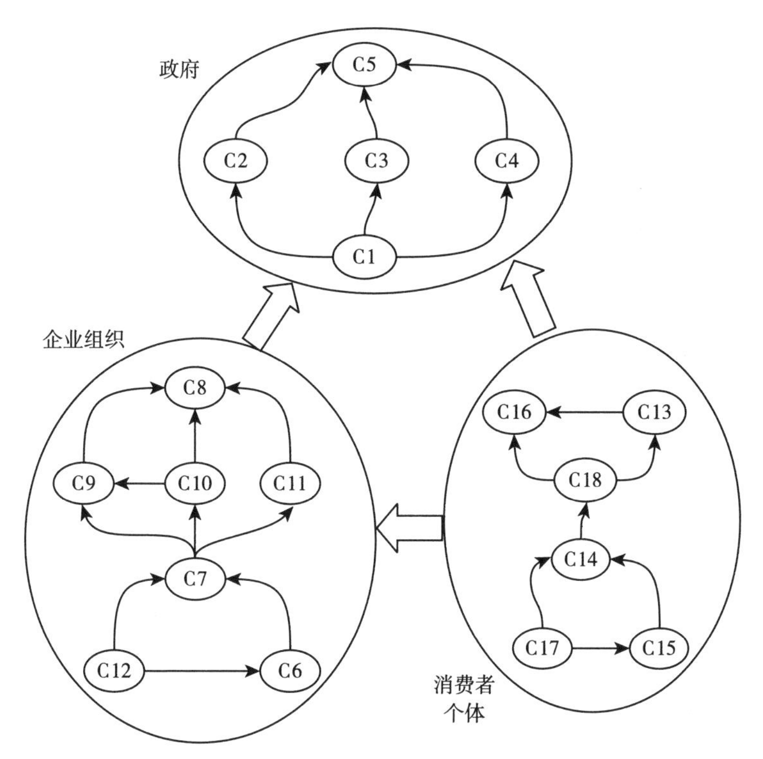

图 12.4　基于 ISM 建模的多利益相关者影响结构

发展的原动力，也是经济标准（C15）的质量。该产品具有成本效益和可靠性，使二手车消费者能够接受再利用部件或回收产品，这将有助于深化市场对再制造产品（C18）的认知。随着我国市场对再利用零部件和再制造产品的普遍利用，加强对报废汽车所有者和社会公众的可持续回收意识，形成健康的循环经济（C13、C16）。

12.4.6　交叉影响矩阵相乘（MICMAC）分析

为了从多个利益相关者那里发现影响 ELV 回收行业的关键因素，驱动力和依赖力分析能够为促进中国 ELV 回收行业发展提供战略性管理启示。MICMAC 分析，基于矩阵的乘法性质，通过综合依赖度和驱动度计算，帮助识别源驱动因素（Ming 等，2017；Fuli Zhou 等，2019）。驱动功率和依赖功率可以通过使用 MICMAC 分析来识别，如图 12.5 所示。

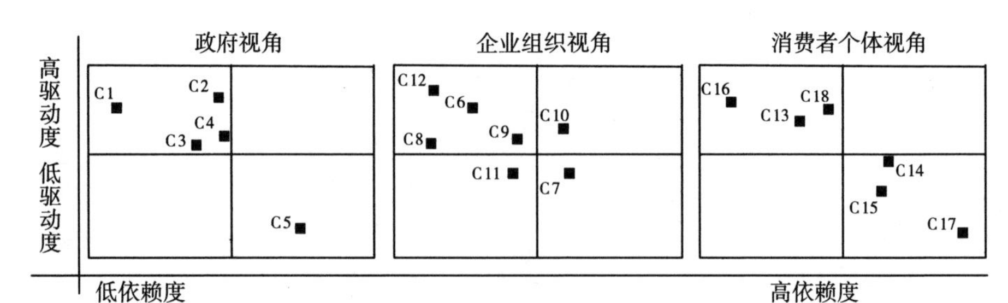

图 12.5　ELV 回收行业各因素项的综合驱动度和综合依赖度相对位置图

根据获得的驱动力和依赖力，本案例中的成分驱动力分为以下四类：

(1) 自主驱动因素（象限一）

这类因素驱动力弱，依赖力弱。它们标记在象限一中，被视为与 ELV 回收管理系统的很少联系。

(2) 依赖驱动因素（象限二）

这类因素驱动力弱，依赖力强。它们通常对 ELV 回收产生直接影响，并受到其他成分驱动因素的影响。政府监管（C5）属于这一部门，这意味着市场上的政策动机受到细分参与者动机的影响。

(3) 关联驱动因素（象限三）

这种因素具有较强的驱动力和依赖力。它们被映射到象限三中，并在连接影响 ELV 回收管理绩效的驱动因素方面发挥了重要作用。

(4) 独立驱动因素（象限四）

这类因素具有较强的驱动力和较弱的依赖力，可以认为是其较高驱动力的关键影响因素。

图 12.5 显示了每个标准的驱动和依赖功率。从政府的角度看，循环市场监管具有低驱动力和高依赖力，其余因素都具有高驱动力和低依赖力。这就意味着对部门角色的规范的完善将推动市场的成熟。对于行业组织来说，汽车零部件的再制造具有强大的驱动力和依赖力，这将影响其他因素，也会受到同行的影响。从图 12.5 中可以发现相同的分析结果。总的来说，图表能够揭示收集到的影响中国 ELV 回收行业的因素的特征。

12.4.7　管理启示

基于 ISM 的模型从政府、行业组织和个人的角度更好地理解了要素之间的相互关系。从图 12.4 中基于 ISM 的模型来看，很明显，汽车工厂（C1）的立法是从政府的角度协助涉及其他参与者（汽车消费者、组织和报废汽车回收市场）的法规的关键驱动力。这一结果与之前的研究和论点相似，即汽车工厂应该对 ELV 负责。从工业组织的角度来看，拆卸技术（C12）是实现高效回收操作的关键驱动力，它迎合了最近对 ELV 拆卸技术的关注。可回收性的设计，作为一个链接驱动，也在 ELV 回收业务中发挥了重要作用，这与前文研究类似，其强调了报废汽车拆卸的重要性，并认为拆卸方法的设计是提高报废汽车加工性能的有效工具（Tian，Chen，2014）。从个人消费者的角度来看，可回收部件（C17、C15）的价值和成本效益是帮助 ELV 实现回收的主要动力。经济备件的普及和采用，驱动了 ELV 零件的再利用和再制造部门的回收业务发展。

从图 12.5 中可以识别独立驱动程序和依赖驱动程序到 ELV 回收管理。驱动因素位于第四象限。汽车工厂（C1）、可再生组织（C2）和个人（C3、C4）的法规推动了对报废汽车回收市场的立法改进，并与其他两组类似。相依驱动力是指象限二中的驱动力弱且相依驱动力强的驱动力。循环利用率（C7）的设计受技术水平（C12）和环保意识（C6）的影响，有助于提高 ELV 循环利用的运行效率。该结果符合以下论点：各阶段的可持续实践导致了车辆供应链的可持续性实现，可回收性设计有助于报废汽车的回收利用，也受到管理技术的影响。

通过制定的基于 ISM 的模型，汽车制造厂的规章制度、拆解技术和回收业务的价值挖掘是提高报废汽车回收可持续性的基本要素。此外，使用 MICMAC 分析的驱动力和依赖力有助于更好地了解 ELV 回收管理的驱动力，通过明确各因素间的影响关系，为废旧汽车回收行业的践行者提升回收效率提供更好的理解。通过基于 ISM 建模的方法，识别影响我国 ELV 回收的主要源驱动力，这告诫管理者，可以通过掌控和改善源驱动力因素促进 ELV 回收行业发展。首先，从政府视角，需要建立健全汽车行业的相关政策、法规，规范并约束汽车主机厂、汽车消费者、再生能源企业及二手车交易商等相关群里的行为。其次，由于完全拆解不仅能够帮助实现多途径回收，同时能够提升回收效率（Go 等，2011a），因此需加大研发部门对拆解和在制造工艺的资源投入，通过技术变革，以较低能耗提升废旧汽车拆解和关键零部件再制造效率。同时本章构建的 ISM 层次结构模型能够帮助管理者从多利益相关者角度识别其各自的源驱动力，帮助政府、企业组织和消费者个体识别其关键因素，通过改善供应链终端的回收效率，提升汽车供应链和中国汽车产业的可持续高质量发展。

12.5 本章小结

为了深入了解中国 EVL 回收行业的发展现状，对 ELV 回收进行了文献综述，并在中国市场开展了具体的业务。为促进 ELV 回收行业的蓬勃发展，采用了解释性结构建模方法，并对各种要素之间的等级相互关系以及驱动力进行了描述分析。本研究的贡献如下：①从中国 ELV 回收行业的角度进行系统的文献综述；②构建 ISM 模型，识别突出因素的层次结构相互关系；③通过多利益相关者视角的综合驱动度和依赖度分析，提出了提高 ELV 回收管理绩效的对策。此外，本研究还通过提供回收业务的理论见解，为汽车供应链管理做出了贡献。

第 13 章　总结与展望

13.1　研究结论

本书在循环经济和生产者延伸责任制理论驱动下，重点对废旧汽车回收环节进行研究，提出“面向 4R 的废旧汽车回收管理”课题，按照“现状调研、理论分析、对策建议”的研究思路，在分析国内外废旧汽车回收管理研究现状和产业实践基础上提出面向直接再用、恢复再用、再制造及回收活动的废旧汽车回收管理，通过研究多路径废旧汽车回收管理理论，结合我国废旧汽车回收行业发展现状与趋势，在理论研究成果基础上提出相应管理对策与建议，促进我国废旧汽车回收高效、可持续发展。具体展开了以下关键问题的研究。

（1）回顾了国内外和我国废旧汽车回收管理现状，明确我国废旧汽车回收的问题，提出多路径回收管理的研究思路。

（2）回顾了我国汽车产业和中国燃油车排放标准发展历程，剖析了国Ⅵ标准实施对我国汽车行业发展的潜在影响，明确我国汽车行业可持续性发展需求。

（3）提出了 ELV 可回收性评估模型，利用多属性决策模型，帮助整车企业或再生资源企业对废旧汽车可回收性的甄别与判断。

（4）构建了废旧汽车回收量预测模型，针对我国废旧汽车回收量样本有限的现状，提出改进 GM（1，1）模型实现 ELV 回收量预测，有利于区域的废旧汽车回收产业规划。

（5）分析了废旧汽车回收中心选址的指标体系，提出了两阶段选址模型，有利于区域内废旧汽车回收产业的布局与规划。

（6）创新性设计了面向 4R 的废汽车回收流程，提出了废旧汽车零部件回收路径评定方法与模型。

（7）构建了废旧汽车回收合作伙伴选择指标体系，提出了融合主观信息与客观信息的模糊多属性决策模型，选择综合效用最佳的 ELV 回收合作伙伴。

（8）研究了废旧汽车拆解回收车间布局与优化，通过分析拆解流程引入 SLP 实现对废旧汽车回收的平面布局，从车间级提升 ELV 回收效率。

（9）研究了资源约束环境下，考虑需求和拆解实践不确定的废旧汽车拆解调度，构建非线性规划模型，设计了融合 GA 操作、模拟退火、局部搜索和固定抽样策略的混合启发式算法，从车间级资源调度视角提升 ELV 回收拆解车间的拆解效率。

（10）研究了考虑在制造成本和消费者环保意识的废旧汽车回收模式，构建集中式决策、制造商回收、零售商回收和第三方回收的四种模式下博弈模型。

（11）研究了考虑风险规避的废旧汽车回收再制造定价，构建两级废旧汽车回收再制造 Stackelberg 博弈模型，探究集中决策和分散决策下回收供应链的参数均衡解，为废旧汽车回收供应链组建提供理论指导。

（12）分析了多利益相关者视角下废旧汽车回收管理行业发展的驱动性因素，构建了影响我国 ELV 回收的多层次结构模型，指导废旧汽车回收行业进一步发展。

（13）总结了面向 4R 的废旧汽车回收管理产业实践，分别对整车回收、耐用零部件再用/恢复再用、废旧汽车零部件再制造、ELV 材料与能量回收等四方面的产业实践进行总结。

13.2 对策与建议

在对省域级、产业级、回收中心级、企业级、车间级废旧汽车回收管理理论研究基础上，设计面向 4R 废旧汽车回收路径，研究面向 4R 的废旧汽车回收管理理论，并从多利益相关者视角分析我国废旧汽车回收行业发展的驱动性因素。在现状调研和理论研究基础上提出促进我国废旧汽车回收再利用的管理对策与建议。

（1）创新废旧汽车多回收路径，实现资源再生的精细化管理

本书提出回收直接再用、恢复再用、再制造和回收的四种回收方式（路径），四种回收模式可以覆盖废旧汽车零部件的回收处理及资源再利用问题，促进废旧汽车回收行业的资源精细化管理，提升回收效率与效益。

对于完整无损的零部件，可以采用回收直接再用的方式进行回收。一方面可以节省大量的资金、人力、物力，另一方面也可以减少修复或者进行再制造而造成的新的资源使用或浪费，最大限度地提高零部件的利用程度。对于可修复或者具有修复价值的零部件，可以采用回收修复再用的方式进行回收。修复再用的回收方式，可以设置专业的检测监管部门，经检测可以继续使用或者经专业维修商维修可以使用的，在维修之后由专业检测监管部门进行测试、检测，并在检测合格的产品注明检测部门的名称及检测人的姓名等，并对六大件做出相关规定，必须有检测合格标志才可进入市场，使责任具体到部门，具体到人，以此提高检测的严格程度，促进市场的良好发展。对于不可修复的零部件，采用回收再制造的方式进行回收。减少自然资源的使用，使这些不可修复的零部件作为原材料去生产出新的零部件，使资源得到充分的循环化利用。对于无法实现前三种回收路径的废旧汽车零部件，可以进行回收处理，进行材料与能量回收。

此外，还可以学习借鉴其他汽车工业发达国家的回收方式，如意大利的菲亚特将废旧汽车的塑料制作风管或者地板，英国利用废旧汽车的轮胎建造发电厂等，创新多元的废旧汽车回收路径，大力提高资源的循环化利用能力，以此实现资源再生的精细化管理。

（2）大力促进老旧汽车报废更新与主动回收

根据国外成熟市场的经验，汽车行驶 8～10 年后将报废，年报废量占市场份额的 4%～8%。我国应该有大量报废汽车，但从 2009 年开始，正规渠道报废汽车数量还没有超过 180 万辆/年，2018 年报废量占汽车总量数量比例一直是 0.5%～1%。据测算，正规渠道的废品量约占实际废品量的 20%，其余大部分流向非法拆装市场和二手市场。

这和我国的政策不够完善有相当大的关系，达到报废要求的汽车不允许上路行驶，而联系相关单位进行报废又有拖车费等费用，导致了许多车主宁愿把车变成无人问津的僵尸车也不愿把车进行报废处理。我国应当完善政策，建立健全关于汽车报废问题的法律法规，除此之外，还应给人们树立起自觉报废、主动报废、不让报废汽车非法流入市场的观念，也应当给相关部门划分一定的责任，促使相关部门去主动回收待报废的车辆。

通过加强部门协作，严格执行汽车强制报废制度，加强汽车报废管理，杜绝“假转籍”“假过户”“假异地报废”行为或不按规定交售报废汽车等违法行为，强化对报废汽车回收拆解企业、二手车流通企业的监管，防止报废汽车流向社会。认真落实老旧汽车报废更新补贴政策，充分发挥政策引导效应，加快老旧汽车、黄标车淘汰进程，逐步形成老旧汽车报废更新的良性循环。

（3）完善报废汽车回收拆解网络与布局

据中国回收协会数据显示，2016年，我国具备拆解资质的企业为635家，回收网点总数为2 465家。而随着我国汽车销售量的不断增加，废旧汽车的回收问题是个不可小觑的问题，我国的人口基础大，汽车保有量也会越来越多，有限的回收网点与回收企业无法满足我国日益增加的汽车保有量带来的废旧汽车回收问题。因此，可按照不同回收路径划分具体回收标准，对于重要的零部件只允许有资质的回收企业进行回收，而对于一些不会影响汽车安全和品质的零部件可以扩大回收资格，降低废旧汽车回收商的准入门槛，同时，加强监管部门的监督与管理，以此解决日益增加的待报废汽车回收问题。

此外，统筹规划、合理布局回收拆解企业，在降低准入门槛的同时，也要严格控制市场准入条件，健全进入和退出机制，促进行业健康发展。引导改造搬迁和依法新设立的回收拆解企业依托城市再生资源产业园区或基地从事报废汽车拆解活动，以利于实现基础设施共享、环保集中处理、资源规模利用。鼓励回收拆解企业完善回收网络，向县、乡镇延伸回收服务网点，完善上门收车等服务功能，为车主交售车辆提供便利。依据回收流程，设计并优化多级废旧汽车回收车间布局，提升废旧汽车回收效率。

（4）推动回收拆解行业结构优化与规范体系建设

由于废旧汽车回收行业缺乏相应拆解流程、行业标准与规范，废旧汽车拆解企业，往往通过粗放型回收方式进行破碎或材料与能量回收，导致废旧汽车回收行业低利润率现状；同时，非法的拆解企业不受政策限制，极易造成汽车零部件非法流入市场，往往造成了废旧汽车行业的恶性竞争，例如，废旧汽车流入欠发达区域的黑市和二手车市场，造成安全隐患和利用不充分等诸多隐患，不利于废旧汽车回收行业规范化运行。

国家应当建立健全这一行业的法律法规，遏制非法拆解企业，同时对正规的拆解企业引入汽车工业发达国家的拆解回收经验和设备，提高零部件利用率，提高正规拆解企业的盈利能力，同时也应对拆解企业划分出更为细致的领域，优化拆解行业的结构，建设一个规范的废旧汽车回收拆解体系。

同时鼓励现有回收拆解企业加强联合、优化重组，支持具有雄厚资金、技术和人才实力的大型企业通过参股、控股、并购等方式与回收拆解企业合作，引导回收拆解企业与汽车生产、零部件再制造企业建立长期合作关系。积极探索整合资源、实现规模经营的有效途径，积极培育起点高、具有规模和示范效应的回收拆解骨干企业，鼓励有条件的企业建立区域性破碎示范中心，加快形成专业化分工明确，以骨干企业为龙头，中小企业为基础的报废汽车回收拆解发展格局。

（5）提升回收拆解行业技术水平与创新能力

相比英国、美国、德国等汽车工业发达国家，我国的废旧汽车回收拆解行业的技术能力处于比较低下的水平，回收拆解流程不规范，零部件利用率低，回收拆解的企业规模小、资金少、盈利难，都是显著存在的问题，这也导致我国回收拆解行业的创新能力不足。

随着我国汽车保有量的飞速增加，对废旧汽车的回收拆解问题应当有足够的重视，借鉴国外的先进经验以及工艺流程，如大众 SICON 工艺等，来提升回收拆解行业的技术水平。对正规回收拆解企业设立专项补贴，缓解回收拆解企业资金不足的问题，对创新回收拆解的工艺的个人或单位加大扶持力度，提高废旧汽车回收拆解行业的创新能力。督促企业按照报废汽车回收拆解企业升级达标验收制度和标准，加快完成达标升级改造。引导回收拆解行业推行 ISO 9000、ISO 14000 认证，充分利用科研院所、高校、企业等社会资源，开发汽车拆解、破碎新工艺、新技术，大力推广机械化和精细化拆解，促进行业技术进步，着力提高环保和资源利用水平，逐步实现回收拆解设施现代化、作业流程标准化、废弃物处理无害化。通过提升技术创新，提升废旧汽车拆解能力和回收技术水平。

(6) 积极建设废旧汽车回收拆解行业协会，调动全员参与

我国目前的废旧汽车回收拆解行业缺乏规范的商业协会，不利于废旧汽车回收拆解行业的发展，因此，通过基金筹建废旧汽车回收拆解行业协会，集政府、整车企业、科研院所、资源再生性企业及消费者等全员参与，敦促废旧汽车回收拆解行业的良好发展。

为促进我国废旧汽车回收行业的高质量可持续发展，应积极筹建“废旧汽车回收拆解行业协会”，通过行业法规、政策引导的方式来促进这一协会的成立与规范运行，通过协会的桥梁纽带作用，进一步完善汽车行业管理运行机制，推动汽车经营规模化服务，搞好行业自律和服务，为政府制定政策服务。同时，制定相应规范，激励消费个体、整车企业、资源再生企业、公益性机构及各级政府组织，积极参与创新我国废旧汽车回收行业的管理与实践。

13.3 展望

为提升我国汽车行业可持续性，促进废旧汽车回收行业发展，本课题关注废旧汽车回收环节，重点从废旧汽车回收的多路径入手，提出面向 4R 的多路径回收方法及对策建议。

本研究存在一定的前提假设和不足。首先，由于本项目的理论研究论据多来源于汽车协同创新中心及行业协会的专家库信息，在智能化、网络化生态中，样本数据可能具有一定的局限性，未来如何有效利用非结构化的评论大数据，通过机器学习和深度学习方法拓展研究是本项目后续进一步思考的方向。其次，本研究选题主要集中在废旧汽车回收路径的研究，研究成果的产业化应用离不开政府部门、汽车行业协会、主机厂与再生资源企业组织及多类消费者个体的积极响应与参与，因此，如何全方位调动各方积极性，研究刺激废旧汽车回收行业发展的机制设计，是项目团队进一步研究的方向。

REFERENCES 参考文献

贝绍轶，周全法，龙少海，2016. 报废汽车绿色拆解与零部件再制造［M］. 北京：化学工业出版社.

曹柬，杨晓丽，吴思思，等，2020. 考虑再制造成本的闭环供应链回收渠道决策［J］. 工业工程与管理，25（01）：152－160；179.

曹霞，邢泽宇，张路蓬，2018. 政府规制下新能源汽车产业发展的演化博弈分析［J］. 管理评论，30（09）：82－96.

陈海英，2018. 消费者环保意识下的闭环供应链回收决策研究［D］. 重庆：重庆交通大学.

陈章跃，王勇，王义利，2020. 考虑产品模块化设计的闭环供应链回收模式选择［J］. 系统管理学报，29（05）：1003－1010.

陈志伟，徐鸿翔，2003. 产品可回收性评价的研究［J］. 中国制造业信息化（11）：109－111.

代应，宋寒，黄芳，2013. 我国废旧汽车资源化回收利用分析及其发展策略［J］. 生态经济（04）：125－127；141.

党耀国，刘震，叶璟，2017. 无偏非齐次灰色预测模型的直接建模法［J］. 控制与决策，32（5）：823－828.

丁涛，曾庆禄，2014. 基于资源再生的废旧汽车回收利用研究［J］. 环境工程（s1）：721－724.

董扬，许艳华，庞天舒，等，2018. 中国汽车产业强国发展战略研究［J］. 中国工程科学，20（01）：37－44.

杜鹏琦，景熠，2020. 基于“以旧换再”和“以旧换新”策略的制造/再制造产品定价和生产决策［J］. 计算机集成制造系统，26（10）：2827－2837.

杜玮浩，2013. 再制造闭环供应链的经济与环境效益研究［D］. 北京：北京化工大学.

冯春花，2014. 机电产品可持续设计及其评价方法的研究［D］. 哈尔滨：哈尔滨工业大学.

高攀，丁雪峰，2020. 基于“以旧换再”和消费者细分的制造商决策模型［J］. 系统工程理论与实践，40（04）：951－963.
高鹏，杜建国，聂佳佳，等，2021. 消费者品牌忠诚对品牌商再制造市场策略的影响［J］. 中国管理科学，29（01）：47－58.
高晓冬，张登前，李明丰，等，2015. 满足国Ⅴ汽油标准的 RSDS－Ⅲ技术的开发及应用［J］. 石油学报（石油加工），31（2）：482－486.
葛静燕，黄培清，李娟，2007. 社会环保意识和闭环供应链定价策略：基于纵向差异模型的研究［J］. 工业工程与管理（04）：6－10；24.
公彦德，蒋雨薇，达庆利，2020. 不同混合回收模式和权力结构的逆向供应链决策分析［J］. 中国管理科学，28（10）：131－143.
龚本刚，程晋石，程明宝，等，2019b. 考虑再制造的报废汽车回收拆解合作决策研究［J］. 管理科学学报，22（02）：77－91.
龚英，2006. 循环经济下我国废旧汽车回收业的发展：以发达国家经验为鉴［J］. 生产力研究（10）：175－176.
郭燕青，何地，2017. 新能源汽车产业创新生态系统研究：基于网络关系嵌入视角［J］. 科技管理研究，37（22）：134－140.
韩明，2017. 对我国废旧汽车有效回收和再生利用的思考［J］. 内燃机与配件（6）：105－107.
侯艳辉，王晓晓，郝敏，等，2019. 政府补贴和平台宣传投入下双渠道逆向供应链定价策略研究［J］. 运筹与管理，28（05）：84－91.
胡培，邹语薇，石纯来，2018. 技术创新对闭环供应链再制造模式选择的影响［J］. 科技管理研究，38（07）：1－8.
胡全，2018. 利用最小费用法研究铁路物流基地选址［J］. 上海铁道科技（02）：133－135.
蒋小利，江志刚，张华，等，2013. 基于实例推理的废旧零部件可再制造性评价模型及应用［J］. 现代制造工程（12）：6－9.
李芳，马鑫，洪佳，等，2019. 政府规制下非对称信息对闭环供应链差别定价的影响研究［J］. 中国管理科学，27（07）：116－126.
李坚强，2018. 新能源汽车发展中企业与政府的作为［J］. 开放导报（05）：84－87.
李晶 2012. 报废汽车逆向供应链中拆解与破碎能力规划的系统动力学研究［D］. 上海：复旦大学.
李丽，金嘉琦，姜兴宇，等，2017. 废旧零部件可再制造质量评价与分类研究［J］. 组合机床与自动化加工技术（09）：45－49.

李丽，李西灿，2019. 灰色 GM（1，1）模型优化算法及应用［J］. 统计与决策（13）：77-81.

李晴，2017. 回收不确定下废旧汽车闭环供应链的回收模式选择研究［D］. 成都：西南交通大学.

李双喜，2012. 废旧汽车拆解车间油水自动分离智能控制器设计［J］. 机电工程技术，41（12）：1-3.

梁碧云，丁宝红，施俊才，2013. 废旧汽车逆向物流回收模式决策分析［J］. 物流技术，32（21）：199-202.

梁喜，熊中楷，2009. 产品回收再利用率对闭环供应链利润的影响［J］. 工业工程与管理，14（05）：36-40.

梁晓豪，2018. 双渠道闭环供应链下产品定价决策机制研究［D］. 杭州：中国计量大学.

刘家国，周学龙，赵金楼，2013. 基于产品质量差异的闭环供应链定价策略与协调研究［J］. 中国管理科学，21（S2）：426-431.

刘清涛，蔡宗琰，刘晓婷，等，2012. 面向工艺路线的废旧零部件可再制造性评价［J］. 长安大学学报（自然科学版），32（03）：105-110.

刘旭，2020. 消费者环保意识和制造商再制造技术视角下闭环供应链定价决策研究［D］. 镇江：江苏大学.

刘岩艳，2019. 考虑公平关切和消费者环保意识的环保产品质量与价格研究［D］. 济南：山东师范大学.

刘羽，李羿，2012. 废旧汽车拆解与回收技术研究［J］. 常州工学院学报，25（01）：8-11.

刘赟，徐滨士，史佩京，2011b. 废旧产品再制造性评估指标［J］. 中国表面工程，24（05）：94-99.

潘尚峰，卢超，彭一波，2016. 基于改进 BP 神经网络的机床基础部件可再制造性评价模型［J］. 中国机械工程，27（20）：2743-2748.

庞凯，吴晓曼，2017. 基于改进 Shapley 值的废旧汽车回收联盟利益分配研究［J］. 物流科技，40（01）：82-85.

裴利奇，刘晓，2020. 不确定需求下快递枢纽中转站选址模型问题［J］. 工业工程与管理（2）：1-7.

裴恕，田秀敏，2001. 车辆回收与再制造研究分析［J］. 中国资源综合利用（09）：23-27.

沈智超，詹路，谢冰，等，2020. 废旧汽车智能拆解技术研究进展［J］. 环境卫生工程，28（05）：21－26.

孙嘉楠，肖忠东，2018. 政府规制下废旧汽车非正规回收渠道的演化博弈［J］. 北京理工大学学报（社会科学版），20（05）：26－36.

孙嘉轶，陈伟，杨双飞，等，2022. 考虑消费者偏好及公平关切的闭环供应链决策研究［J］. 计算机集成制造系统，28（12）：4011－4021.

孙金香，2018. 政府规制下废弃电器电子产品闭环供应链回收模式决策研究［D］. 秦皇岛：燕山大学.

孙琳琳，2016. 基于碳排放约束的报废汽车逆向物流网络设计研究［D］. 长春：长春工业大学.

孙丫杰，侯文华，2020. 基于以旧换新的绿色供应链管理研究［J］. 供应链管理，1（10）：54－61.

孙亚飞，2016. 汽车零部件再制造产业发展路径研究［D］. 上海：上海工程技术大学.

唐飞，许茂增，2019. 考虑专利保护和渠道偏好的再制造双渠道闭环供应链决策与协调［J］. 运筹与管理，28（06）：61－69.

田广东，贾洪飞，储江伟，等，2016. 汽车回收利用理论与实践［M］. 北京：科学出版社.

仝俊华，2017. 汽车零部件再制造供应链协调研究［D］. 西安：西安工程大学.

万里洋，张峰，董会忠，2015. 基于模糊物元可拓的 EPR 回收模式选择的评价［J］. 山东理工大学学报（自然科学版），29（05）：74－78.

王保贤，刘毅，2018. 基于灰色 BP 神经网络模型的人力资源需求预测方法［J］. 统计与决策（16）：181－184.

王萍，周虹光，2018. 基于重心法的城市冷链仓配中心选址分析［J］. 商场现代化（13）：41－43.

王文宾，陈祥东，达庆利，等，2014. 制造商竞争环境下逆向供应链的政府奖惩机制研究［J］. 运筹与管理，23（03）：136－145.

王喆，2016. 基于拆卸网络图的汽车零部件拆卸序列研究［D］. 大连：大连理工大学.

温小琴，董艳茹，2016. 基于企业社会责任的逆向物流回收模式选择［J］. 运筹与管理，25（01）：275－281.

吴怡，刘宁，2009. 基于生产者责任延伸制的汽车零部件再制造研究［J］. 生态经济（11）：120－124.

伍俊舟，王玫，袁敏，2016. 基于模糊可拓层次分析法的机电产品再制造性评价方法及

应用 [J]. 组合机床与自动化加工技术 (9)：153-156.
夏西强，朱庆华，王慧军，2017. 政府不同策略下报废汽车正规与非正规回收渠道博弈模型 [J]. 系统管理学报，26 (03)：583-591.
项寅，2019. 基于双层规划的反恐应急设施选址模型及算法 [J]. 中国管理科学，27 (07)：147-157.
谢军，易东波，张阳，2016. 我国废旧汽车回收率影响因素分析 [J]. 南昌工程学院学报，35 (06)：111-116.
熊中楷，梁晓萍，2014. 考虑消费者环保意识的闭环供应链回收模式研究 [J]. 软科学，28 (11)：61-66.
许飞，2017. 新能源汽车废旧动力蓄电池回收利用综述 [J]. 河南化工，34 (07)：12-15.
许民利，聂晓哲，简惠云，2016. 不同风险偏好下双渠道供应链定价决策 [J]. 控制与决策，31 (01)：91-98.
许民利，向泽华，简惠云，2020. 考虑消费者环保意识的 WEEE 双渠道回收模型 [J]. 控制与决策，35 (03)：713-720.
杨晓辉，游达明，2022. 考虑消费者环保意识与政府补贴的企业绿色技术创新决策研究 [J]. 中国管理科学，30 (09)：263-274.
杨晓丽，2019. 考虑再制造成本和政府补贴的闭环供应链回收渠道研究 [D]. 杭州：浙江工业大学.
尹君，谢家平，2014. 汽车闭环供应链零部件回收组织模式研究 [J]. 现代管理科学 (9)：36-38.
张芳，武杰，杨悦，2021. 考虑政府补贴和社会责任的绿色供应链决策 [J]. 计算机工程与应用，57 (17)：9.
张玲，潘晓弘，王正肖，等，2011. 废旧汽车逆向物流回收模式的研究 [J]. 汽车工程，33 (09)：823-828.
张明魁，2007. 再制造产品智能拆卸和评估系统 [D]. 南昌：南昌大学.
张鹏，2019. 改进的 ARIMA-GM-SVR 组合预测模型及应用 [J]. 统计与决策 (13)：82-84.
张绍丽，2017. 废旧汽车拆卸工艺过程改善 [J]. 科技创业月刊，30 (10)：137-138.
张显玲，2012. 废旧汽车拆解监督的博弈分析 [J]. 科技管理研究，32 (015)：247-250.
张修瑞，陈春鹏，黄锐，等，2020. 多行车间布局混合整数规划的精确建模技术研究 [J]. 机械设计与制造 (02)：29-32.

赵福全，刘宗巍，程翔，2018. 确保新能源汽车产业可持续发展的政府角色转变研究［J］. 科技管理研究，38（04）：54－58.

郑瑞楠，2017. 废旧汽车材料的资源化再生利用研究［J］. 山东工业技术（03）：282.

钟志华，乔英俊，王建强，等，2018. 新时代汽车强国战略研究综述（一）［J］. 中国工程科学，20（01）：1－10.

周爱莲，李旭宏，毛海军，2009. 基于模糊物元可拓的物流中心选址方案综合评价方法［J］. 中国公路学报，22（06）：111－115.

周福礼，代应，王旭，等，2018. 基于扩展 VIKOR 的汽车产品质量经济性评价模型［J］. 工业工程，21（04）：51－61.

周福礼，侯建，布朝辉，等，2019. 基于 Staay 多情感等级的汽车消费者行为偏好研究［J］. 工业工程与管理，24（01）：103－110.

周雄伟，熊花纬，陈晓红，2017. 基于回收产品质量水平的闭环供应链渠道选择模型［J］. 控制与决策，32（02）：193－202.

朱庆华，李幻云，2019. 基于政府干预的报废汽车回收博弈模型［J］. 运筹与管理，28（10）：33－39.

Afful-Dadzie E，Nabareseh S，Afful-Dadzie A，et al，2015. A fuzzy TOPSIS framework for selecting fragile states for support facility［J］. Quality & Quantity，1－21.

Ahi P，Searcy C，2013. A comparative literature analysis of definitions for green and sustainable supply chain management［J］. Journal of Cleaner Production，52：329－341.

Ahmed S，Ahmed S，Shumon M，et al，2016. A comparative decision-making model for sustainable end-of-life vehicle management alternative selection using AHP and extent analysis method on fuzzy AHP［J］. The International Journal of Sustainable Development and World Ecology，23（1）：83－97.

Akman G，2015. Evaluating suppliers to include green supplier development programs via fuzzy c-means and VIKOR methods［J］. Computers & Industrial Engineering，86（aug.）：69－82.

Ali S M，Arafin A，Moktadir M A，et al，2018. Barriers to Reverse Logistics in the Computer Supply Chain Using Interpretive Structural Model［J］. Global Journal of Flexible Systems Management，19（2）：1－16.

Amindoust A，Ahmed S，Saghafinia A，et al，2012. Sustainable supplier selection：A ranking model based on fuzzy inference system［J］. Applied Soft Computing Journal，12（6）：1668－1677.

Andersson M, Ljunggren S M, Sandén B A, 2017b. Are scarce metals in cars functionally recycled? [J]. Waste Manag, 60: 407 - 416.

Andersson M, Söderman M L, Sandén B A, 2017. Lessons from a century of innovating car recycling value chains [J]. Environmental Innovation & Societal Transitions, 25: 142 - 157.

Anthony C, Cheung W M, 2017. Cost evaluation in design for end-of-life of automotive components [J]. Journal of Remanufacturing, 7 (1): 97 - 111.

Atasu A, Sarvary M, Wassenhove V, et al, 2008. Remanufacturing as a marketing strategy [J]. Management science, 54 (10): 1731 - 1746.

Atasu A, Toktay L B, Wassenhove L N V, 2013. How Collection Cost Structure Drives a Manufacturer's Reverse Channel Choice [J]. Production and Operations Management, 22 (5): 1089 - 1102.

Awasthi A, Govindan K, Gold S, 2018. Multi-tier sustainable global supplier selection using a fuzzy AHP-VIKOR based approach [J]. International Journal of Production Economics, 195 (jan.): 106 - 117.

Bali O, Kose E, Gumus S, 2013. Green supplier selection based on IFS and GRA [J]. Grey Systems, 3 (2): 158 - 176.

Barba-Gutierrez Y, Adenso-Diaz B, Gupta S M, 2008. Lot sizing in reverse MRP for scheduling disassembly [J]. International Journal of Production Economics, 111 (2): 741 - 751.

Behrooz K, Hamed S, Soheil S, et al, 2021. A hybrid modeling approach for green and sustainable closed-loop supply chain considering price, advertisement and uncertain demands [J]. Computers & Industrial Engineering, 157: 107326.

Bellmann K, Khare A, 2000. Economic issues in recycling end-of-life vehicles [J]. Technovation, 20 (12): 677 - 690.

Bentaha M L, Batta A O, Dolgui A, 2015. An exact solution approach for disassembly line balancing problem under uncertainty of the task processing times [J]. International Journal of Production Research, 53 (6): 1807 - 1818.

Berzi L, Delogu M, Pierini M, et al, 2016. Evaluation of the end-of-life performance of a hybrid scooter with the application of recyclability and recoverability assessment methods [J]. Resources Conservation & Recycling, 108: 140 - 155.

Binnemans K, Jones P T, Blanpain B, et al, 2013. Recycling of rare earths: a critical review [J]. Journal of Cleaner Production, 51 (14): 1-22.

Börjeson L, Löfvenius G, Hjelt M, et al, 2000. Characterization of automotive shredder residues from two shredding facilities with different refining processes in Sweden [J]. 18 (4): 358-366.

Brandenburg M, Govindan K, Sarkis J, 2014. Quantitative models for sustainable supply chain management: Developments and directions [J]. European Journal of Operational Research, 233 (2): 299-312.

Bulach W, Schüler D, Sellin G, et al, 2018. Electric vehicle recycling 2020: Key component power electronics [J]. Waste Management & Research the Journal of the International Solid Wastes & Public Cleansing Association Iswa, 36 (4): 311-320.

Buyukozkan G, 2012. An integrated fuzzy multi-criteria group decision-making approach for green supplier evaluation [J]. International Journal of Production Research, 50 (11): 2892-2909.

Büyükozkan, Gülcin, 2012. An integrated fuzzy multi-criteria group decision-making approach for green supplier evaluation [J]. International Journal of Production Research, 50 (11): 2892-2909.

Cai W, Lai K H, Liu C, et al, 2019. Promoting sustainability of manufacturing industry through the lean energy-saving and emission-reduction strategy [J]. The Science of the total environment, 665 (MAY 15): 23.

Cai W, Liu C, Zhang C, et al, 2018. Developing the ecological compensation criterion of industrial solid waste based on emergy for sustainable development [J]. Energy, 157: 940-948.

Cao J, Lu B, Chen Y, et al, 2016. Extended producer responsibility system in China improves e-waste recycling: Government policies, enterprise, and public awareness [J]. Renewable & Sustainable Energy Reviews, 62: 882-894.

Ceschin F, Gaziulusoy I, 2016. Evolution of design for sustainability: From product design to design for system innovations and transitions [J]. Design Studies, 47: 118-163.

Chaghooshi A J, Arab A, Dehshiri S H, 2016. A fuzzy hybrid approach for project manager selection [J]. Decision ence Letters, 5: 447-460.

Chaple A P, Narkhede B E, Akarte M M, 2018. Interpretive framework for analyzing lean implementation using ISM and IRP modeling [J]. Benchmarking: An International

Journal, 25 (9): 3406 - 3442.

Che J, Yu J-s, Kevin R S, 2011. End-of-life vehicle recycling and international cooperation between Japan, China and Korea: Present and future scenario analysis [J]. Journal of Environmental Sciences, 2011, 23: S162 - S166.

Chen D, Ignatius J, Sun D, et al, 2019. Reverse logistics pricing strategy for a green supply chain: A view of customers' environmental awareness [J]. International Journal of Production Economics (217): 197 - 210.

Chen F-H, Hsu T-S, Tzeng G-H, 2011. A balanced scorecard approach to establish a performance evaluation and relationship model for hot spring hotels based on a hybrid MCDM model combining DEMATEL and ANP [J]. International Journal of Hospitality Management, 30 (4): 908 - 932.

Chen M, Zhang F, 2009. End-of-life vehicle recovery in China: Consideration and innovation following the EU ELV directive [J]. JOM, 61 (3): 45 - 52.

Chen R-H, Lin Y, Tseng M-L, 2015. Multicriteria analysis of sustainable development indicators in the construction minerals industry in China [J]. Resources Policy, 46: 123 - 133.

Chen Y, Lin Lawell C Y C, Wang Y, 2020. The Chinese automobile industry and government policy [J]. Research in Transportation Economics, 84: 100849.

Chen Z, Chen D, Wang T, et al, 2015. Policies on end-of-life passenger cars in China: dynamic modeling and cost-benefit analysis [J]. Journal of Cleaner Production, 108: 1140 - 1148.

Cheng Y W, Cheng J H, Wu C L, 2012. Operational characteristics and performance evaluation of the ELV recycling industry in Taiwan [J]. Resources, Conservation and Recycling, 65: 29 - 35.

Chitra K, 2007. In search of the green consumers: A perceptual study [J]. Journal of Services Research, 7 (1): 173 - 191.

Cholake S T, Pahlevani F, Gaikwad V, et al, 2018. Cost-effective and sustainable approach to transform end-of-life vinyl banner to value added product [J]. Resources Conservation & Recycling (136): 9 - 21.

Cucchiella F, D'Adamo I, Rosa P, 2016. Scrap automotive electronics: A minireview of current management practices [J]. Waste Management & Research, 34 (1): 3 - 10.

Cucchiella F, D'Adamo I, Rosa P, et al, 2016. Automotive printed circuit boards recycling: an economic analysis [J]. Journal of Cleaner Production, 121: 130 - 141.

D'Adamo I, Rosa P, 2016. Remanufacturing in industry: advices from the field [J]. The International Journal of Advanced Manufacturing Technology, 86 (9 - 12): 2575 - 2584.

Daniels E J, Jr J A C, Duranceau C, 2004. Sustainable end-of-life vehicle recycling: R&D collaboration between industry and the U. S. DOE [J]. JOM, 56 (8): 28 - 32.

Deng Q, Li X, Wang Y, 2017. Analysis of End-of-Life Vehicle Recycling Based on Theory of Planned Behavior [J]. Environmental Engineering Science, 34 (9): 627 - 637.

Diabat A, Govindan K, 2011. An analysis of the drivers affecting the implementation of green supply chain management [J]. Resources, Conservation and Recycling, 55 (6): 659 - 667.

Diener D L, Tillman A-M, 2015. Component end-of-life management: Exploring opportunities and related benefits of remanufacturing and functional recycling [J]. Resources, Conservation and Recycling (102): 80 - 93.

Disney S M, Gaalman G J, Hedenstierna C P T, et al. Fill rate in a periodic review order-up-to policy under auto-correlated normally distributed, possibly negative, demand [J]. International Journal of Production Economics, 170: 501 - 512.

Ehm F, 2019. A data-driven modeling approach for integrated disassembly planning and scheduling [J]. Journal of Remanufacturing, 9 (2): 89 - 107.

Elalem A, El-Bourawi M S, 2010. Reduction of Automobile Carbon Dioxide Emissions [J]. International Journal of Material Forming, 3 (1): 663 - 666.

Elwert T, Römer F, Schneider K, 2018. Recycling of Batteries from Electric Vehicles [M]. Singapore: Springer Singapore: 289 - 321.

Eskandarpour M, Masehian E, Soltani R, et al, 2014. A reverse logistics network for recovery systems and a robust metaheuristic solution approach [J]. International Journal of Advanced Manufacturing Technology, 74 (9 - 12): 1393 - 1406.

Fang S, Yan W, Cao H, et al, 2018. Evaluation on end-of-life LEDs by understanding the criticality and recyclability for metals recycling [J]. Journal of Cleaner Production, 182: 624 - 633.

Feng Y, Zhou M C, Tian G, et al, 2018. Target Disassembly Sequencing and Scheme Evaluation for CNC Machine Tools Using Improved Multiobjective Ant Colony Algorithm and Fuzzy Integral [J]. IEEE Transactions on Systems, Man, and Cybernetics: Systems, PP: 1 - 14.

Ferrenberg A M, Xu J, Lan Da U D V P, 2018. Pushing the Limits of Monte Carlo Simulations for the 3d Ising Model [J]. Physical Review E, 97 (4): 043301.

Fleischmann M, Bloemhof-Ruwaard J, Dekker R, et al, 1997. Quantitative models for reverse logistics: A review [J]. European Journal of Operational Research, 103 (1): 1 - 17.

Ford S, Despeisse M, 2016. Additive manufacturing and sustainability: an exploratory study of the advantages and challenges [J]. Journal of Cleaner Production, 137: 1573 - 1587.

Freeman J, Chen T, 2015. Green supplier selection using an AHP-Entropy-TOPSIS framework [J]. Supply Chain Management-an International Journal, 20 (3): 327 - 340.

Fu Y, Zhou M C, Guo X, 2019. Scheduling Dual-Objective Stochastic Hybrid Flow Shop With Deteriorating Jobs via Bi-Population Evolutionary Algorithm [J]. IEEE Transactions on Systems, Man, and Cybernetics: Systems, 50 (12): 5037 - 5048.

Fuan Z, Kongfa H, 2019. Benefit Analysis on dual channel closed-loop supply chain with different power structures [J]. Journal of Physics: Conference Series, 1168 (2): 022035.

Fujii H, Managi S, 2019. Decomposition analysis of sustainable green technology inventions in China [J]. Technological forecasting and social change, 139: 10 - 16.

Fuli Zhou Y H, Lei Deng, Min Wang. A, 2019. Novel Bi-level Programming Model for Cloud Logistics Resources Allocation [J]. Journal of Computers (Taiwan), 30 (6): 16 - 30.

Gan X, Chang R, Zuo J, et al, 2018. Barriers to the transition towards off-site construction in China: An Interpretive structural modeling approach [J]. Journal of Cleaner Production, 197: 8 - 18.

Gao K Z, He Z M, Huang Y, et al, 2020. A survey on meta-heuristics for solving disassembly line balancing, planning and scheduling problems in remanufacturing [J]. Swarm and Evolutionary Computation, 57: 100719.

Genovese A, Acquaye A A, Figueroa A, et al, 2017. Sustainable supply chain management and the transition towards a circular economy: Evidence and some applications [J]. Omega, 66: 344 - 357.

Ghadimi P, Toosi F G, Heavey C, 2018. A multi-agent systems approach for sustainable supplier selection and order allocation in a partnership supply chain [J]. European Journal of Operational Research, 269 (1): 286 - 301.

Ghisellini P, Ripa M, Ulgiati S, 2018. Exploring environmental and economic costs and benefits of a circular economy approach to the construction and demolition sector. A literature review [J]. Journal of Cleaner Production, 178: 618 - 643.

Girubha R J, Vinodh S, 2012. Application of fuzzy VIKOR and environmental impact analysis for material selection of an automotive component-ScienceDirect [J]. Materials & Design, 37: 478 - 486.

Go T F, Wahab D A, Rahman M, et al, 2011. Disassemblability of end-of-life vehicle: a critical review of evaluation methods [J]. Journal of Cleaner Production, 19 (13): 1536 - 1546.

Godichaud M, Amodeo L, 2018. Economic order quantity for multistage disassembly systems [J]. International Journal of Production Economics, 199 (MAY): 16 - 25.

Gorji M A, Jamali M B, Iranpoor M, 2021. A game-theoretic approach for decision analysis in end-of-life vehicle reverse supply chain regarding government subsidy [J]. Waste Manag, 120: 734 - 747.

Govindan K, Chaudhuri A, 2016. Interrelationships of risks faced by third party logistics service providers: A DEMATEL based approach [J]. Transportation Research Part E, 90: 177 - 195.

Govindan K, Kaliyan M, Kannan D, et al, 2014. Barriers analysis for green supply chain management implementation in Indian industries using analytic hierarchy process [J]. International Journal of Production Economics, 147: 555 - 568.

Govindan K, Khodaverdi R, Jafarian A, 2013. A fuzzy multi criteria approach for measuring sustainability performance of a supplier based on triple bottom line approach [J]. Journal of Cleaner Production, 47: 345 - 354.

Govindan K, Muduli K, Devika K, et al, 2016. Investigation of the influential strength of factors on adoption of green supply chain management practices: An Indian mining scenario [J]. Resources, Conservation and Recycling, 107: 185 - 194.

Govindan K, Paam P, Abtahi A R, 2016. A fuzzy multi-objective optimization model for sustainable reverse logistics network design [J]. Ecological Indicators, 67 (aug.): 753 - 768.

Govindan K, Soleimani H, Kannan D, 2015. Reverse logistics and closed-loop supply chain: A comprehensive review to explore the future [J]. European Journal of Operational Research, 240 (3): 603 - 626.

Green K C, Armstrong J S, 2017. Demand Forecasting: Evidence-Based Methods [J]. Social Science Electronic Publishing (3): 139.

Grieger M, 2003. Electronic marketplaces: A literature review and a call for supply chain management research [J]. European Journal of Operational Research, 144 (2): 280 - 294.

Gui L, Atasu A, Ergun z, et al, 2018. Design Incentives Under Collective Extended Producer Responsibility: A Network Perspective [J]. Management science, 64 (11): 5083 - 5104.

Guijarro E, Cardós M, Babiloni E, 2012. On the exact calculation of the fill rate in a periodic review inventory policy under discrete demand patterns [J]. European Journal of Operational Research, 218 (2): 442 - 447.

Guo S, Zhao H, 2015. Optimal site selection of electric vehicle charging station by using fuzzy TOPSIS based on sustainability perspective [J]. Applied Energy, 158: 390 - 402.

Guo X, Liu S, Chen T, 2014. A Scatter Search Approach for Multiobjective Selective Disassembly Sequence Problem [J]. Discrete Dynamics in Nature and Society, 2014: 756891.

Guo X, Zhou M C, Liu S, et al, 2020. Multiresource-Constrained Selective Disassembly With Maximal Profit and Minimal Energy Consumption [J]. IEEE Transactions on Automation Science and Engineering, PP (99): 1 - 13.

Hao Q, Srinivasan D, Khosravi A, 2017. Short-Term Load and Wind Power Forecasting Using Neural Network-Based Prediction Intervals [J]. IEEE Transactions on Neural Networks & Learning Systems, 25 (2): 303 - 315.

Hao Y, Liu H, Chen H, et al, 2019. What affect consumers' willingness to pay for green packaging? Evidence from China [J]. Resources Conservation & Recycling, 141: 21 - 29.

Hassini E, Surti C, Searcy C, 2012. A literature review and a case study of sustainable supply chains with a focus on metrics [J]. International Journal of Production Economics, 140 (1): 69 - 82.

He Y, Wang X, Lin Y, et al, 2017. Sustainable decision making for joint distribution center location choice [J]. Transportation Research Part D: Transport and Environment, 55: 202-216.

Helleno A L, Isaias de Moraes A J, Simon A T, 2017. Integrating sustainability indicators and Lean Manufacturing to assess manufacturing processes: Application case studies in Brazilian industry [J]. Journal of Cleaner Production, 153: 405-416.

Hiroshige Y, Nishi T, Ohashi T, 2001. Recyclability evaluation method (REM) and its applications [C]. Proceedings of the Environmentally Conscious Design and Inverse Manufacturing. IEEE, 2001: 315-320.

Hofmann E, Rutschmann E, Gammelgaard B, 2018. Big data analytics and demand forecasting in supply chains: a conceptual analysis [J]. International Journal of Logistics Management, 29 (2): 739-766.

Hong Z, Guo X, 2018. Green product supply chain contracts considering environmental responsibilities [J]. Omega, 83: 155-166.

Hou J, Teo T S H, Zhou F, et al, 2018b. Does industrial green transformation successfully facilitate a decrease in carbon intensity in China? An environmental regulation perspective [J]. Journal of Cleaner Production, 184: 1060-1071.

Hu S, Wen Z, 2017. Monetary evaluation of end-of-life vehicle treatment from a social perspective for different scenarios in China [J]. Journal of Cleaner Production, 159: 257-270.

Huang X N, Atasu A, Toktay L B, 2019. Design Implications of Extended Producer Responsibility for Durable Products [J]. Social Science Electronic Publishing, 65 (6): 2573-2590.

Huang Y, Wang Z, 2017. Closed-loop supply chain models with product take-back and hybrid remanufacturing under technology licensing [J]. Journal of Cleaner Production, 142: 3917-3927.

Hussain J, Pan Y, Ali G, et al, 2019. Pricing Behavior of Monopoly Market with the Implementation of Green Technology Decision under Emission Reduction Subsidy Policy [J]. Science of the Total Environment, 709: 136110.

Iirajpour A, Kazemi S, Hajimirza M, et al, 2012. Identification and Assessment of Managerial and Logistical Factors to Evaluate a Green Supplier Using the DEMATEL Method [J]. Journal of Basic and Applied Scientific Research, 2 (9): 9175-9182.

Inderfurth K, Langella I M, 2006. Heuristics for solving disassemble-to-order problems with stochastic yields [J]. Or Spectrum, 28 (1): 73-99.

Jaehn, Florian, 2016. Sustainable Operations [J]. European Journal of Operational Research, 253 (2): 243-264.

Jamshaid H, Mishra R, 2016. A green material from rock: basalt fiber-a review [J]. Journal of the Textile Institute Proceedings & Abstracts, 107 (7): 923-937.

Jawi Z M, Md M H, Solah M S, 2017. The future of end-of-life vehicles (ELV) in Malaysia: A feasibility study among car users in Klang valley [C]. MATEC Web of Conferences. EDP Sciences, 90: 01038.

Ji X, Zhang Z, Huang S, 2015. Capacitated disassembly scheduling with parts commonality and start-up cost and its industrial application [J]. International Journal of Production Research, 54 (3-4): 1225-1243.

Jia S, Yuan Q, Cai W, 2018. Energy modeling method of machine-operator system for sustainable machining [J]. Energy Conversion and Management, 172 (SEP.): 265-276.

Jin T, Ming C, 2014. Sustainable design for automotive products: Dismantling and recycling of end-of-life vehicles [J]. Waste Manag, 34 (2): 458-467.

Johnson M R, Wang M H, 1998. Economical evaluation of disassembly operations for recycling, remanufacturing and reuse [J]. International Journal of Production Research, 36 (12): 3227-3252.

Julian, Kirchherr, Denise, et al, 2017. Conceptualizing the circular economy: An analysis of 114 definitions [J]. Resources Conservation & Recycling, 127: 221-232.

Kannan D, Jabbour A B L d S, Jabbour C J C, 2014. Selecting green suppliers based on GSCM practices: Using fuzzy TOPSIS applied to a Brazilian electronics company [J]. European Journal of Operational Research, 233 (2): 432-447.

Karmarkar U S, 1987. Lot Sizes, Lead Times and In-Process Inventories [J]. Management ence, 33 (3): 409-418.

Khan A, Singh J, Upadhayay V K, et al, 2019. Microbial Biofortification: A Green Technology Through Plant Growth Promoting Microorganisms [M]. Singapore: Springer Singapore: 255-269.

Kim H J, 2003. Disassembly Scheduling with Multiple Product Types [J]. CIRP Annals-Manufacturing Technology, 52 (1): 403-406.

Kim H J, Lee D H, Kwon P, 2009. A Branch and Bound Algorithm for Disassembly

Scheduling with Assembly Product Structure [J]. Journal of the Operational Research Society, 60 (3): 419 - 430.

Kim H-J, Xirouchakis P, 2010. Capacitated disassembly scheduling with random demand [J]. International Journal of Production Research, 48 (23): 7177 - 7194.

Kim S, Moon S K, 2016. Eco-modular product architecture identification and assessment for product recovery [J]. Journal of Intelligent Manufacturing, 30 (1): 383 - 403.

Kirwan K, Wood B M, 2012. Recycling of materials in automotive engineering [M]. Woodhead Publishing: 99 - 314.

Kongar E, Gupta S M, 2006. Disassembly to order system under uncertainty [J]. Omega, 34 (6): 550 - 561.

Koplin J, Seuring S, Mesterharm M, 2006. Incorporating sustainability into supply management in the automotive industry: the case of the Volkswagen AG [J]. Journal of Cleaner Production, 15 (11): 1053 - 1062.

Kroll E, Hanft T A, 1998. Quantitative evaluation of product disassembly for recycling [J]. Research in Engineering Design, 10 (1): 1 - 14.

Kumar A, Dixit G, 2018. An analysis of barriers affecting the implementation of e-waste management practices in India: A novel ISM-DEMATEL approach [J]. Sustainable Production and Consumption, 14: 36 - 52.

Lacasa E, Santolaya J L, Biedermann A, 2016. Obtaining sustainable production from the product design analysis [J]. Journal of Cleaner Production, 139: 706 - 716.

Langinier C, Ray Chaudhuri A, 2018. Green Technology and Patents in the Presence of Green Consumers [J]. Working Papers, 7 (1): 73 - 101.

Lee D H, Xirouchakis P, Zust R, 2002. Disassembly Scheduling with Capacity Constraints [J]. CIRP Annals-Manufacturing Technology, 51 (1): 387 - 390.

Li G, Lim M K, Wang Z, 2020. Stakeholders, green manufacturing, and practice performance: empirical evidence from Chinese fashion businesses [J]. Annals of Operations Research, 290 (1): 961 - 982.

Li W, Bai H, Yin J, et al, 2016. Life cycle assessment of end-of-life vehicle recycling processes in China: Take Corolla taxis for example [J]. Journal of Cleaner Production, 117: 176 - 187.

Li, Zhi, He, et al, 2018. Evaluation of product recyclability at the product design phase: a time-series forecasting methodology [J]. International Journal of Computer Integrated

Manufacturing, 31 (4-5): 457-468.

Liao C, Shyu C, 2009. An Analytical Determination of Lead Time with Normal Demand [J]. International Journal of Operations & Production Management, 11 (9): 72-78.

Lieb K J, Lieb R C, 2010. Environmental sustainability in the third-party logistics (3PL) industry [J]. International Journal of Physical Distribution & Logistics Management, 40 (7): 524-533.

Lienemann C, Kampker A, Ordung M, et al, 2016. Evaluation of a Remanufacturing for Lithium Ion Batteries from Electric Cars [C]. Proceedings of the International Conference on Automotive & Mechanical Engineering.

Lim M, Wong W P, 2015. Sustainable supply chain management [J]. Industrial Management & Data Systems, 115 (3): 436-461.

Lin Y H, Tseng M L, 2016. Assessing the competitive priorities within sustainable supply chain management under uncertainty [J]. Journal of Cleaner Production, 112: 2133-2144.

Lin Y, Tseng M L, Chiu A, 2014. Implementation and Performance Evaluation of a Firm's Green Supply Chain Management under Uncertainty [J]. Industrial Engineering & Management Systems, 13 (1): 15-28.

Lin Y-H, Tseng M-L, 2016. Assessing the competitive priorities within sustainable supply chain management under uncertainty [J]. Journal of Cleaner Production, 112: 2133-2144.

Lintukangas K, Hallikas J, Kahkonen A K, 2013. The Role of Green Supply Management in the Development of Sustainable Supply Chain [J]. Corporate Social Responsibility & Environmental Management, 22 (6): 321-333.

Liu J, Xu W, Zhou Z, et al, 2020. Scheduling of robotic disassembly in remanufacturing Using Bees algorithms [J]. Evolutionary Computation in Scheduling: 257-298.

Liu K, Zhang Z H, 2018. Capacitated disassembly scheduling under stochastic yield and demand [J]. European Journal of Operational Research, 269 (1): 244-257.

Lu Y, Broughton J, Winfield P, 2014. A review of innovations in disbonding techniques for repair and recycling of automotive vehicles [J]. International Journal of Adhesion and Adhesives, 50: 119-127.

Luthra S, Govindan K, Kannan D, et al, 2017. An integrated framework for sustainable supplier selection and evaluation in supply chains [J]. Journal of Cleaner Production,

140（pt. 3）：1686－1698.

Luthra S，Govindan K，Mangla S K，2017. Structural model for sustainable consumption and production adoption：A grey-DEMATEL based approach [J]. Resources，Conservation and Recycling，125：198－207.

Majumder P，Groenevelt H，2001. Competition in remanufacturing [J]. Production and Operations Management，10（2）：125－141.

Mallampati S R，Lee B H，Mitoma Y，et al，2018. Sustainable recovery of precious metals from end-of-life vehicles shredder residue by a novel hybrid ball-milling and nanoparticles enabled froth flotation process [J]. Journal of Cleaner Production，171：66－75.

Man Y，XiaoMin G，2021. Optimal decisions and Pareto improvement for green supply chain considering reciprocity and cost-sharing contract [J]. Environmental science and pollution research international，28（23）：29859－29874.

Mandal S，Singh K，Behera R K，2015. Human error identification and risk prioritization in overhead crane operations using HTA，SHERPA and fuzzy VIKOR method [J]. Expert Systems With Applications，42（20）：7195－7206.

Manzetti S，Mariasiu F，2015. Electric vehicle battery technologies：From present state to future systems [J]. Renewable and Sustainable Energy Reviews，51：1004－1012.

Mathieux F，Brissaud D，2010. End-of-life product-specific material flow analysis. Application to aluminum coming from end-of-life commercial vehicles in Europe [J]. Resources，Conservation and Recycling，55（2）：92－105.

Mathivathanan D，Kannan D，Haq A N，2018. Sustainable supply chain management practices in Indian automotive industry：A multi-stakeholder view [J]. Resources，Conservation and Recycling，128：284－305.

Mathiyazhagan K，Govindan K，Noorulhaq A，et al，2013. An ISM approach for the barrier analysis in implementing green supply chain management [J]. Journal of Cleaner Production，47（5）：283－297.

Mavi R K，Kazemi S，Najafabadi A F，2013. Identification and Assessment of Logistical Factors to Evaluate a Green Supplier Using the Fuzzy Logic DEMATEL Method [J]. Polish Journal of Environmental Studies，22（2）：445－455.

Mazzanti M，Zoboli R，2006. Economic instruments and induced innovation：The European policies on end-of-life vehicles [J]. Ecological Economics，58（2）：318－337.

Miller L，Soulliere K，Sawyer-Beaulieu S，et al，2014. Challenges and alternatives to plastics recycling in the automotive sector [J]. Materials, 7 (8): 5883 - 5902.

Ming K L, Tseng M L, Tan K H, 2017. Knowledge management in sustainable supply chain management: Improving performance through an interpretive structural modelling approach [J]. Journal of Cleaner Production, 162: 806 - 816.

Mohan T V K, Amit R K, 2020. Dismantlers' dilemma in end-of-life vehicle recycling markets: a system dynamics model [J]. Annals of Operations Research, 290 (1 - 2): 591 - 619.

Moktadir M A, Ali S M, Rajesh R, et al, 2018. Modeling the interrelationships among barriers to sustainable supply chain management in leather industry [J]. Journal of Cleaner Production, 181: 631 - 651.

Musolino G, Rindone C, Polimeni A, 2019. Planning urban distribution center location with variable restocking demand scenarios: General methodology and testing in a medium-size town [J]. Transport Policy, 80: 157 - 166.

Nakamichi K, Hanaoka S, Kawahara Y, 2016. Estimation of cost and CO_2 emissions with a sustainable cross-border supply chain in the automobile industry: A case study of Thailand and neighboring countries [J]. Transportation Research Part D Transport & Environment, 43: 158 - 168.

Naohiko O, Hideki K, 2006. Recyclability Evaluation Method Considering Material Combination and Degradation [J]. JSME international journal Series C, Mechanical systems, machine elements and manufacturing, 49 (4): 1232 - 1239.

Neumueller C, Lasch R, Kellner F, 2016. Integrating sustainability into strategic supplier portfolio selection [J]. Management Decision, 54 (1): 194 - 221.

Ogushi Y, Kandlikar M, 2016. The Impact of End-of-Life Vehicle Recycling Law on Automobile Recovery in Japan [C]. Proceedings of the International Symposium on Environmentally Conscious Design and Inverse Manufacturing, 2005 Eco Design: 626 - 633.

Ohno H, Matsubae K, Nakajima K, et al, 2017. Optimal Recycling of Steel Scrap and Alloying Elements: Input-Output based Linear Programming Method with Its Application to End-of-Life Vehicles in Japan [J]. Environmental Science & Technology, 51 (22): 13086 - 13094.

Ojstersek R B R, Brezocnik M, Buchmeister B, 2020. Multi-objective optimization of production scheduling with evolutionary computation: A review [J]. International Journal of Industrial Engineering Computations, 11 (3): 359 - 376.

Olivetti E A, Cullen J M, 2018. Toward a sustainable materials system [J]. Science, 360 (6396): 1396 - 1398.

Orji I J, Wei S, 2015. An innovative integration of fuzzy-logic and systems dynamics in sustainable supplier selection: A case on manufacturing industry [J]. Computers & Industrial Engineering, 88: 1 - 12.

Ortego A, Valero A, Valero A, 2018. Downcycling in automobile recycling process: A thermodynamic assessment [J]. Resources, Conservation and Recycling, 136: 24 - 32.

Otani S, Shu Y, 2019. An analysis of automobile companies' intensity targets for CO_2 reduction: implications for managing performance related to carbon dioxide emissions [J]. Total Quality Management & Business Excellence, 30 (3 - 4): 335 - 354.

Ozceylan E, Demirel N, Cetinkaya C, et al, 2017. A closed-loop supply chain network design for automotive industry in Turkey [J]. Computers & Industrial Engineering, 113: 727 - 745.

Pan Y, Li H, 2016. Sustainability evaluation of end-of-life vehicle recycling based on emergy analysis: a case study of an end-of-life vehicle recycling enterprise in China [J]. Journal of Cleaner Production, 131 (131): 219 - 227.

Patala S, Jalkala A, Keranen J, 2016. Sustainable value propositions: Framework and implications for technology suppliers [J]. Industrial Marketing Management, 59: 144 - 156.

Perotti S, Zorzini M, Cagno E, 2012. Green supply chain practices and company performance: the case of 3PLs in Italy [J]. International Journal of Physical Distribution & Logistics Management, 42 (7): 640 - 672.

Phillis Y A, Kouikoglou V S, Zhu X, 2005. A Fuzzy Logic Approach to the Evaluation of Material Recyclability [C]. Proceedings of the IEEE International Conference on Fuzzy Systems, 2005.

Phuc P N K, Yu V F, Tsao Y C, 2017. Optimizing fuzzy reverse supply chain for end-of-life vehicles [J]. Computers & Industrial Engineering, 113: 757 - 765.

Prakash P, Ceglarek D, Tiwari M K, 2012. Constraint-based simulated annealing (CB-SA) approach to solve the disassembly scheduling problem [J]. International Journal of Advanced Manufacturing Technology, 60 (9 - 12): 1125 - 1137.

Qaiser F H, Ahmed K, Sykora M, et al, 2017. Decision support systems for sustainable logistics: a review and bibliometric analysis [J]. Industrial Management & Data Systems, 117 (7): 1376 - 1388.

Rabnawaz M, Wyman I, Auras R, et al, 2017. A roadmap towards green packaging: the current status and future outlook for polyesters in the packaging industry [J]. Green Chemistry, 19 (20): 4737 - 4753.

Ramos T, Gomes M I, Barbosa-Povoa A P, 2014. Planning a sustainable reverse logistics system: Balancing costs with environmental and social concerns [J]. Omega, 48 (OCT.): 60 - 74.

Rao R V, Patel B K, 2010. A subjective and objective integrated multiple attribute decision making method for material selection [J]. Materials & Design, 31 (10): 4738 - 4747.

Raut R, Gardas B B, 2018. Sustainable logistics barriers of fruits and vegetables: An interpretive structural modeling approach [J]. Benchmarking: An International Journal, 25 (8): 2589 - 2610.

Rossi R, Kilic O A, Tarim S A, 2015. Piecewise linear approximations for the static-dynamic uncertainty strategy in stochastic lot-sizing [J]. Omega, 50: 126 - 140.

Rostamzadeh R, Govindan R, et al, 2015. Application of fuzzy VIKOR for evaluation of green supply chain management practices [J]. Ecological indicators, 61: 1055.

Roy V, Schoenherr T, Charan P, 2018. The thematic landscape of literature in sustainable supply chain management (SSCM): A review of the principal facets in SSCM development [J]. International Journal of Operations & Production Management, 38 (4): 1091 - 1124.

Saari U, Fedoruk M, Iital A, et al, 2019. An overview of the problems posed by plastic products and the role of extended producer responsibility in Europe [J]. Journal of Cleaner Production, 214: 550 - 558.

Sabaghi M, Cai Y, Mascle C, et al, 2015. Sustainability assessment of dismantling strategies for end-of-life aircraft recycling [J]. Resources, Conservation and Recycling, 102: 163 - 169.

Sakai S-i, Yoshida H, Hiratsuka J, et al, 2014. An international comparative study of end-of-life vehicle (ELV) recycling systems [J]. Journal of Material Cycles and Waste Management, 16 (1): 1 - 20.

Salvado M, Azevedo S, Matias J, et al, 2015. Proposal of a Sustainability Index for the

Automotive Industry [J]. Sustainability, 7 (2): 2113-2144.

Sarkis J, Dhavale D G, 2015. Supplier selection for sustainable operations: A triple-bottom-line approach using a Bayesian framework [J]. International Journal of Production Economics, 166: 177-191.

Savaskan R C, Bhattacharya S, Van Wassenhove L N, 2004. Closed-loop supply chain models with product remanufacturing [J]. Management science, 50 (2): 239-252.

Sawyer-Beaulieu S S, Tam E K L, 2006. Regulation of end-of-life vehicle (ELV) retirement in the US compared to Canada [J]. International Journal of Environmental Studies, 63 (4): 473-486.

Schöggl J-P, Baumgartner R J, Hofer D, 2017. Improving sustainability performance in early phases of product design: A checklist for sustainable product development tested in the automotive industry [J]. Journal of Cleaner Production, 140: 1602-1617.

Seth D, Rehman M A A, Shrivastava R L2018. Green manufacturing drivers and their relationships for small and medium (SME) and large industries [J]. Journal of Cleaner Production, 198: 1381-1405.

Shemshadi A, Shirazi H, Toreihi M, 2011. A fuzzy VIKOR method for supplier selection based on entropy measure for objective weighting [J]. Expert Systems With Applications, 38 (10): 12160-12167.

Shen L, Song X, Wu Y, et al, 2016. Interpretive Structural Modeling based factor analysis on the implementation of Emission Trading System in the Chinese building sector [J]. Journal of Cleaner Production, 127: 214-227.

Shi F, Zhao S, Meng Y, 2020. Hybrid algorithm based on improved extended shifting bottleneck procedure and GA for assembly job shop scheduling problem [J]. International Journal of Production Research, 58 (9): 2604-2625.

Shi P, Yan B, Shi S, et al, 2015. A decision support system to select suppliers for a sustainable supply chain based on a systematic DEA approach [J]. Information Technology & Management, 16 (1): 39-49.

Sica D, Malandrino O, Supino S, 2018. Management of end-of-life photovoltaic panels as a step towards a circular economy [J]. Renewable & Sustainable Energy Reviews, 82: 2934-2945.

Silver E A, Bischak D P, 2011. The exact fill rate in a periodic review base stock system under normally distributed demand [J]. Omega, 39 (3): 346-349.

Simic V, 2016. End-of-life vehicles allocation management under multiple uncertainties: An interval-parameter two-stage stochastic full-infinite programming approach [J]. Resources, Conservation and Recycling, 114: 1 - 17.

Simic V, Dimitrijevic B, 2013. Risk explicit interval linear programming model for long-term planning of vehicle recycling in the EU legislative context under uncertainty [J]. Resources Conservation & Recycling, 73 (2): 197 - 210.

Singh M D, Kant R, 2008. Knowledge management barriers: An interpretive structural modeling approach [C]. Proceedings of the IEEE International Conference on Industrial Engineering and Engineering Management: 2091 - 2095.

Sonego M, Soares Echeveste M E, Debarba H G, 2018. The role of modularity in sustainable design: A systematic review [J]. Journal of Cleaner Production, 176: 196 - 209.

Song J S, Yano C A, Lerssrisuriya P, 2000. Contract Assembly: Dealing with Combined Supply Lead Time and Demand Quantity Uncertainty [J]. Manufacturing & Service Operations Management, 2 (3): 287 - 296.

Soo V K, Compston P, Doolan M, 2017. The influence of joint technologies on ELV recyclability [J]. Waste Manag, 68: 421 - 433.

Srivastava S K, 2007. Green supply - chain management: A state - of - the - art literature review [J]. International Journal of Management Reviews, 9 (1): 53 - 80.

Stahel W R, 2016. The circular economy [J]. Nature, 531 (7595): 435 - 438.

Su J, Li C, Tsai S-B, et al, 2018. A Sustainable Closed-Loop Supply Chain Decision Mechanism in the Electronic Sector [J]. Sustainability, 10 (4): 1295 - 1310.

Sudarto S, Takahashi K, Morikawa K, 2017. Efficient flexible long-term capacity planning for optimal sustainability dimensions performance of reverse logistics social responsibility: A system dynamics approach [J]. International Journal of Production Economics, 190 (aug.): 45 - 59.

Sultan A A M, Mativenga P T, 2019. Sustainable Location Identification Decision Protocol (SuLIDeP) for determining the location of recycling centres in a circular economy [J]. Journal of Cleaner Production, 223: 508 - 521.

Sun C, 2010. A performance evaluation model by integrating fuzzy AHP and fuzzy TOPSIS methods [J]. Expert Systems with Applications, 37 (12): 7745.

Sun Y, Wang Y T, Chen C, 2018. Optimization of a regional distribution center location for parts of end-of-life vehicles [J]. Simulation Transactions of the Society for Modeling & Simulation International, 94 (7): 577 - 591.

Taleb K N, Gupta S M, 1997. Disassembly of multiple product structures [J]. Computers & Industrial Engineering, 32 (4): 949 - 961.

Tang Y, Zhang Q, Li Y, et al, 2018a. Recycling Mechanisms and Policy Suggestions for Spent Electric Vehicles' Power Battery-A Case of Beijing [J]. Journal of Cleaner Production, 186 (JUN. 10): 388 - 406.

Taticchi P, Garengo P, Nudurupati S S, et al, 2015. A review of decision-support tools and performance measurement and sustainable supply chain management [J]. International Journal of Production Research, 53 (21): 6473 - 6494.

Tempelmeier H, 2011. A column generation heuristic for dynamic capacitated lot sizing with random demand under a fill rate constraint [J]. Omega, 39 (6): 627 - 633.

Tian G, Ren Y, Feng Y, et al, 2019. Modeling and Planning for Dual-Objective Selective Disassembly Using and/or Graph and Discrete Artificial Bee Colony [J]. IEEE transactions on industrial informatics, 15 (4): 2456 - 2468.

Tian J, Chen M, 2014. Sustainable design for automotive products: dismantling and recycling of end-of-life vehicles [J]. Waste Manag, 34 (2): 458 - 467.

Tian X, Zhang Z H, 2019. Capacitated disassembly scheduling and pricing of returned products with price-dependent yield [J]. Omega, 84: 160 - 174.

Tseng M L, Fungchiu A S, Tan R R, et al, 2013. Sustainable consumption and production for Asia: sustainability through green design and practice [J]. Journal of Cleaner Production, 40: 1 - 5.

Tseng M L, Lin R J, Lin Y H, et al, 2014. Close-loop or open hierarchical structures in green supply chain management under uncertainty [J]. Expert Systems With Applications, 41 (7): 3250 - 3260.

Tseng M L, Lin Y H, Tan K, et al, 2014. Using TODIM to evaluate green supply chain practices under uncertainty [J]. Applied Mathematical Modelling, 38 (11 - 12): 2983 - 2995.

Tseng M, Lim M, Wong W P, 2015. Sustainable supply chain management: a closed-loop network hierarchical approach [J]. Industrial Management & Data Systems, 115 (3): 436 - 461.

Tseng M-L, 2011a. Using hybrid MCDM to evaluate the service quality expectation in linguistic preference [J]. Applied Soft Computing, 11 (8): 4551 - 4562.

Tseng M-L, 2011b. Green supply chain management with linguistic preferences and incomplete information [J]. Applied Soft Computing, 11 (8): 4894 - 4903.

Tseng M-L, Chiu S F, Tan R R, et al, 2013. Sustainable consumption and production for Asia: sustainability through green design and practice [J]. Journal of Cleaner Production, 40: 1 - 5.

Tseng M-L, Islam M S, Karia N, et al, 2019. A literature review on green supply chain management: Trends and future challenges [J]. Resources, Conservation and Recycling, 141: 145 - 162.

Tseng M-L, Lin R-J, Lin Y-H, 2014. Close-loop or open hierarchical structures in green supply chain management under uncertainty [J]. Expert Systems with Applications, 41 (7): 3250 - 3260.

Tseng S C, Hung S W, 2014. A strategic decision-making model considering the social costs of carbon dioxide emissions for sustainable supply chain management [J]. Journal of Environmental Management, 133: 315 - 322.

Uygun Ö, Dede A, 2016. Performance evaluation of green supply chain management using integrated fuzzy multi-criteria decision making techniques [J]. Computers & Industrial Engineering, 102: 502 - 511.

Vahdani B, Soltani M, Yazdani M, 2017. A three level joint location-inventory problem with correlated demand, shortages and periodic review system: Robust meta-heuristics [J]. Computers & Industrial Engineering, 109 (jul.): 113 - 129.

Vahidi F, Torabi S A, Ramezankhani M J, 2019. Sustainable supplier selection and order allocation under operational and disruption risks [J]. Journal of Cleaner Production, 1351 - 1365.

Vats S, Vats G, Vaish R, et al, 2014. Selection of optimal electronic toll collection system for India: A subjective-fuzzy decision making approach [J]. Applied Soft Computing, 21: 444 - 452.

Vinodh S, Prasanna M, Prakash N H, 2014. Integrated Fuzzy AHP-TOPSIS for selecting the best plastic recycling method: A case study [J]. Applied Mathematical Modelling, 38 (19 - 20): 4662 - 4672.

Wang L, Chen M, 2013. Policies and perspective on end-of-life vehicles in China [J]. Journal of Cleaner Production, 44: 168 - 176.

Wang Q, Lv H, 2015. Supplier Selection Group Decision Making in Logistics Service Value Cocreation Based on Intuitionistic Fuzzy Sets [J]. Discrete Dynamics in Nature and Society: 719240.

Wang X, Qin Y, Chen M, et al, 2005. End-of-life vehicle recycling based on disassembly [J]. Journal of Central South University, 12 (s2): 153 - 156.

Wang Y M, Chin K S, Poon G, et al, 2009. Risk evaluation in failure mode and effects analysis using fuzzy weighted geometric mean [J]. Expert Systems With Applications, 36 (2p1): 1195 - 1207.

Wang Y, Peng S, Assogba K, et al, 2018. Implementation of Cooperation for Recycling Vehicle Routing Optimization in Two-Echelon Reverse Logistics Networks [J]. Sustainability, 10 (5): 1358 - 1378.

Wang Z-X, Li Q, Pei L-L, 2018. A seasonal GM (1, 1) model for forecasting the electricity consumption of the primary economic sectors [J]. Energy, 154: 522 - 534.

Warfield J N, 2010. Developing Subsystem Matrices in Structural Modeling [J]. Systems Man & Cybernetics IEEE Transactions on, SMC - 4 (1): 74 - 80.

Wilhelm M, Blome C, Wieck E, et al, 2016. Implementing sustainability in multi-tier supply chains: Strategies and contingencies in managing sub-suppliers [J]. International Journal of Production Economics, 182: 196 - 212.

Williams E, Kahhat R, Allenby B, et al, 2008. Environmental, Social, and Economic Implications of Global Reuse and Recycling of Personal Computers [J]. Environmental Science & Technology, 42 (17): 6446 - 6454.

Wong Y C, Al-Obaidi K M, Mahyuddin N, 2018. Recycling of end-of-life Vehicles (ELVs) for building products: Concept of processing framework from automotive to construction industry in Malaysia [J]. Journal of Cleaner Production, 190: 285 - 302.

Wood D A, 2016. Supplier selection for development of petroleum industry facilities, applying multi-criteria decision making techniques including fuzzy and intuitionistic fuzzy TOPSIS with flexible entropy weighting [J]. Journal of Natural Gas Science and Engineering, 28: 594 - 612.

Wu C M, Hsieh C L, Chang K L, 2013. A Hybrid Multiple Criteria Decision Making Model for Supplier Selection [J]. Mathematical Problems in Engineering, 2013: 324283.

Wu H, Lv K, Liang L, et al, 2017. Measuring performance of sustainable manufacturing with recyclable wastes: A case from China's iron and steel industry [J]. Omega, 66:

38 - 47.

Wu K J, Liao C J, Tseng M L, 2015. Exploring decisive factors in green supply chain practices under uncertainty [J]. International Journal of Production Economics, 159: 147 - 157.

Wu Z, Ahmad J, Xu J, 2016. A group decision making framework based on fuzzy VIKOR approach for machine tool selection with linguistic information [J]. Applied Soft Computing, 42: 314 - 324.

Xia X, Li J, Tian H, et al, 2016. The construction and cost-benefit analysis of end-of-life vehicle disassembly plant: a typical case in China [J]. Clean Technologies and Environmental Policy, 18 (8): 2663 - 2675.

Xia Y, Tang T L-P, 2011. Sustainability in supply chain management: suggestions for the auto industry [J]. Management Decision, 49 (3 - 4): 495 - 512.

Xiao S, Dong H, Yong G, 2018. An overview of China's recyclable waste recycling and recommendations for integrated solutions [J]. Resources, Conservation and Recycling, 134: 112 - 120.

Xie X, Huo J, Zou H, 2019. Green process innovation, green product innovation, and corporate financial performance: A content analysis method [J]. Journal of Business Research, 101: 697 - 706.

Xirouchakis D, 2004. A Two-Stage Heuristic for Disassembly Scheduling with Assembly Product Structure [J]. Journal of the Operational Research Society, 55 (3): 287 - 297.

Xiwang, Guo, Mengchu, et al, 2020. Lexicographic Multiobjective Scatter Search for the Optimization of Sequence-Dependent Selective Disassembly Subject to Multiresource Constraints [J]. IEEE Transactions on Cybernetics, 50 (7): 3307 - 3317.

Yang S S, Nasr N, Ong S K, et al, 2015. Designing automotive products for remanufacturing from material selection perspective [J]. Journal of Cleaner Production, 153: 570 - 579.

Yang S, Zhong F, Wang M, et al, 2018. Recycling of automotive shredder residue by solid state shear milling technology [J]. Journal of Industrial & Engineering Chemistry, 57: 143 - 153.

Yu Y, Han X, Hu G, 2016. Optimal production for manufacturers considering consumer environmental awareness and green subsidies [J]. International Journal of Production

Economics, 182: 397 - 408.

Yuchen, Lu, James, et al, 2014. A review of innovations in disbonding techniques for repair and recycling of automotive vehicles [J]. International Journal of Adhesion and Adhesives, 50 (1): 119 - 127.

Zadeh L A, 1975. The concept of a linguistic variable and its application to approximate reasoning—I [J]. Information Sciences, 8 (3): 199 - 249.

Zadeh L A, 1996. Fuzzy logic: computing with words. IEEE Trans. Fuzzy Sys [J]. IEEE Transactions on Fuzzy Systems, 4 (2): 103 - 111.

Zanoletti A, Federici S, Borgese L, et al, 2017. Embodied energy as key parameter for sustainable materials selection: the case of reusing coal fly ash for removing anionic surfactants [J]. Journal of Cleaner Production, 141: 230 - 236.

Zarbakhshnia N, Soleimani H, Ghaderi H, 2018. Sustainable Third-Party Reverse Logistics Provider Evaluation and Selection Using Fuzzy SWARA and Developed Fuzzy COPRAS in the Presence of Risk Criteria [J]. Applied Soft Computing, 65: 307 - 319.

Zhang C, Chen M, 2018. Designing and verifying a disassembly line approach to cope with the upsurge of end-of-life vehicles in China [J]. Waste Manag, 76: 697 - 707.

Zhang H, Yong P, Tian G, et al, 2017. Green material selection for sustainability: A hybrid MCDM approach [J]. Plos One, 12 (5): 1 - 26.

Zhang X, Bai X, 2017. Incentive policies from 2006 to 2016 and new energy vehicle adoption in 2010—2020 in China [J]. Renewable & Sustainable Energy Reviews, 70: 24 - 43.

Zhao H, Guo S, 2015. External Benefit Evaluation of Renewable Energy Power in China for Sustainability [J]. Sustainability, 7 (5): 4783 - 4805.

Zhao Q, Chen M, 2011. A comparison of ELV recycling system in China and Japan and China's strategies [J]. Resources Conservation & Recycling, 57: 15 - 21.

Zheng J, Gao L, Qiu H, et al, 2016. Variable fidelity metamodel-based analytical target cascading method for green design [J]. International Journal of Advanced Manufacturing Technology, 87 (5 - 8): 1203 - 1216.

Zhenglong Z, Fengying H, De X, 2020. Optimal pricing strategy of competing manufacturers under carbon policy and consumer environmental awareness [J]. Computers & Industrial Engineering, 150: 106918.

Zhou F, Lim M K, He Y, et al, 2019. End-of-life vehicle (ELV) recycling management: Improving performance using an ISM approach [J]. Journal of Cleaner Production, 228: 231 - 243.

Zhou F, Lin Y, Wang X, et al, 2016. ELV Recycling Service Provider Selection Using the Hybrid MCDM Method: A Case Application in China [J]. Sustainability, 8 (5): 482 - 895.

Zhou F, Ma P, 2019. End-of-Life Vehicle (ELV) Recycling Management Practice Based on 4R Procedure [C]. Proceedings of the 6th IEEE International Conference on Industrial Engineering and Applications, ICIEA 2019, April 12, 2019-April 15, 2019, Tokyo, Japan, Institute of Electrical and Electronics Engineers Inc. , 2019: 230 - 234.

Zhou F, Ma P, 2019. End-of-Life Vehicle (ELV) Recycling Management Practice Based on 4R Procedure [C]. Proceedings of the IEEE International Conference on Industrial Engineering and Applications.

Zhou F, Ma P, He Y, et al, 2020. Lean production of ship-pipe parts based on lot-sizing optimization and PFB control strategy [J]. Kybernetes, 50 (5): 1483 - 1505.

Zhou F, Wang X, Goh M, et al, 2019. Supplier portfolio of key outsourcing parts selection using a two-stage decision making framework for Chinese domestic auto-maker [J]. Computers & Industrial Engineering, 128: 559 - 575.

Zhou F, Wang X, Lim M K, et al, 2018. Sustainable recycling partner selection using fuzzy DEMATEL-AEW-FVIKOR: A case study in small-and-medium enterprises (SMEs) [J]. Journal of Cleaner Production, 196: 489 - 504.

Zhou F, Wang X, Lin Y, et al, 2016. Strategic Part Prioritization for Quality Improvement Practice Using a Hybrid MCDM Framework: A Case Application in an Auto Factory [J]. Sustainability, 8 (6): 559 - 575.

Zhou F, Wang X, Samvedi A, 2018. Quality improvement pilot program selection based on dynamic hybrid MCDM approach [J]. Industrial Management & Data Systems, 118 (1): 144 - 162.

Zhou Fuli W X, Goh Mark, Zhou Lin, 2018. Supplier portfolio of key outsourcing parts selection using a two-stage decision making framework for Chinese domestic auto-maker (forthcoming) [J]. Computers & Industrial Engineering, 128 (FEB.): 559 - 575.

Zussman E, Zhou M, 1999. A methodology for modeling and adaptive planning of disassembly processes [J]. Robotics & Automation IEEE Transactions on, 15 (1): 190 - 194.

图书在版编目（CIP）数据

面向4R的废旧汽车回收管理研究 / 周福礼等著. —
北京：中国农业出版社，2023.5
ISBN 978-7-109-30732-2

Ⅰ.①面… Ⅱ.①周… Ⅲ.①汽车—废物回收—研究
Ⅳ.①X734.2

中国国家版本馆CIP数据核字（2023）第092503号

中国农业出版社出版
地址：北京市朝阳区麦子店街18号楼
邮编：100125
责任编辑：闫保荣　　文字编辑：李兴旺
版式设计：王　晨　　责任校对：刘丽香
印刷：北京中兴印刷有限公司
版次：2023年5月第1版
印次：2023年5月北京第1次印刷
发行：新华书店北京发行所
开本：700mm×1000mm　1/16
印张：17
字数：270千字
定价：78.00元

版权所有・侵权必究
凡购买本社图书，如有印装质量问题，我社负责调换。
服务电话：010-59195115　010-59194918